JN269339

江川博康 著

弱点克服

大学数学の計算問題

東京図書

R　〈日本複製権センター委託出版物〉
本書を無断で複写複製（コピー）することは、著作権法上での例外を除き、禁じられています。本書をコピーされる場合は、事前に日本複製権センター（電話03-3401-2382）の許諾を受けてください。

はしがき

　本書は，大学の数学の微積分・線形代数・微分方程式などで思うように学習が進まない人，とくに計算レベルの内容で，公式の適用の仕方あるいは式変形がうまくいかない人のために書きあげました．ずばり，計算力を高めるための参考書です．

　最初の1章では，高校数学のなかの高次方程式，整数問題，三角関数，数列の漸化式，確率，空間ベクトルからスタートして，教養課程で学ぶ微積分（1変数・多変数）・線形代数・微分方程式の重要かつ典型的な内容をとりあげました．レベルは基本から標準です．

　読みやすく学習しやすいように，1つの項目を2〜4ページでまとめ，定理・公式などを解説，さらに例題をとりあげて計算方法・公式の具体的な使い方などを説明しました．解答は，さまざまな問題を解くうえでの土台になるように，きわめてオーソドックスなものを心がけました．

　計算問題といっても，理論の本質がわかっていないと応用力がつかないので，解説では紙面の許す範囲で解法へのアプローチとなる内容を織りこみました．各章末のTeatimeでは，少し発展的な話題をとりあげました．

　本書は，理系の人で，大学の数学と高校の数学とのギャップに困っている人にはもちろん，文系の学部から理系の学部への転部・編入を考えている人にも，絶好の指南書になるものと確信しています．

　この本がそのような方々のお役に立てることを願っています．

　最後になりましたが，東京図書編集部の則松直樹氏には執筆の当初より貴重なご意見，温かい励ましのお言葉をいただき，終始お世話になりました．ここに，感謝の意を表します．

2012年11月
江川博康

目次

★問題の頁数のあとのマス目は，自分の理解の度合いを記入しておくのにご利用ください．

はしがき ………………………………………………………………………… iii

Chapter 1. 力試しの計算問題　　　　　　　　　　　　　　　　　　　1

問題 *01*	高次方程式 ………………………………………………2 □□□
問題 *02*	3次方程式の解法…………………………………………4 □□□
問題 *03*	ユークリッドの互除法 …………………………………8 □□□
問題 *04*	2元1次不定方程式の整数解 ……………………………10 □□□
問題 *05*	Pell 方程式 ………………………………………………12 □□□
問題 *06*	1次合同式 ………………………………………………14 □□□
問題 *07*	三角関数（1）……………………………………………16 □□□
問題 *08*	三角関数（2）……………………………………………20 □□□
問題 *09*	数学的帰納法 ……………………………………………22 □□□
問題 *10*	漸化式（1）………………………………………………24 □□□
問題 *11*	漸化式（2）………………………………………………26 □□□
問題 *12*	確率（1）　条件つき確率 ………………………………28 □□□
問題 *13*	確率（2）　確率と漸化式 ………………………………30 □□□
問題 *14*	確率（3）　確率分布 ……………………………………32 □□□
問題 *15*	2項定理 …………………………………………………34 □□□
問題 *16*	直線・平面の方程式 ……………………………………36 □□□
問題 *17*	四面体の体積 ……………………………………………40 □□□
問題 *18*	ケーリー＝ハミルトンの定理 …………………………42 □□□
Tea Time	鳩の巣定理 ………………………………………………44

Chapter 2. 1変数の微積分　　　　　　　　　　　　　　　　　　　　45

問題 *19*	不定形の極限 ……………………………………………46 □□□
問題 *20*	重要な極限（1）…………………………………………48 □□□
問題 *21*	重要な極限（2）…………………………………………50 □□□
問題 *22*	微分係数の定義 …………………………………………52 □□□
問題 *23*	有理関数・無理関数の微分法 …………………………54 □□□

問題 24	三角関数の微分法	58	□□□
問題 25	指数関数・対数関数の微分法	60	□□□
問題 26	対数微分法	62	□□□
問題 27	逆三角関数の微分法	64	□□□
問題 28	媒介変数表示の関数，陰関数の第 2 次導関数	66	□□□
問題 29	高次導関数	68	□□□
問題 30	ロピタルの定理	70	□□□
問題 31	1 次式型の不定積分	72	□□□
問題 32	分数関数の不定積分	74	□□□
問題 33	逆三角関数になる不定積分	76	□□□
問題 34	定積分の基本	78	□□□
問題 35	置換積分法	80	□□□
問題 36	部分積分法	84	□□□
問題 37	Wallis の積分公式	86	□□□
問題 38	ベータ関数	88	□□□
問題 39	異常積分（広義積分）	90	□□□
問題 40	級数の和の極限値	94	□□□
問題 41	回転体の体積	96	□□□
問題 42	曲線の弧長	98	□□□
Tea Time	オイラー（Euler）の定理	100	

Chapter **3.** 多変数の微積分　　101

問題 43	偏導関数	102	□□□
問題 44	高次偏導関数	104	□□□
問題 45	合成関数の偏導関数（1）	106	□□□
問題 46	合成関数の偏導関数（2）	108	□□□
問題 47	2 変数関数の極値	110	□□□
問題 48	陰関数における第 2 次導関数	114	□□□
問題 49	陰関数の極値	116	□□□
問題 50	条件つき極値	118	□□□
問題 51	2 重積分の基本	120	□□□
問題 52	2 重積分	124	□□□
問題 53	積分順序の変更	126	□□□

問題 54	極座標への変数変換	128 ☐☐☐
問題 55	3重積分	132 ☐☐☐
問題 56	2重積分を利用する体積	134 ☐☐☐
問題 57	2重積分における広義積分	136 ☐☐☐
Tea Time	曲面積	138

Chapter 4. 線形代数　　139

問題 58	2次の正方行列の n 乗	140 ☐☐☐
問題 59	行列の階数	142 ☐☐☐
問題 60	実ベクトル空間の1次独立・1次従属	144 ☐☐☐
問題 61	連立1次方程式（1）	146 ☐☐☐
問題 62	連立1次方程式（2）	148 ☐☐☐
問題 63	掃き出し法による逆行列の計算	152 ☐☐☐
問題 64	行列式とその性質	154 ☐☐☐
問題 65	余因子による逆行列	158 ☐☐☐
問題 66	クラメールの公式	160 ☐☐☐
問題 67	線形変換	162 ☐☐☐
問題 68	部分空間の基底・次元	164 ☐☐☐
問題 69	和空間・交空間の基底・次元	166 ☐☐☐
問題 70	像と核	168 ☐☐☐
問題 71	シュミットの直交化法	170 ☐☐☐
問題 72	固有値・固有ベクトル	172 ☐☐☐
問題 73	正則行列による対角化	174 ☐☐☐
問題 74	対角化による行列の n 乗	176 ☐☐☐
問題 75	直交行列による対角化	178 ☐☐☐
問題 76	2次形式の最大・最小	180 ☐☐☐
Tea Time	フロベニウスの定理	182

Chapter 5. 微分方程式　　183

問題 77	変数分離形	184 ☐☐☐
問題 78	同次形（1階）の微分方程式	186 ☐☐☐
問題 79	1階線形微分方程式	188 ☐☐☐

問題 80	ベルヌーイの微分方程式 ……………………………… 190 □□□
問題 81	完全微分方程式 …………………………………………… 192 □□□
問題 82	定数係数の2階同次線形微分方程式 …………………… 194 □□□
問題 83	非同次線形微分方程式と未定係数法 …………………… 196 □□□
問題 84	定数係数の n 階線形微分方程式 ……………………… 200 □□□
問題 85	$P(D)y = e^{ax}$ …………………………………………… 202 □□□
問題 86	$P(D)y = Q_k(x)$　（$Q_k(x)$ は k 次の多項式）………… 204 □□□
問題 87	$P(D)y = e^{ax}Q_k(x)$　（$Q_k(x)$ は k 次の多項式）…… 206 □□□
問題 88	部分分数分解による解法 ………………………………… 208 □□□
Tea Time	微分方程式と線形代数 …………………………………… 210

TEST shuffle 22 …………………………………………………………… 211
TEST shuffle 22 と本文の問題との対応表 ……………………………… 234
索引 …………………………………………………………………………… 235

■ カバー・表紙デザイン　高橋　敦

Chapter 1

力試しの計算問題

問題 01　高次方程式

次の高次方程式を解け．
(1) $2x^3-x^2-13x-6=0$
(2) $3x^3-4x^2+2x+4=0$
(3) $6x^3-11x^2+7x-6=0$
(4) $x^4-4x+3=0$

解説

高次方程式 $P(x)=0$ を解くには

① 因数分解の公式を利用する
② $(x の 2 次式)=X$ の形に置き換えて次数を下げる
③ 因数定理を用いて，$P(x)$ を 1 次または 2 次の積に直す

が原則であるが，③の因数定理は次のようなものである．

〈因数定理〉　整式 $P(x)$ が $x-a$ を因数にもつ $\iff P(a)=0$
　　　　　　整式 $P(x)$ が 1 次式 $ax-b$ を因数にもつ $\iff P\left(\dfrac{b}{a}\right)=0$

（例）　$P(x)=x^3-3x-2=0$ を解いてみよう．

（解）　x^3 の係数は 1 だから，定数項 -2 の約数である $\pm 1, \pm 2$ の絶対値の小さいほうから代入して

$$P(-1)=-1+3-2=0$$

となるので，$P(x)$ は因数 $x+1$ をもつ．
このとき，$P(x)$ は $x+1$ で割り切れるが，その商を求めるには「**組立除法**」と呼ばれる右のような計算技法を用いる．これにより　$P(x)=(x+1)(x^2-x-2)=(x+1)^2(x-2)=0$．
よって，$x=-1$（2重解），2

（例）　$P(x)=2x^3-7x^2+6x+5=0$ を解いてみよう．

（解）　1つの有理数解 $x=\dfrac{b}{a}$（a と b は互いに素で，a は自然数，b は整数）を見い出すには，$x=\pm\dfrac{P(x) の定数項の正の約数}{P(x) の最高次の係数の正の約数}$ の中から探せばよい．

$x=\pm\dfrac{5 の正の約数}{2 の正の約数}=\pm\dfrac{1, 5}{1, 2}$ より，$x=\pm 1, \pm 5, \pm\dfrac{1}{2}, \pm\dfrac{5}{2}$ を考えて

$$P\left(-\dfrac{1}{2}\right)=2\cdot\left(-\dfrac{1}{8}\right)-7\cdot\dfrac{1}{4}+6\cdot\left(-\dfrac{1}{2}\right)+5=-2-3+5=0$$

したがって，$P(x)$ は $2x+1$ で割り切れるが，その商は組立除法で次頁右上のようにして求める．

これにより
$$P(x) = \left(x+\frac{1}{2}\right)(2x^2-8x+10)$$
$$= (2x+1)(x^2-4x+5) = 0$$
よって，$x = -\frac{1}{2},\ 2\pm i$

解答 方程式の左辺を $P(x)$ とおく．

(1) $P(-2) = -16 - 4 + 26 - 6 = 0$
$P(x)$ を $x+2$ で割ると，商は $2x^2-5x-3$
$P(x) = (x+2)(2x^2-5x-3)$
$= (x+2)(2x+1)(x-3) = 0$
よって，$x = -2,\ -\dfrac{1}{2},\ 3$ ……（答）

(2) $P\left(-\dfrac{2}{3}\right) = 3\cdot\left(-\dfrac{8}{27}\right) - 4\cdot\dfrac{4}{9} + 2\cdot\left(-\dfrac{2}{3}\right) + 4 = 0$
$P(x)$ を $3x+2$ で割ると，商は x^2-2x+2
$P(x) = (3x+2)(x^2-2x+2) = 0$
よって，$x = -\dfrac{2}{3},\ 1\pm i$ ……（答）

(3) $P\left(\dfrac{3}{2}\right) = 6\cdot\dfrac{27}{8} - 11\cdot\dfrac{9}{4} + 7\cdot\dfrac{3}{2} - 6 = 0$
$P(x)$ を $2x-3$ で割ると，商は $3x^2-x+2$
$P(x) = (2x-3)(3x^2-x+2) = 0$
よって，$x = \dfrac{3}{2},\ \dfrac{1\pm\sqrt{23}\,i}{6}$ ……（答）

(4) $P(1) = 1 - 4 + 3 = 0$
$P(x)$ を $x-1$ で割ると，商は $Q(x) = x^3+x^2+x-3$
$P(x) = (x-1)(x^3+x^2+x-3)$
ここで $Q(1) = 1+1+1-3 = 0$ だから
$Q(x) = (x-1)(x^2+2x+3)$
したがって
$P(x) = (x-1)^2(x^2+2x+3)$
よって，$x = 1\ (2\text{重解}),\ -1\pm\sqrt{2}\,i$ ……（答）

$$\begin{array}{r|rrrr}
-\frac{1}{2} & 2 & -7 & 6 & 5 \\
 & & -1 & 4 & -5 \\ \hline
 & 2 & -8 & 10 & \,|\,0
\end{array}$$
（分数解での組立除法では各係数を解の分母で割ったものが商になる）
商　x^2-4x+5

㋐ 有理数解の候補は
$x = \pm\dfrac{-6\text{ の正の約数}}{2\text{ の正の約数}}$
$= \pm\dfrac{1,2,3,6}{1,2}$

㋑
$$\begin{array}{r|rrrr}
-2 & 2 & -1 & -13 & -6 \\
 & & -4 & 10 & 6 \\ \hline
 & 2 & -5 & -3 & \,|\,0
\end{array}$$
商　$2x^2-5x-3$

㋒
$$\begin{array}{r|rrrr}
-\frac{2}{3} & 3 & -4 & 2 & 4 \\
 & & -2 & 4 & -4 \\ \hline
 & 3 & -6 & 6 & \,|\,0
\end{array}$$
商　x^2-2x+2

㋓
$$\begin{array}{r|rrrr}
\frac{3}{2} & 6 & -11 & 7 & -6 \\
 & & 9 & -3 & 6 \\ \hline
 & 6 & -2 & 4 & \,|\,0
\end{array}$$
商　$3x^2-x+2$

㋔
$$\begin{array}{r|rrrr}
1 & 1 & 0 & 0 & -4 & 3 \\
 & & 1 & 1 & 1 & -3
\end{array}$$
㋕
$$\begin{array}{r|rrrr}
1 & 1 & 1 & 1 & -3 & \,|\,0 \\
 & & 1 & 2 & 3 \\ \hline
 & 1 & 2 & 3 & \,|\,0
\end{array}$$
商　x^2+2x+3

問題 02　3次方程式の解法

次の3次方程式を解け．
(1) $x^3+x^2+4=0$　　(2) $6x^3-7x^2+5x-2=0$
(3) $x^3+6x+2=0$

解説　ここでは，3次方程式 $a_0x^3+a_1x^2+a_2x+a_3=0$ $(a_0\neq 0)$ ……①
について学ぶ．係数は（最初は）整数とする．

1つの有理数解 $x=\dfrac{q}{p}$ (p, q は**互いに素**である整数) を見つけることができ
れば，①は　　$(px-q)(b_0x^2+b_1x+b_2)=0$ $(b_0\neq 0,\ b_i$ は整数$)$ ……②
となるので，①と②の x^3 および定数項を比べて，

$$a_0=pb_0,\ a_3=-qb_2$$

これより，$x=\dfrac{q}{p}=\dfrac{a_3 \text{の約数}}{a_0 \text{の約数}}$，すなわち整数係数の3次方程式の有理数解は

$$x=(\pm)\dfrac{\text{定数項の正の約数}}{3\text{次の係数の正の約数}}$$

が候補となる．とくに，$a_0=1$ のときは a_3 の約数だけを考えればよい．

(例) $x^3-3x^2+5x-6=0$ は $x=\pm(6\text{の正の約数})=\pm(1,2,3,6)$ に着目する．
$f(x)=x^3-3x^2+5x-6$ とすると，$f(2)=8-12+10-6=0$ から

$(x-2)(x^2-x+3)=0$，よって，$x=2, \dfrac{1\pm\sqrt{11}i}{2}$

$$\begin{array}{r|rrrr} 2 & 1 & -3 & 5 & -6 \\ & & 2 & -2 & 6 \\ \hline & 1 & -1 & 3 & \boxed{0} \end{array}$$

(例) $2x^3-5x^2+3x+3=0$ は $f(x)=2x^3-5x^2+3x+3$ と
すると

$f\left(-\dfrac{1}{2}\right)=-\dfrac{1}{4}-\dfrac{5}{4}-\dfrac{3}{2}+3=0$ から

$(2x+1)(x^2-3x+3)=0$，

$$\begin{array}{r|rrrr} -\frac{1}{2} & 2 & -5 & 3 & 3 \\ & & -1 & 3 & -3 \\ \hline & 2 & -6 & 6 & \boxed{0} \end{array}$$

よって，$x=-\dfrac{1}{2}, \dfrac{3\pm\sqrt{3}i}{2}$

次に，①が有理数の解をもたないときを考える．①の両辺を a_0 で割って

$$x^3+ax^2+bx+c=0\ \left(a=\dfrac{a_1}{a_0},\ b=\dfrac{a_2}{a_0},\ c=\dfrac{a_3}{a_0}\right)$$

の形になるが，x^2 の項を消去するために，$x=y-\dfrac{a}{3}$ とおくと，

$$\left(y-\dfrac{a}{3}\right)^3+a\left(y-\dfrac{a}{3}\right)^2+b\left(y-\dfrac{a}{3}\right)+c=0$$

$$\therefore \quad y^3 + py + q = 0 \qquad \cdots\cdots ③$$

$\left(p = -\dfrac{a^2}{3} + b,\ q = \dfrac{2}{27}a^3 - \dfrac{ab}{3} + c,\ なお，この計算で組立除法が使える\right)$

となる．さらに，$y = u + v$ とおくと $\quad (u+v)^3 + p(u+v) + q = 0$

$$u^3 + v^3 + q + (u+v)(3uv + p) = 0$$

となるので $\quad \begin{cases} u^3 + v^3 + q = 0 & \cdots\cdots ④ \\ 3uv + p = 0 & \cdots\cdots ⑤ \end{cases}$

を満たす u と v の値を求めることができれば，$y = u + v$ から y，さらに $x = y - \dfrac{a}{3}$ から①の解 x が得られる．実際に u，v は

④から $\quad u^3 + v^3 = -q$，⑤から $\quad u^3 v^3 = (uv)^3 = \left(-\dfrac{p}{3}\right)^3 = -\dfrac{p^3}{27}$

となるので，u^3 と v^3 は t の2次方程式 $(t - u^3)(t - v^3) = 0$ の解，すなわち

$$t^2 + qt - \dfrac{p^3}{27} = 0 \qquad \cdots\cdots ⑥$$

の解として得られる．⑥を①の**分解方程式**と呼ぶ．さて，⑥を解くと

$$t = \dfrac{1}{2}\left(-q \pm \sqrt{q^2 + \dfrac{4}{27}p^3}\right) = -\dfrac{q}{2} \pm \sqrt{\dfrac{q^2}{4} + \dfrac{p^3}{27}}$$

となるので，$\dfrac{q^2}{4} + \dfrac{p^3}{27} = r$ とすると，$u^3 = -\dfrac{q}{2} + \sqrt{r}$，$v^3 = -\dfrac{q}{2} - \sqrt{r}$

ここで，$u^3 = A^3$（A は定数）を解くと

$$(u - A)(u^2 + Au + A^2) = 0 \quad から，\quad u = A,\ \dfrac{-1 \pm \sqrt{3}\,i}{2}A$$

$\dfrac{-1 + \sqrt{3}\,i}{2} = \omega$（オメガ）とおくと，$\omega^2 = \left(\dfrac{-1 + \sqrt{3}\,i}{2}\right)^2 = \dfrac{-1 - \sqrt{3}\,i}{2}$ となるので $u^3 = A^3$ の3解は $u = A,\ \omega A,\ \omega^2 A$ となる．

したがって，$1 + \omega + \omega^2 = 0$ に注意すると④，⑤を満たす u，v の値は

$$u = \sqrt[3]{-\dfrac{q}{2} + \sqrt{r}},\quad v = \sqrt[3]{-\dfrac{q}{2} - \sqrt{r}}$$

$$u = \omega\sqrt[3]{-\dfrac{q}{2} + \sqrt{r}},\quad v = \omega^2\sqrt[3]{-\dfrac{q}{2} - \sqrt{r}}$$

$$u = \omega^2\sqrt[3]{-\dfrac{q}{2} + \sqrt{r}},\quad v = \omega\sqrt[3]{-\dfrac{q}{2} - \sqrt{r}}$$

の3組となる．これを $y = u + v$ に代入して，3組の y，すなわち③の3解

$$y_1 = \sqrt[3]{-\frac{q}{2}+\sqrt{r}} + \sqrt[3]{-\frac{q}{2}-\sqrt{r}}$$

$$y_2 = \omega\sqrt[3]{-\frac{q}{2}+\sqrt{r}} + \omega^2\sqrt[3]{-\frac{q}{2}-\sqrt{r}}$$

$$y_3 = \omega^2\sqrt[3]{-\frac{q}{2}+\sqrt{r}} + \omega\sqrt[3]{-\frac{q}{2}-\sqrt{r}}$$

が得られ，①の 3 解が求められる．

(例) 3 次方程式 $x^3+3x^2-3=0$ を解いてみよう．

$x=y-1$ とおくと，$(y-1)^3+3(y-1)^2-3=0$ から，$y^3-3y-1=0$

$y=u+v$ とおくと，$(u+v)^3-3(u+v)-1=0$

$$u^3+v^3-1+(u+v)(3uv-3)=0$$

$$\begin{cases} u^3+v^3-1=0 \\ 3uv-3=0 \end{cases} \iff \begin{cases} u^3+v^3=1 \\ uv=1 \end{cases}$$

を満たす u^3 と v^3 は，$t^2-t+1=0$ を解いて

$$t=\frac{1\pm\sqrt{3}\,i}{2} = \cos\left(\pm\frac{\pi}{3}\right)+i\sin\left(\pm\frac{\pi}{3}\right) \quad \text{(複号同順)}$$

$$\therefore \quad u^3=\cos\frac{\pi}{3}+i\sin\frac{\pi}{3}, \quad v^3=\cos\left(-\frac{\pi}{3}\right)+i\sin\left(-\frac{\pi}{3}\right)$$

これを満たす 1 組の u, v は，ド・モアブルの定理から

$$u=\cos\frac{\pi}{9}+i\sin\frac{\pi}{9}, \quad v=\cos\left(-\frac{\pi}{9}\right)+i\sin\left(-\frac{\pi}{9}\right) \text{ より，求める 3 解は}$$

$$y_1 = u+v = 2\cos\frac{\pi}{9}$$

$$y_2 = \left(\cos\frac{2}{3}\pi + i\sin\frac{2}{3}\pi\right)\left(\cos\frac{\pi}{9}+i\sin\frac{\pi}{9}\right)$$

$$\quad + \left\{\cos\left(-\frac{2}{3}\pi\right)+i\sin\left(-\frac{2}{3}\pi\right)\right\}\left\{\cos\left(-\frac{\pi}{9}\right)+i\sin\left(-\frac{\pi}{9}\right)\right\}$$

$$= \cos\frac{7}{9}\pi + i\sin\frac{7}{9}\pi + \cos\left(-\frac{7}{9}\pi\right)+i\sin\left(-\frac{7}{9}\pi\right)$$

$$= 2\cos\frac{7}{9}\pi$$

同様に，$y_3 = \omega^2 u + \omega v = 2\cos\dfrac{13}{9}\pi$

解 答

(1) $f(x)=x^3+x^2+4$ とおくと，
㋐ $f(-2)=-8+4+4=0$
$(x+2)(x^2-x+2)=0$
よって $x=-2,\ \dfrac{1\pm\sqrt{7}\,i}{2}$

```
-2 | 1   1   0   4
   |    -2   2  -4
   | 1  -1   2   0
```

……（答）

(2) $f(x)=6x^3-7x^2+5x-2$ とおくと，
㋑ $f\left(\dfrac{2}{3}\right)=6\cdot\dfrac{8}{27}-7\cdot\dfrac{4}{9}+5\cdot\dfrac{2}{3}-2$
$=\dfrac{16-28+30-18}{9}=0$
㋒ $(3x-2)(2x^2-x+1)=0$
よって $x=\dfrac{2}{3},\ \dfrac{1\pm\sqrt{7}\,i}{4}$

```
 2/3 | 6  -7   5  -2
     |     4  -2   2
     | 6  -3   3   0
```

……（答）

(3) ㋓ $x^3+6x+2=0$
$x=u+v$ とおくと
$(u+v)^3+6(u+v)+2=0$
$u^3+v^3+2+(u+v)(3uv+6)=0$
$\begin{cases} u^3+v^3+2=0 \\ 3uv+6=0 \end{cases} \iff \begin{cases} u^3+v^3=-2 \\ uv=-2 \end{cases}$
を満たす ㋔ u^3 と v^3 は $t^2+2t-8=0$ の2解である．
$(t-2)(t+4)=0$ から，$t=2,-4$
したがって，1組の $u,\ v$ は
$u=\sqrt[3]{2},\ v=\sqrt[3]{-4}=-\sqrt[3]{4}$
よって，求める解 $x=x_i\ (i=1,2,3)$ は
$\begin{cases} x_1=u+v=\sqrt[3]{2}-\sqrt[3]{4} \\ x_2=\omega u+\omega^2 v=\sqrt[3]{2}\,\omega-\sqrt[3]{4}\,\omega^2 \\ x_3=\omega^2 u+\omega v=\sqrt[3]{2}\,\omega^2-\sqrt[3]{4}\,\omega \end{cases}$

……（答）

$\left(\text{ただし，}\omega=\dfrac{-1+\sqrt{3}\,i}{2}\right)$

㋐ 有理数解の候補は
$(\pm)(4\text{ の正の約数})$ より
$\pm1,\pm2,\pm4$

㋑ 有理数の候補は
$(\pm)\dfrac{2\text{ の正の約数}}{6\text{ の正の約数}}$
$=(\pm)\dfrac{1,2}{1,2,3,6}$ より
$\pm1,\pm2,\pm\dfrac{1}{2},\pm\dfrac{1}{3},\pm\dfrac{2}{3},\pm\dfrac{1}{6}$

㋒ $\left(x-\dfrac{2}{3}\right)(6x^2-3x+3)=0$
より．

㋓ x^2 の項はないので，このまま $x=u+v$ とおける．

㋔ $\begin{cases} u^3+v^3=-2 \\ u^3v^3=(-2)^3=-8 \end{cases}$

問題 03　ユークリッドの互除法

(1) ユークリッドの互除法を用いて，次の 2 数の最大公約数を求めよ．
　① 3942, 9125　　　② 6578, 2415

(2) x と y を互いに素である自然数とするとき，$\dfrac{7x+11y}{5x+8y}$ は約分できないことを証明せよ．

解説　自然数 a, b について a を b で割ったときの余りを r とすると

(i) a と b の公約数は，r の約数である

(ii) b と r の公約数は，a の約数である

(例) 72 を 30 で割った余りは 12 である．このとき，72 と 30 の公約数である 1, 2, 3, 6 は余り 12 の約数である．また，30 と 12 の公約数 1, 2, 3, 6 は割られる数 72 の約数である．

これにより，次の原理（**互除法の原理**）が成り立つ．

> 自然数 a, b について，a を b で割ったときの余りを r（$\neq 0$）とするとき，a と b の**最大公約数**は，b と r の最大公約数に等しい．

互除法の原理をくり返し用いると，820 と 697 の最大公約数を求めてみよう．

$820 = 697 \times 1 + 123$ より，820 を 697 で割ったときの余りは 123 だから

　　（820 と 697 の最大公約数）＝（697 と 123 の最大公約数）

$697 = 123 \times 5 + 82$ より，697 を 123 で割ったときの余りは 82 だから

　　（697 と 123 の最大公約数）＝（123 と 82 の最大公約数）

$123 = 82 \times 1 + 41$ より，123 を 82 で割ったときの余りは 41 だから

　　（123 と 82 の最大公約数）＝（82 と 41 の最大公約数）

$82 = 41 \times 2$ より，82 を 41 で割ったときの余りは 0 だから

　　（82 と 41 の最大公約数）＝ 41

すなわち，697 と 820 の最大公約数は 41 である．

上のようにして 2 つの自然数の最大公約数を求める方法を**ユークリッドの互除法**という．上の計算は，次のように簡単にしてよい．

$$820 = 697 \times 1 + 123$$
$$697 = 123 \times 5 + 82$$
$$123 = 82 \times 1 + 41$$
$$82 = 41 \times 2$$

よって，820 と 697 の最大公約数は 41 である．

解 答

(1) ①　㋐ $9125 = 3942 \times 2 + 1241$
　　　　$3942 = 1241 \times 3 + 219$
　　　　$1241 = 219 \times 5 + 146$
　　　　$219 = 146 \times 1 + 73$
　　　　㋑ $146 = 73 \times 2$
　　よって，求める最大公約数は　73　……(答)

② 　$6578 = 2415 \times 2 + 1748$
　　　$2415 = 1748 \times 1 + 667$
　　　$1748 = 667 \times 2 + 414$
　　　$667 = 414 \times 1 + 253$
　　　$414 = 253 \times 1 + 161$
　　　$253 = 161 \times 1 + 92$
　　　$161 = 92 \times 1 + 69$
　　　$92 = 69 \times 1 + 23$
　　　㋒ $92 = 23 \times 4$
　　よって，求める最大公約数は　23　……(答)

(2)　㋓ $7x + 11y = (5x + 8y) + (2x + 3y)$
　　㋔ $5x + 8y = 2(2x + 3y) + (x + 2y)$
　　㋕ $2x + 3y = (x + 2y) + (x + y)$
　　㋖ $x + 2y = (x + y) + y$
　　㋗ $x + y = y + x$

したがって，ユークリッドの互除法により
　「$7x + 11y$ と $5x + 8y$ の最大公約数」
　=「$5x + 8y$ と $2x + 3y$　の最大公約数」
　=「$2x + 3y$ と $x + 2y$　の最大公約数」
　=「$x + 2y$ と $x + y$　　の最大公約数」
　=「$x + y$ と y　　　　の最大公約数」
　=「y と x　　　　　　の最大公約数」
　= 1
となり，$7x + 11y$ と $5x + 8y$ は互いに素である。

よって，$\dfrac{7x + 11y}{5x + 8y}$ は約分できない。

㋐　最大公約数を G. C. M. とすると
　9125 と 3942 の G. C. M.
　= 3942 と 1241 の G. C. M.

㋑　146 は 73 で割り切れたので，求める G. C. M. は 73

㋒　92 は 23 で割り切れたので，求める G. C. M. は 23

㋓　$7x + 11y$ を $5x + 8y$ で割ったときの商は 1，余りは $2x + 3y$．

㋔　$5x + 8y$ を $2x + 3y$ で割ったときの商は 2，余りは $x + 2y$．

㋕　$2x + 3y$ を $x + 2y$ で割ったときの商は y に着目して 1，余りは $x + y$．

㋖　$x + 2y$ を $x + y$ で割ったときの商は x に着目して 1，余りは y．

㋗　$x + y$ を y で割ったときの商は y に着目して 1，余りは x．y と x は互いに素であるから，これ以上の計算は不要である。

問題 04　2元1次不定方程式の整数解

次の2元1次不定方程式の整数解を求めよ．
(1)　$7x+4y=1$　　　　(2)　$83x+29y=4$

解説　$a,\ b,\ c$ は整数の定数で $a\neq 0,\ b\neq 0$ とする．このとき，x と y についての方程式
$$ax+by=c \quad\cdots\cdots①$$
を **2元1次不定方程式** という．ここでは，①の整数解について学ぶ．

(ア)　$ax=by$ **の整数解**（a と b は互いに素）　　　　……②

ax は b の倍数であるが，a と b は互いに素であるから x は b の倍数となる．同様に，y は a の倍数となるので，②の整数解は
$$x=bk,\ y=ak\quad(k\text{ は整数})$$

(イ)　$ax+by=1$ **の整数解**（a と b は互いに素）　　　　……③

③を成立させる整数 $x,\ y$ が存在することはユークリッドの互除法により示すことができるが，1組の整数解を $x=p,\ y=q$ とすると
$$ap+bq=1 \quad\cdots\cdots④$$
③−④から　$a(x-p)+b(y-q)=0$　　$a(x-p)=b(q-y)$
a と b は互いに素だから，(ア)を用いて　$x-p=bk,\ q-y=ak$
よって，$x=bk+p,\ y=-ak+q$　（k は整数）

(例)　2元1次不定方程式 $2x-3x=1$ の整数解を求めてみよう．

(解)　$2x-3y=1$ を満たす1組の整数解は，$x=2,\ y=1$ だから
$$2\cdot 2-3\cdot 1=1$$
辺々を引いて　$2(x-2)-3(y-1)=0$　　　$\therefore\ 2(x-2)=3(y-1)$
2と3は互いに素であるから　$x-2=3k,\ y-1=2k$
よって，$x=3k+2,\ y=2k+1$　（k は整数）

(ウ)　$ax+by=c$ **の整数解**（a と b は互いに素）　　　　……⑤

まず，$ax+by=1$ の整数解 $x=p,\ y=q$ を求めて，$ap+bq=1$ とし，両辺を c 倍して　$a(cp)+b(cq)=c$．これより⑤の1組の整数解 $x=cp,\ y=cq$ が得られるので，あとは(イ)と同じ要領で⑤のすべての整数解を求めることができる．

本問の(2)の場合，$83x+29y=1$ の1組の整数解はすぐには見つけにくい．このような場合は，$a=83$ と $b=29$ の最大公約数が1であることをユークリッドの互除法で導く要領で，$83p+29q=1$ となる1組の整数解 $x=p,\ y=q$ を求めることができる．

解 答

(1) $7x+4y=1$ ……①

$x=-1$, $y=2$ は①の整数解の1つだから
$$7\cdot(-1)+4\cdot 2=1 \quad \cdots\cdots ②$$

①−②から $7(x+1)+4(y-2)=0$

∴ $7(x+1)=4(2-y)$

7と4は互いに素だから，kを整数として
$$x+1=4k, \quad 2-y=7k$$

よって，$x=4k-1$, $y=-7k+2$（kは整数）
……(答)

㋐ ①を満たす整数解は $x=3$, $y=-5$ としてもよい．

(2) $83x+29y=4$ ……③

$83x+29y=1$ の1組の整数解を，ユークリッドの互除法を用いて求める．

$a=83$, $b=29$ とする．

$83=29\cdot 2+25$ から
$$25=83-29\cdot 2=a-2b$$

$29=25\cdot 1+4$ から
$$4=29-25\cdot 1=b-(a-2b)=-a+3b$$

$25=4\cdot 6+1$ から
$$1=25-4\cdot 6=(a-2b)-6(-a+3b)$$
$$=7a-20b$$

すなわち $83\cdot 7+29\cdot(-20)=1$

両辺を4倍して $83\cdot 28+29\cdot(-80)=4$ ……④

③−④から
$$83(x-28)+29(y+80)=0$$

∴ $83(x-28)=-29(y+80)$

83と29は互いに素だから，kを整数として
$$x-28=29k, \quad y+80=-83k$$

よって，$x=29k+28$, $y=-83k-80$（kは整数）
……(答)

㋑ 83と29は互いに素だから，整数解をもつが，なかなか見つけることはできない．このようなとき，ユークリッドの互除法は便利な技法である．

㋒ $83x+29y=1$ の1組の整数解は $x=7$, $y=-20$

㋓ ③の1組の整数解は $x=28$, $y=-80$

問題 05　Pell 方程式

(1) 等式 $(x^2-ny^2)(z^2-nt^2)=(xz+nyt)^2-n(xt+yz)^2$ を示せ．
(2) $x^2-2y^2=-1$ の自然数解 (x,y) が無限組であることを示し，$x>100$ となる解を一組求めよ．

解説　a, b, c, k を整数とするとき，未知数 x, y についての2元2次不定方程式 $ax^2+bxy+cy^2=k$ の中で，特別な例として

$$x^2-ay^2=\pm 1 \quad (a \text{ は平方数でない自然数})$$

を **Pell（ペル）方程式**という．

Pell 方程式 $x^2-ay^2=\pm 1$ は，任意の平方数でない自然数 a に対して無限に多くの自然数解 (x,y) をもつ．

(例)　$x^2-7y^2=1$ の自然数解を求めてみよう．
(解)　$y=1$, 2 のとき x の自然数解は得られないが，$y=3$ のとき $x^2=64$ から $x=8$ が得られる．ここで，$8+3\sqrt{7}$ を考える．
2項定理から　$(8+3\sqrt{7})^n=\sum_{k=0}^{n} {}_nC_k 8^{n-k}(3\sqrt{7})^k$

となるので，k が偶数の項と奇数の項に分割することにより

$$(8+3\sqrt{7})^n=x_n+y_n\sqrt{7} \quad (x_n, y_n \text{ は自然数})$$

とおける．このとき，

$$(8+3\sqrt{7})^{n+1}=(8+3\sqrt{7})^n(8+3\sqrt{7}) \quad \text{から}$$

$$x_{n+1}+y_{n+1}\sqrt{7}=(x_n+y_n\sqrt{7})(8+3\sqrt{7})=8x_n+21y_n+(3x_n+8y_n)\sqrt{7}$$

$\therefore \quad x_{n+1}=8x_n+21y_n, \ y_{n+1}=3x_n+8y_n$ 　　……①

したがって

$$x_{n+1}^2-7y_{n+1}^2=(8x_n+21y_n)^2-7(3x_n+8y_n)^2=x_n^2-7y_n^2$$

これより数列 $\{x_n^2-7y_n^2\}$ は定数で，$x_n^2-7y_n^2=x_1^2-7y_1^2=8^2-7\cdot 3^2=1$
ここで，x_n, y_n は自然数であるから，①より　$x_{n+1}>x_n$, $y_{n+1}>y_n$

よって，連立漸化式 $\begin{cases} x_{n+1}=8x_n+21y_n \\ y_{n+1}=3x_n+8y_n \end{cases}$, $x_1=8$, $y_1=3$

により (x_n, y_n) $(n=1, 2, \cdots)$ を定めると，これらはすべて $x^2-7y^2=1$ の自然数解であり，$x_{n+1}>x_n$ であるから，自然数解は無数にある．

なお，$(8+3\sqrt{7})^n=x_n+y_n\sqrt{7}$ $(x_n, y_n$ は自然数$)$ に対して，$(8-3\sqrt{7})^n=x_n-y_n\sqrt{7}$ を示して　$(8+3\sqrt{7})^n(8-3\sqrt{7})^n=(x_n+y_n\sqrt{7})(x_n-y_n\sqrt{7})$
すなわち，$x_n^2-7y_n^2=1^n=1$ を導くこともできる．

解 答

(1) 左辺 $= x^2z^2 - n(x^2t^2 + y^2z^2) + n^2y^2t^2$

右辺 $= x^2z^2 + 2xz \cdot nyt + n^2y^2t^2$
$\quad - nx^2t^2 - n \cdot 2xtyz - ny^2z^2$
$= x^2z^2 - n(x^2t^2 + y^2z^2) + n^2y^2t^2$

よって，左辺＝右辺となり，等式は成り立つ．

(2) (1) の等式で，$n=2$，$z=3$，$t=2$ とおくと
$$(x^2 - 2y^2)(3^2 - 2 \cdot 2^2)$$
$$= (x \cdot 3 + 2y \cdot 2)^2 - 2(x \cdot 2 + y \cdot 3)^2$$

すなわち，
$$(3x+4y)^2 - 2(2x+3y)^2 = (x^2 - 2y^2) \cdot 1$$
$$= x^2 - 2y^2$$

したがって，$x^2 - 2y^2 = -1$ のとき
$$(3x+4y)^2 - 2(2x+3y)^2 = -1$$

x，y が自然数のとき
$$3x + 4y > x, \quad 2x + 3y > y$$

であるから，$x^2 - 2y^2 = -1$ を満たす自然数解 (x_1, y_1) があれば，$(3x_1 + 4y_1, 2x_1 + 3y_1)$ も自然数解であることがわかる．

ここに，$1^2 - 2 \cdot 1^2 = -1$ より 1 組の解として
$$(x_1, y_1) = (1, 1)$$

よって，連立漸化式
$$\begin{cases} x_{n+1} = 3x_n + 4y_n \\ y_{n+1} = 2x_n + 3y_n \end{cases}, \quad x_1 = 1, \quad y_1 = 1$$

により，(x_n, y_n) $(n = 1, 2, \cdots)$ を定めると，これらはすべて $x^2 - 2y^2 = -1$ の自然数解であり，$x_{n+1} > x_n$ であるから，(x_n, y_n) はすべて異なる．

ゆえに，$x^2 - 2y^2 = -1$ の自然数解 (x, y) は無限組ある．

$(x_2, y_2) = (7, 5)$，$(x_3, y_3) = (41, 29)$，$(x_4, y_4) = (239, 169)$ であるから，$x > 100$ となる解は，$(x, y) = (239, 169)$ ……(答)

㋐ 与えられた等式を，**ブラーマグプタの恒等式**という．

㋑ 方程式 $x^2 - 2y^2 = -1$ は Pell 方程式であるが，(1) の等式と比べると $n=2$ とおけばよいことがわかる．このとき，

(1) の右辺
$= (\quad)^2 - 2(\quad)^2$
$= (x^2 - 2y^2)(z^2 - 2t^2)$
$= -(z^2 - 2t^2)$

となるので，$z^2 - 2t^2 = 1$ となるような $z = 3$，$t = 2$ を考える．

㋒ 連立漸化式だけでは，解は無限組とは言えない．$x_{n+1} > x_n$ を示すことは大切である．

㋓ 漸化式を用いて，$x_n > 100$ を満たす項 x_n を求める．

問題 06 1次合同式

(1) 次の1次合同式を解け．
 (i) $29x \equiv 7 \pmod{39}$ (ii) $42x \equiv 12 \pmod{66}$

(2) 連立1次合同式 $\begin{cases} 3x \equiv 7 \pmod{8} \\ 5x \equiv 9 \pmod{13} \end{cases}$ を解け．

解説

p は自然数とする．2つの整数 a, b について $a-b$ が p の倍数であるとき，a と b は p を法として**合同である**といい，$a \equiv b \pmod{p}$ と表す．このような式を**合同式**という．mod はラテン語の modulus の略記である．a と b が p を法として合同であるとは，a を p で割った余りと，b を p で割った余りが等しいことと同じである．

a, b, c は整数，p は自然数とするとき，合同式については次が成り立つ．

[1] $a \equiv a \pmod{p}$　[2] $a \equiv b \pmod{p}$ のとき $b \equiv a \pmod{p}$
[3] $a \equiv b \pmod{p}$, $b \equiv c \pmod{p}$ のとき $a \equiv c \pmod{p}$
さらに，d が整数，n が自然数で，$a \equiv c \pmod{p}$, $b \equiv d \pmod{p}$ のときは
1 $a+b \equiv c+d \pmod{p}$　2 $a-b \equiv c-d \pmod{p}$
3 $ab \equiv cd \pmod{p}$　4 $a^n \equiv c^n \pmod{p}$

(例) 4 と -1 は $4-(-1) = 5$ が 5 で割り切れるので $4 \equiv -1 \pmod{5}$
したがって，$4^{2000} \equiv (-1)^{2000} \equiv 1 \pmod 5$
よって，4^{2000} を 5 で割った余りは 1 である．

さて，p を自然数として，係数が整数である多項式 $f(x)$ と $g(x)$ について，合同式 $f(x) \equiv g(x) \pmod{p}$ を満たす x の整数値を**合同式の解**という．$f(x) \equiv g(x) \pmod{p}$ は $f(x) - g(x) \equiv 0 \pmod{p}$ と同値であるから，このタイプの合同式は $F(x) \equiv 0 \pmod{p}$ ……①
の形の場合を考えればよい．ここで，$F(x)$ の最高次の項の次数が n でその係数が p で割り切れないとき，①を n 次の合同式という．

最も簡単な1次合同式 $ax \equiv b \pmod{p}$ について考えてみよう．

(例) 1次合同式 $9x \equiv 6 \pmod{15}$ を解いてみよう．

(解) 9, 6, 15 の最大公約数は 3 だから，$3x \equiv 2 \pmod{5}$ を解けばよい．法 5 に関する剰余系 0, 1, 2, 3, 4 のうち 4 のみが解となるので，

$$x \equiv 4 \pmod{5}$$

よって，求める解は $x \equiv 4 \pmod{15}$, $x \equiv 9 \pmod{15}$, $x \equiv 14 \pmod{15}$
あるいは，次のように解くこともできる．

$9x \equiv 6 \pmod{15}$ は，$3x \equiv 2 \pmod 5$ と同値である．

これより，$3x \cdot 2 \equiv 2 \cdot 2 \pmod 5$ すなわち $6x \equiv 4 \pmod 5$

また， $5x \equiv 0 \pmod 5$

よって，$6x - 5x \equiv 4 - 0 \pmod 5$，すなわち，$x \equiv 4 \pmod 5$ （以下略）

解 答

(1) (i) ㋐$29x \equiv 7 \pmod{39}$ ……①
 $39x \equiv 0 \pmod{39}$ ……②

②－①から，$10x \equiv -7 \pmod{39}$

3倍して， $30x \equiv -21 \pmod{39}$ ……③

③－①から， $x \equiv -28 \pmod{39}$

よって，㋑$x \equiv 11 \pmod{39}$ ……（答）

(ii) $42x \equiv 12 \pmod{66}$

42，12，66 の最大公約数は 6 だから

$7x \equiv 2 \pmod{11}$

と同値である．

3倍して，$21x \equiv 6 \pmod{11}$ ……④

また， $22x \equiv 0 \pmod{11}$ ……⑤

⑤－④から，$x \equiv -6 \pmod{11}$

すなわち，㋒$x \equiv 5 \pmod{11}$

よって，求める解は mod 66 としては 6 個あって

 $x \equiv 5$，$x \equiv 16$，$x \equiv 27$，$x \equiv 38$

 $x \equiv 49$，$x \equiv 60$ （各 mod 66） ……（答）

(2) ㋓$3x \equiv 7 \pmod 8$ の解は $x \equiv 5 \pmod 8$

㋔$5x \equiv 9 \pmod{13}$ の解は $x \equiv 7 \pmod{13}$

したがって，連立合同式 $\begin{cases} x \equiv 5 \pmod 8 \\ x \equiv 7 \pmod{13} \end{cases}$

を解けばよい．$x = 7 + 13y$ となる整数は y が存在して $7 + 13y \equiv 5 \pmod 8$

すなわち，$13y \equiv -2 \pmod 8$

3倍して，$39y \equiv -6 \pmod 8$

また，$8y \equiv 0 \pmod 8$ から $40y \equiv 0 \pmod 8$

したがって，㋕$y \equiv 6 \pmod 8$

 $13y \equiv 78 \pmod{104}$

∴ ㋖$x = 7 + 13y \equiv 85 \pmod{104}$ ……（答）

㋐ 39 の剰余系 0，1，…，38 のすべてについて調べるのは大変である．したがって，合同式の性質を用いて，
 $x \equiv x_0 \pmod{39}$
の形を導くことを考える．

㋑ 解 x は
$x = 39k + 11$ （k は整数）
である．

㋒ 法 11 に関しては 5 の属する剰余類だから，法 66 に関しては，
5，16，27，38，49，60 の属する剰余類となる．

㋓ 法 8 に関する剰余系 0，1，…，7 のうち 5 のみが解である．

㋔ 法 13 に関する剰余系 0，1，…，12 のうち 7 のみが解である．

㋕ 8 を法として，
$40y - 39y \equiv 0 - (-6)$ から．

㋖ $a \equiv b \pmod p$ のとき
 $ca \equiv cb \pmod{cp}$

問題 07　三角関数（1）

(1) x, y の連立方程式
$$\begin{cases} 13\cos x + \sqrt{3}\sin x = y\cos x \\ \sqrt{3}\cos x + 11\sin x = y\sin x \end{cases}$$
の2組の解を (x_1, y_1), (x_2, y_2)（ただし，$0 \leqq x_1 \leqq x_2 < \pi$）とするとき，$x_1$, y_1, x_2, y_2 の値を求めよ．

(2) 変数 x, y が $x^2 + y^2 = 1$ を満たすものとする．このとき，平面上の点 $(x^2 - y^2 + 2x, 2y - 2xy)$ と原点との距離の最大値はいくらか．また，そのときの (x, y) をすべて求めよ．

解説　2つの角の和または差の三角関数の値を求めるには，次の加法定理を用いる．

〈加法定理〉
$$\begin{cases} \sin(\alpha+\beta) = \sin\alpha\cos\beta + \cos\alpha\sin\beta & \cdots\cdots ① \\ \sin(\alpha-\beta) = \sin\alpha\cos\beta - \cos\alpha\sin\beta & \cdots\cdots ② \\ \cos(\alpha+\beta) = \cos\alpha\cos\beta - \sin\alpha\sin\beta & \cdots\cdots ③ \\ \cos(\alpha-\beta) = \cos\alpha\cos\beta + \sin\alpha\sin\beta & \cdots\cdots ④ \\ \tan(\alpha+\beta) = \dfrac{\tan\alpha + \tan\beta}{1 - \tan\alpha\tan\beta} & \cdots\cdots ⑤ \\ \tan(\alpha-\beta) = \dfrac{\tan\alpha - \tan\beta}{1 + \tan\alpha\tan\beta} & \cdots\cdots ⑥ \end{cases}$$

（例）　$\sin 75° = \sin(45° + 30°) = \sin 45° \cos 30° + \cos 45° \sin 30°$
$$= \frac{\sqrt{2}}{2} \cdot \frac{\sqrt{3}}{2} + \frac{\sqrt{2}}{2} \cdot \frac{1}{2} = \frac{\sqrt{6} + \sqrt{2}}{4}$$

①，③，⑤で $\alpha = \beta = \theta$ とおくと，次の2倍角の公式が得られる．

〈2倍角の公式〉
$$\begin{cases} \sin 2\theta = 2\sin\theta\cos\theta \\ \cos 2\theta = \cos^2\theta - \sin^2\theta = 2\cos^2\theta - 1 = 1 - 2\sin^2\theta & \cdots\cdots ⑦ \\ \tan 2\theta = \dfrac{2\tan\theta}{1 - \tan^2\theta} \end{cases}$$

とくに，$\tan\theta = m$ とおくとき，次は公式として覚えておくとよい．
$$\begin{cases} \sin 2\theta = 2\sin\theta\cos\theta = 2\tan\theta \cdot \cos^2\theta = 2\tan\theta \cdot \dfrac{1}{1 + \tan^2\theta} = \dfrac{2m}{1 + m^2} \\ \cos 2\theta = 2\cos^2\theta - 1 = 2 \cdot \dfrac{1}{1 + \tan^2\theta} - 1 = \dfrac{1 - m^2}{1 + m^2} \end{cases}$$

（例）　$\tan\theta = 3$ のとき

$$\sin 2\theta = \frac{2\tan\theta}{1+\tan^2\theta} = \frac{2\cdot 3}{1+3^2} = \frac{3}{5}, \quad \cos 2\theta = \frac{1-\tan^2\theta}{1+\tan^2\theta} = \frac{1-3^2}{1+3^2} = -\frac{4}{5}$$

余弦の2倍角の公式⑦から，次の半角の公式が得られる．

たとえば，$\cos 2\theta = 2\cos^2\theta - 1$ で，θ のかわりに $\dfrac{\theta}{2}$ とおくと

$$\cos\theta = 2\cos^2\frac{\theta}{2} - 1 \quad \text{よって，} \quad \cos^2\frac{\theta}{2} = \frac{1+\cos\theta}{2}$$

〈半角の公式〉　　$\cos^2\dfrac{\theta}{2} = \dfrac{1+\cos\theta}{2}, \quad \sin^2\dfrac{\theta}{2} = \dfrac{1-\cos\theta}{2}, \quad \tan^2\dfrac{\theta}{2} = \dfrac{1-\cos\theta}{1+\cos\theta}$

（例）　$\sin\theta = \dfrac{5}{13} \left(\dfrac{\pi}{2} < \theta < \pi\right)$ のとき，$\cos^2\theta = 1-\sin^2\theta = 1 - \left(\dfrac{5}{13}\right)^2 = \left(\dfrac{12}{13}\right)^2$

θ は第2象限の角だから $\cos\theta < 0$ であり，　$\cos\theta = -\dfrac{12}{13}$

よって，$\cos^2\dfrac{\theta}{2} = \dfrac{1+\cos\theta}{2} = \dfrac{1}{2}\left(1 - \dfrac{12}{13}\right) = \dfrac{1}{26}, \quad \sin^2\dfrac{\theta}{2} = 1 - \cos^2\dfrac{\theta}{2} = \dfrac{25}{26}$

$\dfrac{\pi}{4} < \dfrac{\theta}{2} < \dfrac{\pi}{2}$ だから $\cos\dfrac{\theta}{2} > 0, \quad \sin\dfrac{\theta}{2} > 0$ であり，$\cos\dfrac{\theta}{2} = \dfrac{1}{\sqrt{26}}, \quad \sin\dfrac{\theta}{2} = \dfrac{5}{\sqrt{26}}$

さらに，$3\theta = 2\theta + \theta$ を用いて，次の3倍角の公式が得られる．

〈3倍角の公式〉　$\begin{cases} \sin 3\theta = 3\sin\theta - 4\sin^3\theta \\ \cos 3\theta = 4\cos^3\theta - 3\cos\theta \end{cases}$

たとえば，$\sin 3\theta = \sin(2\theta + \theta) = \sin 2\theta \cos\theta + \cos 2\theta \sin\theta$
$ = 2\sin\theta\cos\theta\cdot\cos\theta + (1-2\sin^2\theta)\sin\theta$
$ = 2\sin\theta(1-\sin^2\theta) + \sin\theta - 2\sin^3\theta = 3\sin\theta - 4\sin^3\theta$

（例）　$x = \sin\theta$ とするとき，$\sin 5\theta$ を x の整式で表し，$\cos 666°$ の値を求めよ．

（解）　$\sin 5\theta = \sin(2\theta + 3\theta) = \sin 2\theta \cos 3\theta + \cos 2\theta \sin 3\theta$

2倍角・3倍角の公式を用いて
$\sin 5\theta = 2\sin\theta\cos\theta(4\cos^3\theta - 3\cos\theta) + (1-2\sin^2\theta)(3\sin\theta - 4\sin^3\theta)$
$ = 2\sin\theta\cos^2\theta(4\cos^2\theta - 3) + (1-2\sin^2\theta)\sin\theta(3-4\sin^2\theta)$
$ = \sin\theta\{2(1-\sin^2\theta)(1-4\sin^2\theta) + (1-2\sin^2\theta)(3-4\sin^2\theta)\}$

よって，$\sin\theta = x$ とするとき，$\sin 5\theta = 16x^5 - 20x^3 + 5x$ ……⑧

$\cos 666° = \cos(360°\times 2 - 54°) = \cos 54° = \sin 36°$

$5\times 36° = 180°$ だから，⑧で $\theta = 36°$ とおくと

$$x(16x^4 - 20x^2 + 5) = \sin 180° = 0 \quad (x > 0)$$

$16x^4 - 20x^2 + 5 = 0$ を解いて，$x^2 = \dfrac{10 \pm \sqrt{20}}{16} = \dfrac{5 \pm \sqrt{5}}{8}$

$30° < 36° < 45°$ から $\sin 30° < \sin 36° < \sin 45°$ ∴ $\dfrac{1}{2} < x < \dfrac{1}{\sqrt{2}}$

よって，$x = \sqrt{\dfrac{5-\sqrt{5}}{8}}$ ∴ $\cos 666° = \sqrt{\dfrac{5-\sqrt{5}}{8}}$

次に，①+②，①-②，③+④，③-④を考えることにより，次が得られる．

〈積を和・差に直す公式〉
$$\begin{cases} \sin\alpha\cos\beta = \dfrac{1}{2}\{\sin(\alpha+\beta)+\sin(\alpha-\beta)\} & \cdots\cdots ⑨ \\ \cos\alpha\sin\beta = \dfrac{1}{2}\{\sin(\alpha+\beta)-\sin(\alpha-\beta)\} \\ \cos\alpha\cos\beta = \dfrac{1}{2}\{\cos(\alpha+\beta)+\cos(\alpha-\beta)\} \\ \sin\alpha\sin\beta = -\dfrac{1}{2}\{\cos(\alpha+\beta)-\cos(\alpha-\beta)\} \end{cases}$$

〈和・差を積に直す公式〉
$$\begin{cases} \sin\alpha+\sin\beta = 2\sin\dfrac{\alpha+\beta}{2}\cos\dfrac{\alpha-\beta}{2} & \cdots\cdots ⑩ \\ \sin\alpha-\sin\beta = 2\cos\dfrac{\alpha+\beta}{2}\sin\dfrac{\alpha-\beta}{2} \\ \cos\alpha+\cos\beta = 2\cos\dfrac{\alpha+\beta}{2}\cos\dfrac{\alpha-\beta}{2} \\ \cos\alpha-\cos\beta = -2\sin\dfrac{\alpha+\beta}{2}\sin\dfrac{\alpha-\beta}{2} \end{cases}$$

たとえば，⑨から $\sin(A+B)+\sin(A-B) = 2\sin A\cos B$

$A+B = \alpha,\ A-B = \beta$ とおくと $A = \dfrac{\alpha+\beta}{2},\ B = \dfrac{\alpha-\beta}{2}$ となり，⑩が導かれる．

（例） $0 \leqq \theta < \pi$ のとき，不等式 $\sin\theta - \sin 2\theta + \sin 3\theta > 0$ を解いてみよう．

（解） $(\sin 3\theta + \sin\theta) - \sin 2\theta > 0$

$\sin 3\theta + \sin\theta = 2\sin\dfrac{3\theta+\theta}{2}\cos\dfrac{3\theta-\theta}{2} = 2\sin 2\theta\cos\theta$ だから

$2\sin 2\theta\cos\theta - \sin 2\theta > 0$ $\sin 2\theta(2\cos\theta - 1) > 0$

∴ $\begin{cases} \sin 2\theta > 0 \\ \cos\theta > \dfrac{1}{2} \end{cases}$ ……①   または $\begin{cases} \sin 2\theta < 0 \\ \cos\theta < \dfrac{1}{2} \end{cases}$ ……②

$0 \leqq \theta < \pi$ のとき，$0 \leqq 2\theta < 2\pi$ だから

①から $0 < 2\theta < \pi$ かつ $0 \leqq \theta < \dfrac{\pi}{3}$，②から $\pi < 2\theta < 2\pi$ かつ $\dfrac{\pi}{3} < \theta < \pi$

よって，θ の範囲は $0 < \theta < \dfrac{\pi}{3},\ \dfrac{\pi}{2} < \theta < \pi$

解 答

(1) $\begin{cases} 13\cos x + \sqrt{3}\sin x = y\cos x & \cdots\cdots① \\ \sqrt{3}\cos x + 11\sin x = y\sin x & \cdots\cdots② \end{cases}$

㋐ $①\times \sin x - ②\times \cos x$ より
$\sin x(13\cos x + \sqrt{3}\sin x)$
$\quad - \cos x(\sqrt{3}\cos x + 11\sin x) = 0$
$2\sin x\cos x - \sqrt{3}(\cos^2 x - \sin^2 x) = 0$
$\sin 2x - \sqrt{3}\cos 2x = 0$ ∴ ㋑ $\tan 2x = \sqrt{3}$
$0 \le x < \pi$ のとき $0 \le 2x < 2\pi$ だから
$2x = \dfrac{\pi}{3},\ \dfrac{4}{3}\pi$ ∴ $x = \dfrac{\pi}{6},\ \dfrac{2}{3}\pi$

①,②より,$0 \le x_1 < x_2 < \pi$ だから
$x_1 = \dfrac{\pi}{6},\ y_1 = 14,\ x_2 = \dfrac{2}{3}\pi,\ y_2 = 10$ ……(答)

(2) ㋒ $x = \cos\theta,\ y = \sin\theta\ (0 \le \theta < 2\pi)$ とおける.
$(x^2 - y^2 + 2x, 2y - 2xy) = (X, Y)$ とおくと
$X = x^2 - y^2 + 2x = \cos^2\theta - \sin^2\theta + 2\cos\theta$
$Y = 2y - 2xy = 2\sin\theta - 2\cos\theta\sin\theta$

㋓ この点と原点との距離の平方を $f(\theta)$ とおくと
$f(\theta) = X^2 + Y^2$
$\quad = (\cos^2\theta - \sin^2\theta + 2\cos\theta)^2$
$\qquad + (2\sin\theta - 2\cos\theta\sin\theta)^2$
$\quad = (\cos 2\theta + 2\cos\theta)^2 + (2\sin\theta - \sin 2\theta)^2$
$\quad = 5 + 4(\cos 2\theta\cos\theta - \sin 2\theta\sin\theta) = 5 + 4\cos 3\theta$
㋔ $0 \le \theta < 2\pi$ のとき $0 \le 3\theta < 6\pi$ だから
$\qquad -1 \le \cos 3\theta \le 1$
よって,$f(\theta)$ は $\cos 3\theta = 1$ のとき最大値 9 をとるので,求める最大値は ㋕ 3 ……(答)
$\cos 3\theta = 1$ のとき,$3\theta = 2n\pi$ (n は整数)で,$\theta = \dfrac{2n}{3}\pi$.
$0 \le \theta < 2\pi$ の範囲にあるのは $\theta = 0,\ \dfrac{2}{3}\pi,\ \dfrac{4}{3}\pi$
よって,求める (x, y) は 3 個あって
$(1, 0),\ \left(-\dfrac{1}{2}, \dfrac{\sqrt{3}}{2}\right),\ \left(-\dfrac{1}{2}, -\dfrac{\sqrt{3}}{2}\right)$ ……(答)

㋐ 連立方程式の未知数 x,y のうち,簡単に消去できる y を消去.

㋑ $\sin 2x = \sqrt{3}\cos 2x$ から
$\tan 2x = \dfrac{\sin 2x}{\cos 2x} = \sqrt{3}$

㋒ 原点を中心とし,半径 r の円 $x^2 + y^2 = r^2$ 上の点は $(r\cos\theta, r\sin\theta)$ $(0 \le \theta < 2\pi)$ と表せる.

㋓ 題意の距離の平方を
$(x^2 - y^2 - 2x)^2$
$\quad + (2y - 2xy)^2$
とし,これに $y^2 = 1 - x^2$ を代入すると x の 3 次関数となる.$-1 \le x \le 1$ の範囲でこの最大値を求めてもよい.

㋔ 加法定理
$\cos 2\theta\cos\theta - \sin 2\theta\sin\theta$
$= \cos(2\theta + \theta) = \cos 3\theta$

㋕ 求めるのは $\sqrt{f(\theta)} = \sqrt{X^2 + Y^2}$ の最大値だから.

問題 08　三角関数（2）

実数 x, y が $x^2+4xy+5y^2-3=0$ を満たしている．このとき，$2x^2+xy+3y^2$ のとりうる値の範囲を求めよ．

解説　三角関数 $a\sin\theta+b\cos\theta$ は，点 $P(a,b)$ を xy 座標平面にとり，$OP=\sqrt{a^2+b^2}$ および x 軸の正の向きから $\overrightarrow{OP}=(a,b)$ に向かって測った角 α に着目すると，

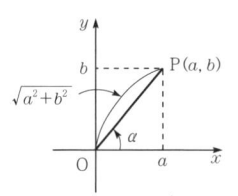

$$a\sin\theta+b\cos\theta$$
$$=\sqrt{a^2+b^2}\left(\frac{a}{\sqrt{a^2+b^2}}\sin\theta+\frac{b}{\sqrt{a^2+b^2}}\cos\theta\right)$$
$$=\sqrt{a^2+b^2}(\cos\alpha\sin\theta+\sin\alpha\cos\theta)$$
$$=\sqrt{a^2+b^2}\sin(\theta+\alpha)\quad\left(\cos\alpha=\frac{a}{\sqrt{a^2+b^2}},\ \sin\alpha=\frac{b}{\sqrt{a^2+b^2}}\right)$$

この公式を，三角関数の**合成公式**という．

（例）　方程式 $\sqrt{3}\sin x+\cos x=\sqrt{2}$ を解いてみよう．

（解）　$\sqrt{3}\sin x+\cos x=2\sin\left(x+\dfrac{\pi}{6}\right)$ から

$$2\sin\left(x+\dfrac{\pi}{6}\right)=\sqrt{2},\quad \sin\left(x+\dfrac{\pi}{6}\right)=\dfrac{\sqrt{2}}{2}$$

一般角で答えると

$$x+\dfrac{\pi}{6}=\dfrac{\pi}{4}+2n\pi,\ \dfrac{3}{4}\pi+2n\pi\quad (n\text{ は整数})$$

よって，$x=\dfrac{\pi}{12}+2n\pi,\ \dfrac{7}{12}\pi+2n\pi\quad (n\text{ は整数})$

（例）　関数 $y=\sin 2\theta+\cos^2\theta$ の最大値と最小値を求めてみよう．

（解）　$y=\sin 2\theta+\cos^2\theta=\sin 2\theta+\dfrac{1+\cos 2\theta}{2}=\dfrac{1}{2}(2\sin 2\theta+\cos 2\theta)+\dfrac{1}{2}$

$$=\dfrac{\sqrt{5}}{2}\sin(2\theta+\alpha)+\dfrac{1}{2}\qquad\left(\cos\alpha=\dfrac{2}{\sqrt{5}},\ \sin\alpha=\dfrac{1}{\sqrt{5}}\right)$$

θ は任意の実数値をとるから，$-1\leqq\sin(2\theta+\alpha)\leqq 1$

よって，$y=\sin 2\theta+\cos^2\theta$ は

$\sin(2\theta+\alpha)=1$ のとき　　最大値　$\dfrac{\sqrt{5}+1}{2}$

$\sin(2\theta+\alpha)=-1$ のとき　　最小値　$\dfrac{-\sqrt{5}+1}{2}$

解 答

$2x^2+xy+3y^2=P$ とおくと

$$8x^2+4xy+12y^2=4P \quad \cdots\cdots ①$$

一方，条件式は $\quad x^2+4xy+5y^2=3 \quad \cdots\cdots ②$

①－②から $\quad 7x^2+7y^2=4P-3$

$$\therefore \quad 7(x^2+y^2)=4P-3 \quad \cdots\cdots ③$$

ここで，②上の点を極座標を用いて表すと

$$\begin{cases} x=r\cos\theta \\ y=r\sin\theta \end{cases} (r>0,\ 0\le\theta<2\pi)$$

したがって

$$(r\cos\theta)^2+4(r\cos\theta)(r\sin\theta)+5(r\sin\theta)^2=3$$

$$(\cos^2\theta+4\sin\theta\cos\theta+5\sin^2\theta)r^2=3$$

$$\therefore\ r^2 = \frac{3}{\cos^2\theta+4\sin\theta\cos\theta+5\sin^2\theta}$$

$$= \frac{3}{\dfrac{1+\cos2\theta}{2}+2\sin2\theta+5\cdot\dfrac{1-\cos2\theta}{2}}$$

$$= \frac{3}{3+2(\sin2\theta-\cos2\theta)} = \frac{3}{3+2\sqrt{2}\sin\left(2\theta-\dfrac{\pi}{4}\right)}$$

$0\le\theta<2\pi$ のとき，$-1\le\sin\left(2\theta-\dfrac{\pi}{4}\right)\le 1$ だから

$$\frac{3}{3+2\sqrt{2}}\le r^2\le \frac{3}{3-2\sqrt{2}}$$

$$\therefore\quad 3(3-2\sqrt{2})\le r^2\le 3(3+2\sqrt{2}) \quad \cdots\cdots ④$$

③から，$7r^2=4P-3$ だから，$\quad P=\dfrac{7r^2+3}{4}$

よって，④から $\quad \dfrac{3(11-7\sqrt{2})}{2}\le P\le \dfrac{3(11+7\sqrt{2})}{2}$

$\cdots\cdots$（答）

（注） $P=\dfrac{3(11\pm 7\sqrt{2})}{2}$ のとき

$$r^2=3(3\pm 2\sqrt{2})\quad \text{かつ}\quad \sin\left(2\theta-\dfrac{\pi}{4}\right)=\mp 1$$

（複号同順）

㋐ 条件式 $x^2+4xy+5y^2=3$ の xy の係数4に着目して，$4P$ を考えた．

㋑ ②は xy 平面上の2次曲線（楕円）である．

㋒ 2倍角および半角公式．
$2\sin\theta\cos\theta=\sin2\theta$，
$\cos^2\theta=\dfrac{1+\cos2\theta}{2}$，
$\sin^2\theta=\dfrac{1-\cos2\theta}{2}$

㋓ 合成公式．

㋔ $P=\dfrac{3(11+7\sqrt{2})}{2}$ のとき
$r=\sqrt{3(3+2\sqrt{2})}$
$=\sqrt{3}(\sqrt{2}+1)=\sqrt{6}+\sqrt{3}$
$2\theta-\dfrac{\pi}{4}=\dfrac{3}{2}\pi,\ \dfrac{7}{2}\pi$ から
$\theta=\dfrac{7}{8}\pi,\ \dfrac{15}{8}\pi$

また，$P=\dfrac{3(11-7\sqrt{2})}{2}$ のとき
$r=\sqrt{6}-\sqrt{3}$
$\theta=\dfrac{3}{8}\pi,\ \dfrac{11}{8}\pi$

問題 09　数学的帰納法

(1) a, b を整数，n を自然数として $(a+\sqrt{2}\,b)^n = p_n + \sqrt{2}\,q_n$ とおく．ただし，p_n, q_n は整数とする．
このとき，$(a-\sqrt{2}\,b)^n = p_n - \sqrt{2}\,q_n$ であることを示せ．

(2) $x+y=a+b$, $x^2+y^2=a^2+b^2$ のとき，任意の自然数 n について $x^n+y^n=a^n+b^n$ が成り立つことを，数学的帰納法によって示せ．

解説

自然数 n についての命題 $P(n)$ が成り立つことを証明するのに

> 第1段：$n=1$ のとき $P(n)$ が成り立つことを示す．
> 第2段：$n=k$ のとき $P(n)$ が成り立つと仮定して，
> 　　　　$n=k+1$ のとき $P(n)$ が成り立つことを示す．

この2段階の証明で，命題 $P(n)$ がすべての自然数 n について成り立つことがいえる．この証明法を**数学的帰納法**という．

(例) すべての自然数 n について，$3^n > n^2$ が成り立つことを示そう．
(結論) 　　　　$3^n > n^2$ 　　　　　　　　　　　　　　……①
[I] 　$n=1$ のとき，左辺$=3^1=3$，右辺$=1^2=1$
　　　 $n=2$ のとき，左辺$=3^2=9$，右辺$=2^2=4$
　したがって，①は $n=1$, 2 のとき成り立つ．
[II] 　$n=k$ ($k \geq 2$) のとき，①が成り立つと仮定すると，$3^k > k^2$
　両辺を3倍して，$3^{k+1} > 3k^2$ 　　　　　　　　　　　　　……②
　ここで，$3k^2 - (k+1)^2 = 2k^2 - 2k - 1 = 2k(k-1) - 1$
　　　　　　　　　　　　　　$\geq 2 \cdot 2(2-1) - 1 = 3 > 0$ 　($\because$ $k \geq 2$)
　すなわち，$3k^2 > (k+1)^2$ 　　　　　　　　　　　　　　　……③
　②, ③から，$3^{k+1} > (k+1)^2$，したがって，①は $n=k+1$ のときも成り立つ．
[I], [II] から，①はすべての自然数 n について成り立つ．

解答

(1) $\underline{(a+\sqrt{2}\,b)^n = p_n + \sqrt{2}\,q_n}_{㋐}$ 　　　　……①

①のとき　$(a+\sqrt{2}\,b)^{n+1} = p_{n+1} + \sqrt{2}\,q_{n+1}$
$(a+\sqrt{2}\,b)^{n+1} = (a+\sqrt{2}\,b)(a+\sqrt{2}\,b)^n$ から
　　$p_{n+1} + \sqrt{2}\,q_{n+1} = (a+\sqrt{2}\,b)(p_n + \sqrt{2}\,q_n)$
　　　　　　　　　　　$= ap_n + 2bq_n + \sqrt{2}\,(bp_n + aq_n)$
$\underline{a, b, p_n, q_n \text{ は整数（有理数）}, \sqrt{2} \text{ は無理数だか}}_{㋑}$

㋐ すべての自然数 n で成り立つ恒等式．

㋑ 一般に，m, n, x, y が有理数のとき
　　$m + \sqrt{2}\,n = x + \sqrt{2}\,y$
　　$\iff m=x, n=y$
が成り立つ．

ら，両辺を比較して

$$\begin{cases} p_{n+1} = ap_n + 2bq_n \\ q_{n+1} = bp_n + aq_n \end{cases} \quad (n \geq 1) \quad \cdots\cdots ②$$

これを用いて $(a-\sqrt{2}\,b)^n = p_n - \sqrt{2}\,q_n \quad \cdots\cdots ③$
を数学的帰納法で示す．

［Ｉ］ $n=1$ のとき，①から
　$a + \sqrt{2}\,b = p_1 + \sqrt{2}\,q_1 \quad \therefore \quad a = p_1,\ b = q_1$
　このとき，$a - \sqrt{2}\,b = p_1 - \sqrt{2}\,q_1$ となり，③は
　$n=1$ のとき成り立つ．

［II］ $n=k$ のとき，③が成り立つと仮定すると
$$(a - \sqrt{2}\,b)^k = p_k - \sqrt{2}\,q_k \quad \cdots\cdots ④$$
このとき，
$(a - \sqrt{2}\,b)^{k+1} = (a - \sqrt{2}\,b)(a - \sqrt{2}\,b)^k$
$= (a - \sqrt{2}\,b)(p_k - \sqrt{2}\,q_k) \quad (\because\ ④ より)$
$= ap_k + 2bq_k - \sqrt{2}(bp_k + aq_k)$
$= p_{k+1} - \sqrt{2}\,q_{k+1} \quad (\because\ ② より)$

よって，③は $n=k+1$ のときも成り立つ．
［Ｉ］［II］から，③はすべての自然数 n で成り立つ．

(2) $x^n + y^n = a^n + b^n \quad \cdots\cdots ①$

［Ｉ］ $x + y = a + b,\ x^2 + y^2 = a^2 + b^2 \quad \cdots\cdots ②$
　だから，①は $n = 1,\ 2$ のとき成り立つ．

［II］ $n = k,\ k+1$ のとき，①が成り立つと仮定すると，$x^k + y^k = a^k + b^k,\ x^{k+1} + y^{k+1} = a^{k+1} + b^{k+1}$
ここで，②から
$xy = \dfrac{1}{2}\{(x+y)^2 - (x^2 + y^2)\}$
$ = \dfrac{1}{2}\{(a+b)^2 - (a^2 + b^2)\} = ab$

$\therefore\ x^{k+2} + y^{k+2}$
$= (x+y)(x^{k+1} + y^{k+1}) - xy(x^k + y^k)$
$= (a+b)(a^{k+1} + b^{k+1}) - ab(a^k + b^k)$
$= a^{k+2} + b^{k+2}$

したがって，①は $n = k+2$ のときも成り立つ．
［Ｉ］［II］から，①はすべての自然数 n で成り立つ．

㋒ $p_n,\ q_n$ についての連立漸化式．

㋓ $x^k + y^k = a^k + b^k$ が成り立つことを仮定して，
$x^{k+1} + y^{k+1} = a^{k+1} + b^{k+1}$
を導くことを考えるが，
$x^{k+1} + y^{k+1}$
$= (x^k + y^k)(x+y)$
$ - xy(x^{k-1} + y^{k-1})$
と変形できるから
$x^k + y^k = a^k + b^k$ のみの仮定では導けない．
$x^{k-1} + y^{k-1} = a^{k-1} + b^{k-1}$
の仮定も必要である．
すなわち，$n = k+1$ のときの成立を示すのに，$n = k$，$n = k-1$ の両方の仮定が必要になる．そこで，第1段でも $n = 1,\ 2$ のときの証明をすることになる．

問題 10 漸化式 (1)

数列 $\{a_n\}$ において，次の関係があるとき，それぞれの一般項を求めよ．
(1) $a_1=2$, $a_n=a_{n-1}+n(n-1)$ $(n\geq 2)$
(2) $a_1=2$, $a_{n+1}=\dfrac{a_n}{a_n+3}$ $(n\geq 1)$ (3) $a_1=2$, $a_{n+1}=\dfrac{a_n+2}{2a_n+1}$ $(n\geq 1)$

解説 数列 $\{a_n\}$ を隣りあったいくつかの項の間に成り立つ関係式で定義したものを，**数列の帰納的定義**といい，その関係式を**数列の漸化式**という．

〈等差数列，等比数列の帰納的定義〉
　　等差数列： $a_{n+1}-a_n=d$ $(n\geq 1,\ d$ は定数$)$
　　等比数列： $a_{n+1}=ra_n$ $(n\geq 1,\ r$ は定数$)$

〈2項間の漸化式〉
① $a_{n+1}=a_n+f(n)$ $(n\geq 1)$（階差型）

この式の n に $1, 2, \dots, n-1$ を代入して，辺々加えると
$$a_n=a_1+\sum_{k=1}^{n-1}f(k) \quad (n\geq 2)$$

（例） $a_1=1$, $a_{n+1}=a_n+(-1)^n$ $(n\geq 1)$ のとき，一般項を求めてみよう．

（解） $n\geq 2$ のとき $a_n=a_1+\sum_{k=1}^{n-1}(-1)^k=1+\dfrac{-1\cdot\{1-(-1)^{n-1}\}}{1-(-1)}=\dfrac{1+(-1)^{n-1}}{2}$

$a_1=1$ だから，これは $n=1$ のときも成り立つ．よって，　$a_n=\dfrac{1+(-1)^{n-1}}{2}$．

② $a_{n+1}=pa_n+q$ $(n\geq 1,\ p\neq 0, 1,\ q\neq 0)$

a_n, a_{n+1} を t とおいて，$t=pt+q$（特性方程式）から　$t=\dfrac{q}{1-p}$

この t の値を漸化式の両辺から引くと　$a_{n+1}-\dfrac{q}{1-p}=p\left(a_n-\dfrac{q}{1-p}\right)$

$a_n-\dfrac{q}{1-p}=\left(a_1-\dfrac{q}{1-p}\right)p^{n-1}$ 　　$\therefore\ a_n=\dfrac{q}{1-p}+\left(a_1-\dfrac{q}{1-p}\right)p^{n-1}$

③ $a_{n+1}=pa_n+f(n)$ $(n\geq 1,\ p\neq 0, 1)$

両辺を p^{n+1} で割ると　$\dfrac{a_{n+1}}{p^{n+1}}=\dfrac{a_n}{p^n}+\dfrac{f(n)}{p^{n+1}}=\dfrac{a_n}{p^n}+g(n)$ 　$\left(g(n)=\dfrac{f(n)}{p^{n+1}}\ と\ おく\right)$

$\dfrac{a_n}{p^n}=b_n$ とおくと $b_{n+1}=b_n+g(n)$ となり，①に帰着する．

解 答

(1) 条件式から $\underbrace{a_{n+1}-a_n=n(n+1)}_{㋐}$ で，$n\geqq 2$ のとき
$$a_n=a_1+\underbrace{\sum_{k=1}^{n-1}k(k+1)}_{㋑}=2+\frac{1}{3}(n-1)n(n+1)$$
$$=\frac{n^3-n+6}{3}=\frac{1}{3}(n+2)(n^2-2n+3)$$

$a_1=2$ だから，この式は $n=1$ でも成り立つ．

よって，　$a_n=\dfrac{1}{3}(n+2)(n^2-2n+3)$ 　……(答)

(2) 漸化式の両辺の逆数をとると
$$\frac{1}{a_{n+1}}=\frac{a_n+3}{a_n}=1+\frac{3}{a_n}$$

$\dfrac{1}{a_n}=b_n$ とおくと　$\underbrace{b_{n+1}=3b_n+1}_{㋒}$

$$b_{n+1}+\frac{1}{2}=3\left(b_n+\frac{1}{2}\right)$$

したがって，数列 $\left\{b_n+\dfrac{1}{2}\right\}$ は初項 $\underbrace{b_1+\dfrac{1}{2}=1}_{㋓}$，

公比が 3 の等比数列だから

$$b_n+\frac{1}{2}=1\cdot 3^{n-1} \quad \therefore \quad b_n=\frac{2\cdot 3^{n-1}-1}{2}$$

よって，$a_n=\dfrac{1}{b_n}=\dfrac{2}{2\cdot 3^{n-1}-1}$ 　……(答)

(3) $\underbrace{a_{n+1}-1=\dfrac{a_n+2}{2a_n+1}-1=-\dfrac{a_n-1}{2a_n+1}}_{㋔}$

$\underbrace{a_{n+1}+1=\dfrac{a_n+2}{2a_n+1}+1=\dfrac{3(a_n+1)}{2a_n+1}}_{㋕}$

したがって，$\dfrac{a_{n+1}-1}{a_{n+1}+1}=-\dfrac{1}{3}\cdot\dfrac{a_n-1}{a_n+1}$

$b_n=\dfrac{a_n-1}{a_n+1}$ とおくと　$b_{n+1}=-\dfrac{1}{3}b_n$

$b_1=\dfrac{a_1-1}{a_1+1}=\dfrac{1}{3}$ より　$b_n=\dfrac{1}{3}\left(-\dfrac{1}{3}\right)^{n-1}=-\left(-\dfrac{1}{3}\right)^n$

よって，$\underbrace{a_n=\dfrac{1+b_n}{1-b_n}}_{㋖}=\dfrac{1-\left(-\dfrac{1}{3}\right)^n}{1+\left(-\dfrac{1}{3}\right)^n}=\dfrac{3^n-(-1)^n}{3^n+(-1)^n}$

……(答)

㋐ $a_n-a_{n-1}=n(n-1)$ から
$$a_n=a_1+\sum_{k=1}^{n-1}k(k-1)$$
としてはいけない．

㋑ $\displaystyle\sum_{k=1}^{n}k(k+1)$
$=\dfrac{1}{3}n(n+1)(n+2)$
を用いた．

㋒ 特性方程式 $t=3t+1$
を解いて $t=-\dfrac{1}{2}$

㋓ $b_1=\dfrac{1}{a_1}=\dfrac{1}{2}$

㋔，㋕ 分数型の漸化式
$a_{n+1}=\dfrac{pa_n+q}{ra_n+s}$ は，
$t=\dfrac{pt+q}{rt+s}$ を解いて
$t=\alpha,\ \beta\ (\alpha\neq\beta)$ のとき
$\dfrac{a_n-\beta}{a_n-\alpha}=b_n$ を考える．

本問は，$t=\dfrac{t+2}{2t+1}$ を解いて
$t^2=1$ から $t=\pm 1$
すなわち　$\alpha=-1,\ \beta=1$

㋖ $(a_n+1)b_n=a_n-1$ から．

問題 11　漸化式（2）

(1) 数列 $\{a_n\}$ が $a_{n+2}=4a_{n+1}-4a_n$ $(n\geq 1)$, $a_1=1$, $a_2=8$ で定義されるとき，一般項 a_n を求めよ．

(2) 2つの数列 $\{x_n\}$, $\{y_n\}$ が関係式 $x_1=11$, $y_1=1$, $x_{n+1}=6x_n+5y_n$, $y_{n+1}=x_n+2y_n$ $(n\geq 1)$ で定められるとき，一般項 x_n, y_n を求めよ．

解説

〈3項間の漸化式〉　$a_{n+2}=pa_{n+1}+qa_n$ $(p\neq 0, q\neq 0)$ ……①

①の a_{n+2}, a_{n+1}, a_n をそれぞれ $t^2, t, 1$ におきかえた t の2次方程式（**特性方程式**）$t^2-pt-q=0$ を考える．方程式の2解を α, β とすると，解と係数の関係から
$$\alpha+\beta=p, \quad \alpha\beta=-q$$

(ア) $\alpha\neq\beta$ のとき；
$$a_{n+2}-\alpha a_{n+1}=pa_{n+1}+qa_n-\alpha a_{n+1}=(p-\alpha)a_{n+1}+qa_n$$
$$=\beta a_{n+1}-\alpha\beta a_n=\beta(a_{n+1}-\alpha a_n)$$

これより，$a_{n+1}-\alpha a_n=(a_2-\alpha a_1)\beta^{n-1}$ ……②

同様に，$a_{n+1}-\beta a_n=(a_2-\beta a_1)\alpha^{n-1}$ ……③

②−③から，$(\beta-\alpha)a_n=(a_2-\alpha a_1)\beta^{n-1}-(a_2-\beta a_1)\alpha^{n-1}$

よって，$a_n=\dfrac{1}{\beta-\alpha}\{(a_2-\alpha a_1)\beta^{n-1}-(a_2-\beta a_1)\alpha^{n-1}\}$

(イ) $\alpha=\beta$ のとき；②，③は一致し，$a_{n+1}-\alpha a_n=(a_2-\alpha a_1)\alpha^{n-1}$ となるので，両辺を α^{n+1} ($\neq 0$) で割ることにより a_n を求めることができる．

なお，①の一般項 a_n は
$$\begin{cases} \alpha\neq\beta \implies a_n=A\cdot\alpha^{n-1}+B\cdot\beta^{n-1} \\ \alpha=\beta \implies a_n=(An+B)\cdot\alpha^{n-1} \end{cases} (A, B は定数) \quad \text{となる．}$$

〈連立漸化式〉 $\begin{cases} a_{n+1}=pa_n+qb_n \\ b_{n+1}=ra_n+sb_n \end{cases}$

$\{a_n\}$ だけについての3項間の漸化式を導くと，次のようになる．
$$a_{n+2}=pa_{n+1}+qb_{n+1}=pa_{n+1}+q(ra_n+sb_n)$$
$$=pa_{n+1}+qra_n+s(a_{n+1}-pa_n)=(p+s)a_{n+1}-(ps-qr)a_n$$

あるいは，数列 $\{a_n+\alpha b_n\}$ が公比 β の等比数列になるように考えてもよい．

$a_{n+1}+\alpha b_{n+1}=\beta(a_n+\alpha b_n)$ から
$$(pa_n+qb_n)+\alpha(ra_n+sb_n)=\beta(a_n+\alpha b_n)$$
$$\therefore\quad (p+\alpha r)a_n+(q+\alpha s)b_n=\beta a_n+\alpha\beta b_n$$

これより，$p+\alpha r=\beta$ かつ $q+\alpha s=\alpha\beta$ から α, β の値を求める．

解 答

(1) ㋐ $t^2-4t+4=0$ を解くと，$(t-2)^2=0$
$$t=2 \text{ (2重解)}$$

これより，$a_{n+2}-2a_{n+1}=2(a_{n+1}-2a_n)$

したがって，数列 $\{a_{n+1}-2a_n\}$ は初項 $a_2-2a_1=8-2\cdot1=6$，公比 2 の等比数列だから
$$a_{n+1}-2a_n=6\cdot2^{n-1}=3\cdot2^n$$

両辺を 2^{n+1} で割ると ㋑ $\dfrac{a_{n+1}}{2^{n+1}}-\dfrac{a_n}{2^n}=\dfrac{3}{2}$

数列 $\left\{\dfrac{a_n}{2^n}\right\}$ は初項 $\dfrac{a_1}{2^1}=\dfrac{1}{2}$，公差 $\dfrac{3}{2}$ の等差数列だから，$\dfrac{a_n}{2^n}=\dfrac{1}{2}+(n-1)\cdot\dfrac{3}{2}=\dfrac{3n-2}{2}$

よって，㋒ $a_n=(3n-2)\cdot2^{n-1}$ ……(答)

(2) $x_{n+1}=6x_n+5y_n,\ y_{n+1}=x_n+2y_n$

y_n を消去して x_n だけの漸化式を導くと
$$\begin{aligned}x_{n+2}&=6x_{n+1}+5y_{n+1}=6x_{n+1}+5(x_n+2y_n)\\&=6x_{n+1}+5x_n+2(x_{n+1}-6x_n)\\&=8x_{n+1}-7x_n\end{aligned}$$

すなわち，㋓ $x_{n+2}=8x_{n+1}-7x_n$

変形して，$x_{n+2}-x_{n+1}=7(x_{n+1}-x_n)$ ……①
$$x_{n+2}-7x_{n+1}=x_{n+1}-7x_n \quad\text{……②}$$

①から，数列 $\{x_{n+1}-x_n\}$ は初項 $x_2-x_1=71-11=60$，公比 7 の等比数列だから
$$x_{n+1}-x_n=60\cdot7^{n-1} \quad\text{……③}$$

②から，数列 $\{x_{n+1}-7x_n\}$ は初項 $x_2-7x_1=71-77=-6$ の定数数列だから
$$x_{n+1}-7x_n=-6 \quad\text{……④}$$

③−④から $6x_n=60\cdot7^{n-1}+6$
$$\therefore\ x_n=10\cdot7^{n-1}+1 \quad\text{……(答)}$$

$5y_n=x_{n+1}-6x_n$
$$=(10\cdot7^n+1)-6(10\cdot7^{n-1}+1)=10\cdot7^{n-1}-5$$
$$\therefore\ y_n=2\cdot7^{n-1}-1 \quad\text{……(答)}$$

(注) $x_{n+1}+\alpha y_{n+1}=\beta(x_n+\alpha y_n)$ とおいて考えてもよい．

㋐ 3項間の漸化式の特性方程式．

㋑ $\dfrac{a_n}{2^n}=b_n$ とおくと
$b_{n+1}-b_n=\dfrac{3}{2}\,(=\text{一定})$

㋒ 特性方程式の解が
$t=2$ (2重解) だから
$$a_n=(An+B)\cdot2^{n-1}$$
　　　$(A,B$ は定数$)$ とおける．
$a_1=1$ から　$A+B=1$
$a_2=8$ から　$2A+B=4$
これより　$A=3,\ B=-2$
として求めてもよい．

㋓ 特性方程式
$t^2=8t-7$ を解いて
$t=1,\ 7$
これより
$x_n=A\cdot1^{n-1}+B\cdot7^{n-1}$
　　$=A+B\cdot7^{n-1}$
　$(A,\ B$ は定数$)$
とおいて求めてもよい．

問題 12　確率（1）　条件つき確率

　同じ大きさ，同じ手触りの赤球と白球があり，袋 A に赤球3個と白球7個，袋 B に赤球6個と白球4個がはいっている．正しく作られたサイコロを振って，1，2のいずれかの目が出れば袋 A から，3，4，5，6のいずれかの目が出れば袋 B から，1個の球を無作為にとり出す．とり出した球はもとに戻さない．このとき，次の問いに答えよ．
(1)　1回目の試行で赤球の出る確率を求めよ．
(2)　1回目に白球が出たという条件のもとで，2回目に赤球が出る確率を求めよ．

解説　事象 A が起こったという条件のもとでの事象 B の起こる確率を，A が起こるとしたときの B の起こる**条件つき確率**といい，$P_A(B)$ で表す．すなわち

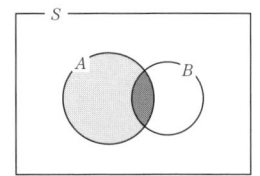

$$P_A(B) = \frac{P(A \cap B)}{P(A)} \quad \cdots\cdots ①$$

この条件つき確率は，表現を変えると，A を全事象と考えたときの B の起こる（もちろん $A \cap B$ の起こる）確率のことである．
　たとえば，ジョーカーを除く52枚のトランプから1枚を取り出すとき，ハートであるという条件のもとで，絵札である確率は感覚的に $\dfrac{3}{13}$ とわかるが，①の定義を用いると次のようになる．
　52枚のトランプから1枚をとり出すとき，ハートであるという事象を A，絵札であるという事象を B とすると，

$$P(A) = \frac{13}{52}, \quad P(A \cap B) = \frac{3}{52} \quad \therefore \quad P_A(B) = \frac{P(A \cap B)}{P(A)} = \frac{3}{52} \div \frac{13}{52} = \frac{3}{13}$$

（例）　ある町には2つの宝くじ売り場があり，当たりくじの出る確率はそれぞれ 0.3，0.1 である．ある日，花子さんはどちらか一方の売り場を選んで宝くじを買ったところ，はずれであった．それを聞いた太郎君は，他方の売り場に宝くじを買いに行った．花子さんがはずれたとき，太郎君が宝くじに当たる条件つき確率を求めよ．

（解）　花子さんが宝くじにはずれるという事象を A，太郎君が当たるという事象を B とする．花子さんは2つの宝くじ売り場をそれぞれ確率 0.5 で選ぶから，

$$P(A) = 0.5 \times (1 - 0.3) + 0.5 \times (1 - 0.1) = 0.35 + 0.45 = 0.8$$

また，太郎君は花子さんと異なる売り場を確率1で選ぶから
$$P(A \cap B) = 0.5 \times (1-0.3) \times 0.1 + 0.5 \times (1-0.1) \times 0.3$$
$$= 0.035 + 0.135 = 0.17$$
よって，求める確率は
$$P_A(B) = \frac{P(A \cap B)}{P(A)} = \frac{0.17}{0.8} = \frac{17}{80} = 0.2125$$

解 答

(1) 袋 A から赤球が出る確率は $\dfrac{2}{6} \times \dfrac{3}{10} = \dfrac{1}{10}$

袋 B から赤球が出る確率は $\dfrac{4}{6} \times \dfrac{6}{10} = \dfrac{4}{10}$

これらは互いに排反だから，求める確率は
$$\frac{1}{10} + \frac{4}{10} = \frac{1}{2} \quad \cdots\cdots(答)$$

㋐ 2つの事象 E, F が互いに排反であるとき $P(E \cup F) = P(E) + P(F)$

(2) 1回目に白球が出るという事象を E，2回目に赤球が出るという事象を F とする．

1回目に白球が出る事象は，赤球が出る事象の余事象だから，(1)から
$$P(E) = 1 - \frac{1}{2} = \frac{1}{2}$$

㋑ $P(E) = 1 - P(\overline{E})$

1回目に袋 A から白球が出て，2回目に赤球が出る確率は
$$\frac{2}{6} \times \frac{7}{10} \times \left(\frac{2}{6} \times \frac{3}{9} + \frac{4}{6} \times \frac{6}{10} \right) = \frac{7}{30} \times \frac{23}{45}$$

1回目に袋 B から白球が出て，2回目に赤球が出る確率は
$$\frac{4}{6} \times \frac{4}{10} \times \left(\frac{2}{6} \times \frac{3}{10} + \frac{4}{6} \times \frac{6}{9} \right) = \frac{4}{15} \times \frac{49}{90}$$

したがって，1回目に白球，2回目に赤球が出る確率は
$$P(E \cap F) = \frac{7}{30} \times \frac{23}{45} + \frac{4}{15} \times \frac{49}{90} = \frac{119}{450}$$

よって，求める条件つき確率は
$$P_E(F) = \frac{P(E \cap F)}{P(E)} = \frac{119}{450} \div \frac{1}{2} = \frac{119}{225} \quad \cdots\cdots(答)$$

㋒ $E \cap F$ は，次の各場合がある．
(1回目，2回目)
$= (A白, A赤)$,
$(A白, B赤)$,
$(B白, A赤)$,
$(B白, B赤)$

問題 13 確率（2） 確率と漸化式

数直線上の動点 P が，原点 O を出発して，サイコロを振るたびに以下の通り動くものとする．偶数の目が出たとき正の向きに 2 進み，奇数の目が出たとき正の向きに 1 進む．動点 P が点 n に到達する確率を p_n で表す．
(1) p_1, p_2 を求めよ．
(2) p_n, p_{n-1}, p_{n-2} の間に成り立つ関係式を求めよ（ただし，$n \geq 3$）．
(3) p_n を n の式で表せ（ただし，$n \geq 3$）．

解説

確率計算において，ある変数 k に対応する確率を p_k とするとき，p_k と p_{k-1} あるいは p_{k+1} との関係を考えて，漸化式を作ることがある．

確率に現れる漸化式の例は，2 項間の漸化式 $p_{n+1} = ap_n + b$ の他，3 項間の漸化式 $p_{n+2} = ap_{n+1} + bp_n$，連立漸化式 $\begin{cases} p_{n+1} = ap_n + bq_n \\ q_{n+1} = cp_n + dq_n \end{cases}$ のタイプのものもある．

(例) ある野球選手が n 打席目でヒットを打つ確率を p_n とする．ヒットを打ったあとの打席でヒットを打つ確率を $\dfrac{2}{5}$，ヒットを打たなかったあとの打席でヒットを打たない確率を $\dfrac{3}{4}$ とするとき，p_{n+1} を p_n を用いて表そう．

(解) $p_{n+1} = p_n \cdot \dfrac{2}{5} + (1-p_n) \cdot \left(1 - \dfrac{3}{4}\right)$

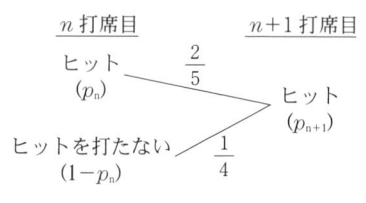

よって，$p_{n+1} = \dfrac{3}{20} p_n + \dfrac{1}{4}$

(例) 1 つのサイコロを n 回 ($n \geq 1$) 投げて，1 の目が偶数回（0 回も含む）出る確率を p_n，奇数回出る確率を q_n とする．p_{n+1}, q_{n+1} を p_n, q_n で表そう．

(解) $(n+1)$ 回投げて，1 の目が偶数回出るのは
  n 回までに 1 の目が偶数回出て，
  $(n+1)$ 回目に 1 以外の目
  または，n 回までに 1 の目が奇数回出て，
  $(n+1)$ 回目に 1 の目
の場合である． 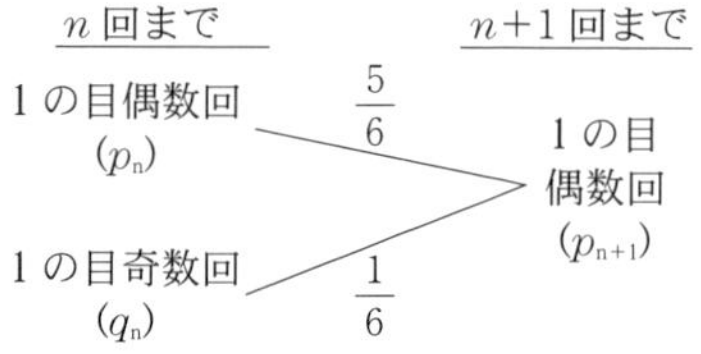
1 の目が奇数回出るときも同様だから，

$$p_{n+1} = \dfrac{5}{6} p_n + \dfrac{1}{6} q_n, \quad q_{n+1} = \dfrac{1}{6} p_n + \dfrac{5}{6} q_n \quad (\text{ただし，} p_n + q_n = 1)$$

解答

(1) サイコロを1回振って奇数の目，偶数の目が出る確率はそれぞれ $\frac{1}{2}$．点1に到達するのは，サイコロを1回振って奇数の目が出るときだから，
$$p_1 = \frac{1}{2} \quad \cdots\cdots(答)$$
また，点2に到達するのは，サイコロを2回振って2回とも奇数の目か，あるいは，1回振って偶数の目が出るときだから，
$$p_2 = \left(\frac{1}{2}\right)^2 + \frac{1}{2} = \frac{3}{4} \quad \cdots\cdots(答)$$

(2) ⑦点 n に到達するのは
　　　点 $(n-1)$ に到達して奇数の目が出る
　　　点 $(n-2)$ に到達して偶数の目が出る
の2つの場合があるから
$$p_n = p_{n-1} \cdot \frac{1}{2} + p_{n-2} \cdot \frac{1}{2} = \frac{1}{2} p_{n-1} + \frac{1}{2} p_{n-2} \quad (n \geqq 3)$$
$$\cdots\cdots(答)$$

⑦
点$(n-1)$ ＼奇数の目
　　　　　　　　＞点n
点$(n-2)$ ／偶数の目
この2つは互いに排反．

(3) (2)から $p_{n+2} = \frac{1}{2} p_{n+1} + \frac{1}{2} p_n \quad (n \geqq 1)$
　　　　　　　　　　　　　④
特性方程式は，$t^2 = \frac{1}{2} t + \frac{1}{2}$
$$(t-1)\left(t + \frac{1}{2}\right) = 0 \quad t = 1, -\frac{1}{2}$$
$$\therefore \quad p_n = a \cdot 1^{n-1} + b \cdot \left(-\frac{1}{2}\right)^{n-1} = a + b \cdot \left(-\frac{1}{2}\right)^{n-1}$$

(1) の結果から
$$p_1 = a + b = \frac{1}{2}, \quad p_2 = a - \frac{1}{2} b = \frac{3}{4}$$
$$\therefore \quad a = \frac{2}{3}, \quad b = -\frac{1}{6}$$
よって，$p_n = \frac{2}{3} - \frac{1}{6}\left(-\frac{1}{2}\right)^{n-1} = \frac{1}{3}\left\{2 + \left(-\frac{1}{2}\right)^n\right\}$
$$\cdots\cdots(答)$$

④ $n \geqq 1$ として扱うために，(2)の結果の n を $n+2$ として用いる．

問題 14　確率 (3)　確率分布

n を 2 以上の整数とする．1 から $2n$ までの整数から無作為に異なる 3 つの数をとり出して，それらのうちの最大の数と最小の数の差を X とする．
(1) 確率変数 X の確率分布を求めよ．
(2) X の値が n 以下となる確率を求めよ．

解 説

変数 X が次の 2 つの条件

　(a) 試行の結果によって，X のとる値が定まる
　(b) X がその値をとる確率が決まっている

を満たすとき，この X を**確率変数**という．確率変数 X のとり得る値が $x_1, x_2, \cdots, x_n$ であるとき，$X = x_k$ となる確率を $P(X = x_k)$ または $P(x_k)$ と表す．

　確率変数 X のとり得るすべての値 $x_1, x_2, \cdots, x_n$ と，そのそれぞれの値をとる確率 $P(X = x_k) = p_k$ との対応関係を，確率変数 X の**確率分布**といい，確率変数はこの**分布に従う**という．このとき，

$$p_k \geq 0, \quad \sum_{k=1}^{n} p_k = p_1 + p_2 + \cdots + p_n = 1$$

である．確率分布を表にしたものを**確率分布表**という．

　たとえば，サイコロを 1 回振って，4 または 5 の目が出れば 1000 円，6 の目が出れば 2000 円の賞金がもらえるとする．このとき，賞金を X 円とすると，X は確率変数であり

$$P(X=0) = \frac{3}{6} = \frac{1}{2}, \quad P(X=1000) = \frac{2}{6} = \frac{1}{3}, \quad P(X=2000) = \frac{1}{6}$$

よって，確率分布表は

X	0	1000	2000
P	$\frac{1}{2}$	$\frac{1}{3}$	$\frac{1}{6}$

(**例**)　1 個のサイコロを 3 回振って出る目の数の最小値を確率変数 X とする．
(1) $P(X=6), P(X=5)$ をそれぞれ求めよう．
(2) 確率変数 X の期待値 (平均) $E(X)$ を求めよう．
(**解**)　(1) $X=6$ は 3 回とも 6 の目が出る場合だから

$$P(X=6) = \left(\frac{1}{6}\right)^3 = \frac{1}{216}$$

$X=5$ は 5 または 6 の目が 3 回出る場合から 3 回とも 6 の目だけの場合を除いて

$$P(X=5) = \left(\frac{2}{6}\right)^3 - \left(\frac{1}{6}\right)^3 = \frac{7}{216}$$

(2) 同様にして，$P(X=k)$ $(k=4, 3, 2, 1)$の確率は次のようになる．

$$P(X=4) = \left(\frac{3}{6}\right)^3 - \left(\frac{2}{6}\right)^3 = \frac{19}{216}, \quad P(X=3) = \left(\frac{4}{6}\right)^3 - \left(\frac{3}{6}\right)^3 = \frac{37}{216}$$

$$P(X=2) = \left(\frac{5}{6}\right)^3 - \left(\frac{4}{6}\right)^3 = \frac{61}{216}, \quad P(X=1) = 1 - \left(\frac{5}{6}\right)^3 = \frac{91}{216}$$

よって，$E(X) = 6 \cdot \frac{1}{216} + 5 \cdot \frac{7}{216} + 4 \cdot \frac{19}{216} + 3 \cdot \frac{37}{216} + 2 \cdot \frac{61}{216} + 1 \cdot \frac{91}{216} = \frac{441}{216} = \frac{49}{24}$

解 答

(1) Xのとり得る値は $X = 2, 3, \cdots, 2n-1$

$X=k$となる3つの数の組を(a, b, c) $(a<b<c)$とおくと，$X=k$となるとり出し方は

$(a, b, c) = (1, x, k+1), (2, x, k+2),$
$\cdots, (2n-k, x, 2n)$

の$(2n-k)$通りで，そのそれぞれに対して，

㋐ xは$(k-1)$通りずつある．

したがって，$X=k$となるとり出し方の総数は

$(2n-k)(k-1)$通り

また，$2n$個の中から異なる3個をとり出す方法の数は ${}_{2n}C_3$通り．よって，㋑ Xの確率分布は

$$P(X=k) = \frac{(2n-k)(k-1)}{{}_{2n}C_3}$$

$$= \frac{3(2n-k)(k-1)}{2n(n-1)(2n-1)} \quad (k = 2, 3, \cdots, 2n-1)$$

……(答)

(2) (1)の結果から，求める確率は

$$\sum_{k=2}^{n} P(X=k) = \sum_{k=2}^{n} \frac{3(2n-k)(k-1)}{2n(n-1)(2n-1)}$$

$$= \frac{3}{2n(n-1)(2n-1)} \sum_{k=1}^{n-1} (2n-1-k)k \quad ㋒$$

$$= \frac{3}{2n(n-1)(2n-1)} \left\{ (2n-1) \sum_{k=1}^{n-1} k - \sum_{k=1}^{n-1} k^2 \right\}$$
$\qquad\qquad\qquad\qquad\qquad\qquad ㋓\qquad ㋔$

$$= \frac{3}{2n(n-1)(2n-1)} \cdot \frac{n(n-1)(2n-1)}{3} = \frac{1}{2}$$

……(答)

㋐ $(a, b, c) = (1, x, k+1)$のとき，xの変域は $2 \leq x \leq k$であるから，xは
$k-2+1 = k-1$（通り）ある．

㋑ 本問では，確率分布を表にするとわかりにくい．答えのように，数列の一般項のように表す．

㋒ $\sum_{k=2}^{n} (2n-k)(k-1)$
$= \sum_{k=1}^{n-1} \{2n - (k+1)\}$
$\qquad \cdot \{(k+1) - 1\}$
$= \sum_{k=1}^{n-1} (2n-1-k)k$

と変形する．

㋓ $\sum_{k=1}^{n-1} k = \frac{(n-1)n}{2}$

㋔ $\sum_{k=1}^{n-1} k^2$
$= \frac{(n-1)n(2n-1)}{6}$

問題 15　2項定理

(1) 21^{21} を 400 で割ったときの余りを，2項定理を用いて求めよ．

(2) $\dfrac{1\cdot{}_{10}C_1+2\cdot{}_{10}C_2+3\cdot{}_{10}C_3+\cdots+10\cdot{}_{10}C_{10}}{{}_{10}C_0+{}_{10}C_1+{}_{10}C_2+\cdots+{}_{10}C_{10}}$ の値を求めよ．

(3) $\sum_{k=1}^{n}(x+2)^k$ を x についての多項式に整理したときの x の係数を求めよ．

解説

任意の自然数 n に対して，$(a+b)^n$ の展開式は

$$(a+b)^n = \sum_{r=0}^{n} {}_nC_r\, a^{n-r}b^r$$
$$= {}_nC_0\, a^n + {}_nC_1\, a^{n-1}b + {}_nC_2\, a^{n-2}b^2 + \cdots$$
$$+ {}_nC_r\, a^{n-r}b^r + \cdots + {}_nC_n\, b^n$$

これを **2項定理**といい，展開式の各項の係数 ${}_nC_r\ (r=0,1,2,\cdots,n)$ を 2項係数という．これは n 個のものから r 個をとる組合せの数に等しい．また，展開式における第 $(r+1)$ 番目の項 ${}_nC_r\, a^{n-r}b^r$ を，$(a+b)^n$ の展開式の**一般項**という．

(例) $(2a-b)^5 = {}_5C_0(2a)^5 + {}_5C_1(2a)^4(-b) + {}_5C_2(2a)^3(-b)^2 + {}_5C_3(2a)^2(-b)^3$
$\qquad\qquad + {}_5C_4(2a)(-b)^4 + {}_5C_5(-b)^5$
$= 32a^5 - 80a^4b + 80a^3b^2 - 40a^2b^3 + 10ab^4 - b^5$

(例) n を自然数とする．$\left(x^5 - \dfrac{1}{x^7}\right)^n$ を展開するとき，定数項をもつ最小の n の値を求めよう．

(解) $\left(x^5 - \dfrac{1}{x^7}\right)^n$ の展開式における一般項は，

$${}_nC_r(x^5)^{n-r}\left(-\dfrac{1}{x^7}\right)^r = (-1)^r\, {}_nC_r\, x^{5n-12r}$$

これが定数項を表すためには，ある自然数 r に対して $5n-12r=0$
すなわち，$5n=12r$ が成り立たなければいけない．
5 と 12 は互いに素であるから，n は 12 の倍数である．
よって，求める最小の n は $n=12$

(例) $\sum_{r=0}^{n} 2^r\, {}_nC_r$ の値は，$(a+b)^n = \sum_{r=0}^{n} {}_nC_r\, a^{n-r}b^r$ において，$a=1,\ b=2$ とおいて
$\qquad \sum_{r=0}^{n} {}_nC_r \cdot 2^r = (1+2)^n \qquad$ よって，$\sum_{r=0}^{n} 2^r\, {}_nC_r = 3^n$

(例) $(1+x)^n = \sum_{r=0}^{n} {}_nC_r\, x^r = {}_nC_0 + {}_nC_1\, x + {}_nC_2\, x^2 + \cdots + {}_nC_n\, x^n \qquad \cdots\cdots ①$
$x=1$ とおくと　${}_nC_0 + {}_nC_1 + {}_nC_2 + \cdots + {}_nC_n = 2^n$

$x=-1$ とおくと $\quad {}_nC_0 - {}_nC_1 + {}_nC_2 - \cdots + (-1)^n {}_nC_n = 0$

①の両辺を x で微分して
$$n(1+x)^{n-1} = {}_nC_1 + 2{}_nC_2 x + 3{}_nC_3 x^2 + \cdots + n{}_nC_n x^{n-1}$$

$x=1$ とおくと $\quad {}_nC_1 + 2{}_nC_2 + 3{}_nC_3 + \cdots + n{}_nC_n = n \cdot 2^{n-1}$

解 答

(1) $21^{21} = (20+1)^{21} = \sum_{r=0}^{21} {}_{21}C_r \, 20^{21-r} \cdot 1^r$

$= \underbrace{\sum_{r=0}^{19} {}_{21}C_r \, 20^{21-r}}_{\text{⑦}} + {}_{21}C_{20} \cdot 20 + {}_{21}C_{21}$

$= 20^2 \sum_{r=0}^{19} 20^{19-r} {}_{21}C_r + 21 \cdot 20 + 1$

$= 400 \left(\sum_{r=0}^{19} 20^{19-r} {}_{21}C_r + 1 \right) + 21$

r が 0 以上 19 以下の整数のとき, 20^{19-r}, ${}_{21}C_r$ は整数だから, 求める余りは $\quad 21 \quad \cdots\cdots$ (答)

(2) k が自然数のとき

$k \cdot {}_{10}C_k = k \cdot \dfrac{10!}{k!(10-k)!}$

$= \dfrac{10 \cdot 9!}{(k-1)!\{9-(k-1)\}!} = 10 \cdot {}_9C_{k-1}$

分子 $= \sum_{k=1}^{10} k \, {}_{10}C_k = \sum_{k=1}^{10} 10 \cdot {}_9C_{k-1}$

$= 10({}_9C_0 + {}_9C_1 + {}_9C_2 + \cdots + {}_9C_9)$

$= 10(1+1)^9 = 10 \cdot 2^9 = 5 \cdot 2^{10}$

また, 分母 $= (1+1)^{10} = 2^{10}$

よって, 与式 $= \dfrac{5 \cdot 2^{10}}{2^{10}} = 5 \quad \cdots\cdots$ (答)

(3) $(x+2)^k = {}_kC_0 \cdot 2^k + {}_kC_1 \cdot 2^{k-1} x + {}_kC_2 \cdot 2^{k-2} x^2$
$\qquad\qquad + \cdots + {}_kC_k x^k$

$\sum_{k=1}^{n} (x+2)^k$ の展開式における x の係数は,

$\sum_{k=1}^{n} {}_kC_1 \cdot 2^{k-1} = \sum_{k=1}^{n} k \cdot 2^{k-1} (= S_n \text{ とおく})$

$k \cdot 2^{k-1} = (k-1) \cdot 2^k - (k-2) \cdot 2^{k-1}$ だから

$S_n = \sum_{k=1}^{n} \{(k-1) \cdot 2^k - (k-2) \cdot 2^{k-1}\}$

$= (n-1) \cdot 2^n + 1 \quad \cdots\cdots$ (答)

⑦ $20^{21}, 20^{20}, \cdots, 20^2$ は $20^2 = 400$ で割り切れるから, 21^{21} を 400 で割った余りは, ${}_{21}C_{20} \cdot 20 + {}_{21}C_{21}$ を 400 で割った余りに等しい.

④ $(1+x)^{10}$
$= {}_{10}C_0 + {}_{10}C_1 x + {}_{10}C_2 x^2$
$\quad + \cdots + {}_{10}C_{10} x^{10}$

の両辺を x で微分して
$\quad 10(1+x)^9$
$= {}_{10}C_1 + 2 \cdot {}_{10}C_2 x + 3 \cdot {}_{10}C_3 x^2$
$\quad + \cdots + 10 \cdot {}_{10}C_{10} x^9$

この式で $x=1$ とおくと
$\quad {}_{10}C_1 + 2 \cdot {}_{10}C_2 + 3 \cdot {}_{10}C_3$
$\qquad + \cdots + 10 \cdot {}_{10}C_{10}$
$= 10 \cdot 2^9 = 5 \cdot 2^{10}$
としてもよい.

⑦ $k \cdot 2^{k-1}$ を階差型に直した.

㊁ $\sum_{k=1}^{n} \{f(k) - f(k-1)\}$
$= f(n) - f(0)$

問題 16 直線・平面の方程式

2つの直線 $l_1: x=y=z$, $l_2: \dfrac{x-1}{2}=\dfrac{y-2}{-2}=z-3$ がある．
(1) 直線 l_1 を含み，直線 l_2 に平行な平面 π_1 の方程式を求めよ．
(2) 直線 l_2 を含み，平面 π_1 に垂直な平面 π_2 の方程式を求めよ．
(3) 平面 π_2 と直線 l_1 の交点 P の座標を求めよ．
(4) 点 P と直線 l_2 の距離を求めよ．

解説

まず，3次元ベクトルの基本事項についてまとめておこう．
$\vec{a} = {}^t[a_1\ a_2\ a_3]$, $\vec{b} = {}^t[b_1\ b_2\ b_3]$ で，k が実数のとき，次式が成り立つ．

① $|\vec{a}| = \sqrt{a_1^2 + a_2^2 + a_3^2}$
② $\vec{a} = \vec{b} \iff a_1 = b_1,\ a_2 = b_2,\ a_3 = b_3$
③ $k\vec{a} = {}^t[ka_1\ ka_2\ ka_3]$
④ $\vec{a} \pm \vec{b} = {}^t[a_1 \pm b_1\ \ a_2 \pm b_2\ \ a_3 \pm b_3]$

また，$\vec{a} = {}^t[a_1\ a_2\ a_3]$, $\vec{b} = {}^t[b_1\ b_2\ b_3]$ のなす角を θ ($0° \leq \theta \leq 180°$) とおくとき，**内積**に関しては次のようになる．

① $\vec{a} \cdot \vec{b} = a_1 b_1 + a_2 b_2 + a_3 b_3$
② $\cos\theta = \dfrac{\vec{a} \cdot \vec{b}}{|\vec{a}||\vec{b}|} = \dfrac{a_1 b_1 + a_2 b_2 + a_3 b_3}{\sqrt{a_1^2 + a_2^2 + a_3^2}\sqrt{b_1^2 + b_2^2 + b_3^2}}$
③ $\vec{a} \perp \vec{b} \iff \vec{a} \cdot \vec{b} = 0 \iff a_1 b_1 + a_2 b_2 + a_3 b_3 = 0$ （垂直条件）

さて，$\vec{a} = {}^t[a_1\ a_2\ a_3]$, $\vec{b} = {}^t[b_1\ b_2\ b_3]$ に対して

$$\vec{c} = {}^t\left[\begin{vmatrix} a_2 & a_3 \\ b_2 & b_3 \end{vmatrix}\ \begin{vmatrix} a_3 & a_1 \\ b_3 & b_1 \end{vmatrix}\ \begin{vmatrix} a_1 & a_2 \\ b_1 & b_2 \end{vmatrix}\right]$$
$$= {}^t[a_2 b_3 - a_3 b_2\ \ a_3 b_1 - a_1 b_3\ \ a_1 b_2 - a_2 b_1]$$

と定めると，
$\vec{a} \cdot \vec{c} = a_1(a_2 b_3 - a_3 b_2) + a_2(a_3 b_1 - a_1 b_3) + a_3(a_1 b_2 - a_2 b_1)$
 $= a_1 a_2 b_3 - a_1 a_3 b_2 + a_2 a_3 b_1 - a_1 a_2 b_3 + a_1 a_3 b_2 - a_2 a_3 b_1$
 $= 0$

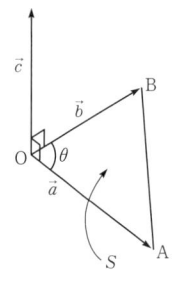

同様に $\vec{b} \cdot \vec{c} = b_1(a_2 b_3 - a_3 b_2) + b_2(a_3 b_1 - a_1 b_3) + b_3(a_1 b_2 - a_2 b_1) = 0$
すなわち，$\vec{a} \perp \vec{c}$ かつ $\vec{b} \perp \vec{c}$ となり，$\vec{c}$ は $\vec{a}$ と $\vec{b}$ の両方に垂直である．
この $\vec{c}$ を $\vec{a}$ と $\vec{b}$ の**外積**といい，$\vec{c} = \vec{a} \times \vec{b}$ と表す．

(例) $\vec{a}={}^t[4\ -3\ 1]$, $\vec{b}={}^t[2\ 1\ -2]$ の両方に垂直な単位ベクトル $\vec{e}$ は

$$\vec{a}\times\vec{b}={}^t\left[\begin{vmatrix}-3 & 1\\ 1 & -2\end{vmatrix}\ \begin{vmatrix}1 & 4\\ -2 & 2\end{vmatrix}\ \begin{vmatrix}4 & -3\\ 2 & 1\end{vmatrix}\right]={}^t[5\ 10\ 10]=5{}^t[1\ 2\ 2]$$

から $|\vec{a}\times\vec{b}|=5\sqrt{1^2+2^2+2^2}=5\cdot 3=15$

$$\therefore\ \vec{e}=\pm\frac{\vec{a}\times\vec{b}}{|\vec{a}\times\vec{b}|}=\pm\frac{1}{15}\cdot 5{}^t[1\ 2\ 2]=\pm{}^t\left[\frac{1}{3}\ \frac{2}{3}\ \frac{2}{3}\right]$$

ここで，$\overrightarrow{OA}=\vec{a}={}^t[a_1\ a_2\ a_3]$, $\overrightarrow{OB}=\vec{b}={}^t[b_1\ b_2\ b_3]$ で定まる三角形 OAB の面積 S は，$\angle AOB=\theta$ とおくと

$$S=\frac{1}{2}OA\cdot OB\sin\theta=\frac{1}{2}|\vec{a}||\vec{b}|\sqrt{1-\cos^2\theta}$$

$$=\frac{1}{2}\sqrt{|\vec{a}|^2|\vec{b}|^2-|\vec{a}|^2|\vec{b}|^2\cos^2\theta}=\frac{1}{2}\sqrt{|\vec{a}|^2|\vec{b}|^2-(\vec{a}\cdot\vec{b})^2}$$

$$=\frac{1}{2}\sqrt{(a_1^2+a_2^2+a_3^2)(b_1^2+b_2^2+b_3^2)-(a_1b_1+a_2b_2+a_3b_3)^2}$$

$$=\frac{1}{2}\sqrt{(a_2b_3-a_3b_2)^2+(a_3b_1-a_1b_3)^2+(a_1b_2-a_2b_1)^2}=\frac{1}{2}|\vec{a}\times\vec{b}|$$

したがって，$|\vec{a}\times\vec{b}|=2S=(\overrightarrow{OA}$ と $\overrightarrow{OB}$ で定まる平行四辺形の面積) である．

次に，3次元における直線・平面の方程式を学ぼう．

[1] **直線の方程式**

点 A ($\vec{a}$) を通り，$\vec{v}$ ($\neq\vec{0}$) に平行な直線 l のベクトル方程式は，l 上の動点を P ($\vec{p}$) として

$$\vec{p}=\vec{a}+t\vec{v}\quad(-\infty<t<\infty)\quad\cdots\cdots\text{①}$$

と表される．このとき，t を**媒介変数**，$\vec{v}$ を直線 l の**方向ベクトル**という．

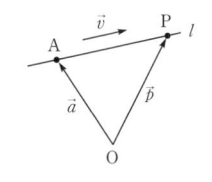

(1) ①の成分表示　点 P(x,y,z), A(x_1,y_1,z_1), $\vec{v}={}^t[a\ b\ c]$ のとき

$$\begin{bmatrix}x\\y\\z\end{bmatrix}=\begin{bmatrix}x_1\\y_1\\z_1\end{bmatrix}+t\begin{bmatrix}a\\b\\c\end{bmatrix}\iff\begin{cases}x=x_1+ta\\y=y_1+tb\\z=z_1+tc\end{cases}\quad\text{(媒介変数表示)}$$

t を消去すると

$$\frac{x-x_1}{a}=\frac{y-y_1}{b}=\frac{z-z_1}{c}\quad\leftarrow\text{分母は方向ベクトル}$$

ただし，分母が 0 のときは分子も 0 と考える．

(2) 2点 A (x_1,y_1,z_1), B (x_2,y_2,z_2) を通る直線 m の方程式

m 上の点 P は線分 AB を $t:1-t$ に内分または

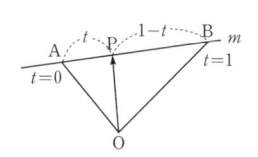

外分する点であるから，
$$\overrightarrow{OP} = (1-t)\overrightarrow{OA} + t\overrightarrow{OB}$$ から
$$\begin{bmatrix} x \\ y \\ z \end{bmatrix} = (1-t) \begin{bmatrix} x_1 \\ y_1 \\ z_1 \end{bmatrix} + t \begin{bmatrix} x_2 \\ y_2 \\ z_2 \end{bmatrix}$$

[2] 平面の方程式

点 $A(\vec{a})$ を通り，$\vec{u}$ ($\neq \vec{0}$) に垂直な平面 π のベクトル方程式は，π 上の動点を $P(\vec{p})$ として，$\overrightarrow{AP} \cdot \vec{u} = 0$ から

$$(\vec{p} - \vec{a}) \cdot \vec{u} = 0$$

$\vec{u}$ を平面 π の**法線ベクトル**という．

点 $P(x, y, z)$，$A(x_1, y_1, z_1)$，$\vec{u} = {}^t[a \ b \ c]$ のとき，π の方程式は

$$a(x-x_1) + b(y-y_1) + c(z-z_1) = 0$$

一般には，平面の方程式は $ax+by+cz+d=0$ で，x，y，z の1次方程式である．

ここで，平面 $\pi: ax+by+cz+d=0$ と π 上にない点 $A(x_1, y_1, z_1)$ との距離 h を求めてみよう．
A から π へ下ろした垂線の足を H とすると

$$\overrightarrow{OH} = \overrightarrow{OA} + \overrightarrow{AH} = \overrightarrow{OA} + t\vec{u}$$
$$= \begin{bmatrix} x_1 \\ y_1 \\ z_1 \end{bmatrix} + t \begin{bmatrix} a \\ b \\ c \end{bmatrix} = \begin{bmatrix} x_1+at \\ y_1+bt \\ z_1+ct \end{bmatrix}$$

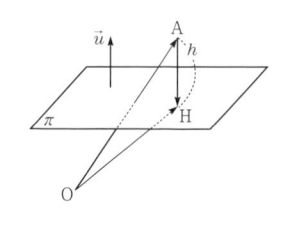

H は π 上にあるから $a(x_1+at) + b(y_1+bt) + c(z_1+ct) + d = 0$
$$(a^2+b^2+c^2)t = -(ax_1+by_1+cz_1+d)$$

$a^2+b^2+c^2 \neq 0$ から $\quad t = \dfrac{-(ax_1+by_1+cz_1+d)}{a^2+b^2+c^2}$

よって，$h = AH = |t\vec{u}| = |t||\vec{u}| = \dfrac{|ax_1+by_1+cz_1+d|}{a^2+b^2+c^2}\sqrt{a^2+b^2+c^2}$

$$= \dfrac{|ax_1+by_1+cz_1+d|}{\sqrt{a^2+b^2+c^2}}$$

この「点と平面の距離の公式」は，**ヘッセの公式**と呼ばれる．

解答

(1) l_1 の方向ベクトルは $\vec{v_1} = {}^t[1\ 1\ 1]$

l_2 の方向ベクトルは $\vec{v_2} = {}^t[2\ -2\ 1]$

㋐ l_1 を含み，l_2 に平行な平面 π_1 の法線ベクトル $\vec{u_1}$ は，$\vec{v_1}$ と $\vec{v_2}$ の両方に垂直であるから

$$\vec{u_1} = \vec{v_1} \times \vec{v_2} = {}^t\left[\begin{vmatrix} 1 & 1 \\ -2 & 1 \end{vmatrix} \begin{vmatrix} 1 & 1 \\ 1 & 2 \end{vmatrix} \begin{vmatrix} 1 & 1 \\ 2 & -2 \end{vmatrix}\right]$$

$= {}^t[3\ 1\ -4]$

よって，平面 π_1 の方程式は

$$3x + y - 4z = 0 \quad \cdots\cdots(答)$$

(2) l_1 を含み，π_1 に垂直な平面 π_2 の法線ベクトル $\vec{u_2}$ は $\vec{v_2}$ と $\vec{u_1}$ の両方に垂直であるから

$$\vec{u_2} = \vec{v_2} \times \vec{u_1} = {}^t\left[\begin{vmatrix} -2 & 1 \\ 1 & -4 \end{vmatrix} \begin{vmatrix} 1 & 2 \\ -4 & 3 \end{vmatrix} \begin{vmatrix} 2 & -2 \\ 3 & 1 \end{vmatrix}\right]$$

$= {}^t[7\ 11\ 8]$

l_2 は点 $(1, 2, 3)$ を通るから，平面 π_2 の方程式は

$$7(x-1) + 11(y-2) + 8(z-3) = 0$$

よって $7x + 11y + 8z - 53 = 0 \quad \cdots\cdots(答)$

(3) 直線 l_1 上の点は (t, t, t) とおける．これが π_2 上にあれば

$$7t + 11t + 8t - 53 = 0 \text{ から } t = \frac{53}{26}$$

よって，交点 $P\left(\dfrac{53}{26}, \dfrac{53}{26}, \dfrac{53}{26}\right) \quad \cdots\cdots(答)$

(4) l_2 は π_2 上にあって π_1 と平行，かつ P は π_1 と π_2 の交線上にあり $\pi_1 \perp \pi_2$ であるから，P と l_2 との距離は，l_2 上の点 $(1, 2, 3)$ と π_1 との距離に等しい．

よって，求める距離は

$$\frac{|3\cdot 1 + 2 - 4\cdot 3|}{\sqrt{3^2 + 1^2 + (-4)^2}} = \frac{7}{\sqrt{26}} = \frac{7\sqrt{26}}{26} \quad \cdots\cdots(答)$$

㋐

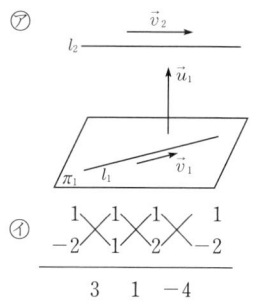

㋑
$$\begin{array}{ccc} 1 & 1 & 1 \\ -2 & 1 & -2 \\ \hline 3 & 1 & -4 \end{array}$$

として計算すると楽．

㋒ π_1 は l_1 を含むので，原点を通る．

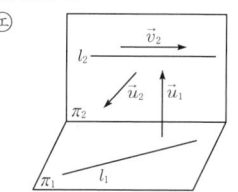

㋓

㋔ 直線の媒介変数表示．

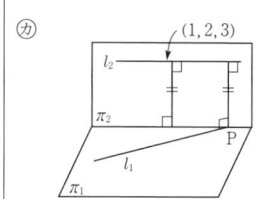

㋕

問題 17 四面体の体積

4点 $A(1,2,3)$, $B(5,3,0)$, $C(3,0,4)$, $D(3,1,5)$ で定まる四面体 ABCD の体積 V を求めよ．

解説 点 $O(0,0,0)$, $A(1,2,3)$, $B(2,3,1)$, $C(1,-1,6)$ で定まる四面体の体積 V_1 を2通りの解法で求めてみよう．

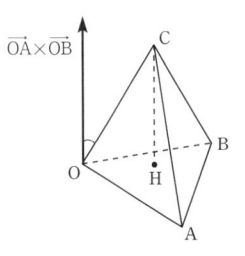

(解法1) ……外積を利用する解法

$$\vec{OA} = {}^t[1\ 2\ 3],\quad \vec{OB} = {}^t[2\ 3\ 1]$$

$$\vec{OA} \times \vec{OB} = {}^t\left[\begin{vmatrix} 2 & 3 \\ 3 & 1 \end{vmatrix}\ \begin{vmatrix} 3 & 1 \\ 1 & 2 \end{vmatrix}\ \begin{vmatrix} 1 & 2 \\ 2 & 3 \end{vmatrix}\right]$$

$$= {}^t[-7\ 5\ -1]$$

であるから

$$\triangle OAB = \frac{1}{2}|\vec{OA} \times \vec{OB}| = \frac{1}{2}\sqrt{(-7)^2 + 5^2 + (-1)^2} = \frac{\sqrt{75}}{2} = \frac{5\sqrt{3}}{2}$$

平面 OAB の法線ベクトルは $\vec{OA} \times \vec{OB} = {}^t[-7\ 5\ -1]$ であるから，平面 OAB の方程式は $-7x + 5y - z = 0$ すなわち $7x - 5y + z = 0$
したがって，点 C から平面 OAB へ下ろした垂線の長さ CH は

$$CH = \frac{|7 \cdot 1 - 5 \cdot (-1) + 6|}{\sqrt{7^2 + (-5)^2 + 1^2}} = \frac{18}{\sqrt{75}} = \frac{18}{5\sqrt{3}}$$

よって，$V_1 = \frac{1}{3}\triangle OAB \cdot CH = \frac{1}{3} \cdot \frac{5\sqrt{3}}{2} \cdot \frac{18}{5\sqrt{3}} = 3$

(解法2) ……内積を利用する解法

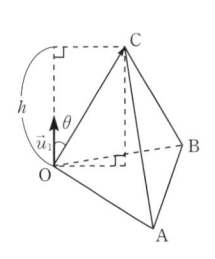

$$\vec{OA} = {}^t[1\ 2\ 3],\quad \vec{OB} = {}^t[2\ 3\ 1]$$

$$\triangle OAB = \frac{1}{2}\sqrt{|\vec{OA}|^2|\vec{OB}|^2 - (\vec{OA} \cdot \vec{OB})^2}$$

$$= \frac{1}{2}\sqrt{14 \cdot 14 - 11^2} = \frac{\sqrt{75}}{2} = \frac{5\sqrt{3}}{2}$$

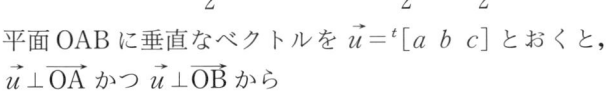

平面 OAB に垂直なベクトルを $\vec{u} = {}^t[a\ b\ c]$ とおくと，$\vec{u} \perp \vec{OA}$ かつ $\vec{u} \perp \vec{OB}$ から

$$\vec{u} \cdot \vec{OA} = a + 2b + 3c = 0,\ \vec{u} \cdot \vec{OB} = 2a + 3b + c = 0$$

$$\therefore\ b = -5c,\ a = 7c$$

したがって，$\vec{u} = {}^t[7c\ -5c\ c] = c\,{}^t[7\ -5\ 1]$ $(c \neq 0)$
${}^t[7\ -5\ 1]$ と同じ向きの単位ベクトルを $\vec{u_1}$ とおくと

問題17 四面体の体積　41

$$\vec{u}_1 = \frac{1}{\sqrt{7^2+(-5)^2+1^2}}{}^t[7 \ -5 \ 1] = \frac{1}{5\sqrt{3}}{}^t[7 \ -5 \ 1]$$

$\overrightarrow{OC}$ と $\vec{u}_1$ のなす角を θ とし，C と平面 OAB の距離を h とおくと

$$h = ||\overrightarrow{OC}|\cos\theta| = ||\overrightarrow{OC}||\vec{u}_1|\cos\theta| = |\overrightarrow{OC}\cdot\vec{u}_1| \quad (\because \ |\vec{u}_1|=1)$$

$$= \left|\frac{1}{5\sqrt{3}}\{1\cdot 7+(-1)\cdot(-5)+6\cdot 1\}\right| = \frac{18}{5\sqrt{3}}$$

よって，$V_1 = \frac{1}{3}\triangle\text{OAB}\cdot h = 3$

外積を利用する（解法1）の方が楽であるが，（解法2）は高さ h の求め方が内積の利用法として美しいので，憶えておいていただきたい．

解答

$\overrightarrow{AB} = \overrightarrow{OB} - \overrightarrow{OA} = {}^t[5 \ 3 \ 0] - {}^t[1 \ 2 \ 3]$
$\qquad\quad = {}^t[4 \ 1 \ -3]$

$\overrightarrow{AC} = \overrightarrow{OC} - \overrightarrow{OA} = {}^t[3 \ 0 \ 4] - {}^t[1 \ 2 \ 3]$
$\qquad\quad = {}^t[2 \ -2 \ 1]$

$\overrightarrow{AD} = \overrightarrow{OD} - \overrightarrow{OA} = {}^t[3 \ 1 \ 5] - {}^t[1 \ 2 \ 3]$
$\qquad\quad = {}^t[2 \ -1 \ 2]$

⑦ $\overrightarrow{AB}\times\overrightarrow{AC} = {}^t\left[\begin{vmatrix}1 & -3 \\ -2 & 1\end{vmatrix} \ \begin{vmatrix}-3 & 4 \\ 1 & 2\end{vmatrix} \ \begin{vmatrix}4 & 1 \\ 2 & -2\end{vmatrix}\right]$

$\qquad\quad = {}^t[-5 \ -10 \ -10] = -5\,{}^t[1 \ 2 \ 2]$

$\triangle\text{ABC} = \frac{1}{2}|\overrightarrow{AB}\times\overrightarrow{AC}| = \frac{1}{2}\cdot 5\sqrt{1^2+2^2+2^2}$

$\qquad\quad = \frac{15}{2}$

平面 ABC の法線ベクトルは ${}^t[1 \ 2 \ 2]$ であるから，平面 ABC の方程式は

$$(x-1)+2(y-2)+2(z-3) = 0$$
$$\therefore \quad x+2y+2z-11 = 0$$

したがって，点 D から平面 ABC へ下ろした垂線の長さ DH は

④ $\text{DH} = \dfrac{|3+2\cdot 1+2\cdot 5-11|}{\sqrt{1^2+2^2+2^2}} = \dfrac{4}{3}$

よって，$V = \dfrac{1}{3}\triangle\text{ABC}\cdot\text{DH} = \dfrac{1}{3}\cdot\dfrac{15}{2}\cdot\dfrac{4}{3} = \dfrac{10}{3}$

……(答)

⑦ $|\overrightarrow{AB}\times\overrightarrow{AC}| = 2\cdot\triangle\text{ABC}$
かつ
$\overrightarrow{AB}\times\overrightarrow{AC}\perp\overrightarrow{AB}$
$\overrightarrow{AB}\times\overrightarrow{AC}\perp\overrightarrow{AC}$

④ 点と平面の距離の公式．

問題 18 ケーリー＝ハミルトンの定理

(1) 2次の正方行列 $A = \begin{bmatrix} a & b \\ c & d \end{bmatrix}$ が $A^2 - 7A + 10E = O$ を満たすとき，$a+d$, $ad-bc$ の値をすべて求めよ．

(2) 2次の正方行列 A が $A^n = O$ (n は3以上の自然数) を満たすとき，$A^2 = O$ であることを示せ．

解 説

2次の正方行列 $A = \begin{bmatrix} a & b \\ c & d \end{bmatrix}$ は，

$$A^2 - (a+d)A = \begin{bmatrix} a & b \\ c & d \end{bmatrix}\begin{bmatrix} a & b \\ c & d \end{bmatrix} - (a+d)\begin{bmatrix} a & b \\ c & d \end{bmatrix}$$

$$= \begin{bmatrix} a^2+bc & ab+bd \\ ac+cd & bc+d^2 \end{bmatrix} - \begin{bmatrix} a^2+ad & ab+bd \\ ac+cd & ad+d^2 \end{bmatrix}$$

$$= \begin{bmatrix} bc-ad & 0 \\ 0 & bc-ad \end{bmatrix} = (bc-ad)\begin{bmatrix} 1 & 0 \\ 0 & 1 \end{bmatrix} = -(ad-bc)E$$

すなわち，$A^2 - (a+d)A + (ad-bc)E = O$ を満たす．これは**ケーリー＝ハミルトンの定理**と呼ばれるが，行列 A において $a+d$ を A の**トレース**（対角和），$ad-bc$ を A の**行列式**（**determinant**）と呼び，それぞれ $\mathrm{tr}\, A$, $\det A$ と表す．

$$\mathrm{tr}\, A = a+d, \quad \det A = ad-bc$$

本問の (1) はこの定理を利用して解くことができるが，ケーリー＝ハミルトンの定理の等式と $A^2 - 7A + 10E = O$ の A の1次の係数と単位行列 E の係数を単純に比較して，$a+d=7$, $ad-bc=10$ としてはいけない．これは，$A^2 - 7A + 10E = O$ のとき $(A-2E)(A-5E) = O$ となるので，$A=2E$ と $A=5E$ は与えられた等式を満たし，$A=2E=\begin{bmatrix} 2 & 0 \\ 0 & 2 \end{bmatrix}$, $A=5E=\begin{bmatrix} 5 & 0 \\ 0 & 5 \end{bmatrix}$, すなわち $(a+d, ad-bc) = (4, 4)$, $(10, 25)$ の場合もあるからである．

(2) は，行列 A が逆行列 A^{-1} をもつかどうかで場合分けをするとよい．$A^n = O$ のとき，A^{-1} が存在すると仮定して $A^{-1}A^n = A^{-1}O$ すなわち $A^{n-1}=O$，これをくり返すと $A^n=O$ のとき $A^{n-1}=A^{n-2}=\cdots=A=O$ となり不合理が生ずるので，A^{-1} は存在しないことがわかる．これより，$ad-bc=0$ となり，ケーリー＝ハミルトンの定理から $A^2-(a+d)A=O$，すなわち，$A^2=(a+d)A$ が得られる．次に，これをくり返し用いて $A^n=(a+d)^{n-1}A$ を導く．

解 答

(1) $A^2 - 7A + 10E = O$ ……①

$A = \begin{bmatrix} a & b \\ c & d \end{bmatrix}$ は

$A^2 - (a+d)A + (ad-bc)E = O$ ……②

を満たすので，①-②から

$(a+d-7)A - (ad-bc-10)E = O$

∴ $(a+d-7)A = (ad-bc-10)E$

(ⅰ) $a+d-7 \neq 0$ のとき；

$A = kE$ となるので，①に代入して

$(kE)^2 - 7(kE) + 10E = O$ $(k^2 - 7k + 10)E = O$

$E \neq O$ であるから $k^2 - 7k + 10 = 0$

$(k-2)(k-5) = 0$ ∴ $k = 2, 5$

よって $A = 2E = \begin{bmatrix} 2 & 0 \\ 0 & 2 \end{bmatrix}$, $A = 5E = \begin{bmatrix} 5 & 0 \\ 0 & 5 \end{bmatrix}$

(ⅱ) $a+d-7 = 0$ のとき；

$(ad-bc-10)E = O$ $A = O$ から $ad-bc-10 = 0$

以上から

$(a+d, ad-bc) = (4, 4), (10, 25), (7, 10)$

……(答)

(2) $A^n = O$ ……③

③が成り立つとき，$A^{-1}A^n = A^{-1}O$ から $A^{n-1} = O$

これをくり返すと $A^n = A^{n-1} = A^{n-2} = \cdots = A = O$

これは A^{-1} が存在することに反し，不合理．

したがって，$A = \begin{bmatrix} a & b \\ c & d \end{bmatrix}$ は $ad - bc = 0$ となり

$A^2 - (a+d)A = O$

すなわち，$A^2 = (a+d)A$ を満たす．

これより $A^3 = A^2 A = (a+d)AA = (a+d)A^2$
$= (a+d)^2 A$

これをくり返すと $A^n = (a+d)^{n-1}A$

よって，③のとき $a+d = 0$ または $A = O$ となり，

いずれの場合も $A^2 = O$ となる．

以上から，$A^n = O$ ならば $A^2 = O$ である．

㋐ ケーリー＝ハミルトンの定理は，①，②の係数比較は禁物．A^2 の項を消去して A の 1 次以下の等式を導いて考える．

㋑ $a+d-7 \neq 0$ と $a+d-7 = 0$ で場合を分ける．

㋒ $k = \dfrac{ad-bc-10}{a+d-7}$

$A = kE = \begin{bmatrix} k & 0 \\ 0 & k \end{bmatrix}$ のタイプの行列を**単位型行列**という．

㋓ A^{-1} が存在するとき，$A = O$ は不合理．

㋔ 正確には数学的帰納法によって証明する．

Tea Time ·· 鳩の巣原理

複素平面において，集合 A, B, C, D, E を次のように定義する．

$$A=\left\{z\left|\frac{z+\bar{z}}{\sqrt{2}}\text{ は整数}\right.\right\}, \quad B=\left\{z\left|\frac{z+\bar{z}}{\sqrt{3}}\text{ は整数}\right.\right\},$$

$$C=\left\{z\left|\frac{z-\bar{z}}{\sqrt{2}\,i}\text{ は整数}\right.\right\}, \quad D=\left\{z\left|\frac{z-\bar{z}}{\sqrt{3}\,i}\text{ は整数}\right.\right\},$$

$$E=(A\cap C)\cup(A\cap D)\cup(B\cap C)\cup(B\cap D)$$

集合 E から 17 個の複素数を任意に選んで，その集合を F とする．このとき，F のなかに，中点が E に含まれる 2 点が存在することを示せ．

●――整数問題において，ある条件を満たすものが存在することを証明する際に，よく使われる**鳩の巣原理**について学ぼう．引き出し論法，ディリクレリとも呼ばれる．鳩の巣原理とは次のようなものである．

> m 個のものが，n 個の箱にどのように分配されても，$m>n$ であれば，2 個以上のものが入っている箱が少なくとも 1 つ存在する．

[解答] $z=x+yi$，$\bar{z}=x-yi$（x, y は実数）とおいて，z が集合 A, B, C, D に含まれる条件を調べる．$z+\bar{z}=2x$，$z-\bar{z}=2yi$ だから，$A\sim D$ の順に

$$x=k_1\cdot\frac{\sqrt{2}}{2},\quad x=k_2\cdot\frac{\sqrt{3}}{2},\quad y=k_3\cdot\frac{\sqrt{2}}{2},\quad y=k_4\cdot\frac{\sqrt{3}}{2} \quad (k_i \text{ は整数})$$

となる．したがって，集合 E は m, n を任意の整数として，

$$z=m\alpha+n\beta i \quad \left(\alpha, \beta \text{ は } \frac{\sqrt{2}}{2} \text{ または } \frac{\sqrt{3}}{2}\right) \quad \cdots\cdots ①$$

と表される複素数の全体である．さらに，①の m と n が奇数，偶数の場合に分けると，E の 4 個の部分集合 $A\cap C$，$A\cap D$，$B\cap C$，$B\cap D$ はそれぞれ 4 個の集合の和集合に分かれるので，E は $4\times 4=16$ 個の部分集合の和集合となる．

この E から 17 個の複素数の集合 F を選ぶと，少なくとも 2 個は 16 個の部分集合のなかから同じものを選ばなければいけない．その 2 個を $z_1=m_1\alpha+n_1\beta i$，$z_2=m_2\alpha+n_2\beta i$ とすると，m_1 と m_2，n_1 と n_2 はいずれも，ともに奇数であるか，または，ともに偶数である．

z_1 と z_2 の中点は，$\dfrac{z_1+z_2}{2}=\dfrac{m_1+m_2}{2}\alpha+\dfrac{n_1+n_2}{2}\beta i$

$\dfrac{m_1+m_2}{2}$，$\dfrac{n_1+n_2}{2}$ はともに整数だから，$\dfrac{z_1+z_2}{2}\in E$

よって，中点は①の形で E の要素になっているので，題意は成り立つ．

(Q. E. D.)

Chapter 2

1変数の微積分

問題 19 不定形の極限

次の各極限を求めよ．

(1) $\displaystyle\lim_{x\to 2}\dfrac{\sqrt{x+2}-\sqrt{3x-2}}{\sqrt{4x+1}-\sqrt{5x-1}}$

(2) $\displaystyle\lim_{x\to -\infty}\dfrac{x^4+3x-8}{2x^3-5x^2+7}$

(3) $\displaystyle\lim_{x\to \infty}(\sqrt{x^2-x+1}-\sqrt{x^2+3x-1})$

(4) $\displaystyle\lim_{x\to \infty}(x-\sqrt{2x+1})$

解説

一般に，$\displaystyle\lim_{x\to a}f(x)=b$，$\displaystyle\lim_{x\to a}g(x)=c$ が存在し，有限ならば

① $\displaystyle\lim_{x\to a}kf(x)=kb$ （k は定数）

② $\displaystyle\lim_{x\to a}\{f(x)\pm g(x)\}=b\pm c$ （複号同順）

③ $\displaystyle\lim_{x\to a}f(x)g(x)=bc$

④ $\displaystyle\lim_{x\to a}\dfrac{f(x)}{g(x)}=\dfrac{b}{c}$ （ただし，$g(x)\neq 0$，$c\neq 0$）

が成り立つ．$x\to a$ の代わりに $x\to\infty$，$x\to -\infty$ としても同様に成立する．

しかし，$\displaystyle\lim_{x\to -3}\dfrac{x^3+27}{x^2-9}$，$\displaystyle\lim_{x\to\infty}\dfrac{5x^2+4x}{3x^2-x+2}$，$\displaystyle\lim_{x\to\infty}(\sqrt{x+3}-\sqrt{x})$ などは，形式的には，$\dfrac{0}{0}$，$\dfrac{\infty}{\infty}$，$\infty-\infty$ と表せるが，このままでは極限の結果は不明である．このような極限を**不定形**と呼ぶが，いろいろな工夫を施して不定形の要素を取りさる必要がある．不定形の極限は，上記の他に $0\times\infty$，∞^0，1^∞，0^0 などがあるが，代表的な不定形の処理のコツは次のようである．

① $\dfrac{0}{0}$　　分数式 $\Rightarrow$ 約分；無理式 $\Rightarrow$ 分母または分子の有理化

② $\dfrac{\infty}{\infty}$　　分数式 $\Rightarrow$ 分母の最高次の項で分母・分子を割る

③ $\infty-\infty$　　整式 $\Rightarrow$ 最高次の項でくくり出す

無理式 $\Rightarrow$ 有理化 $\left(\sqrt{A}-\sqrt{B}=\dfrac{A-B}{\sqrt{A}+\sqrt{B}}\right)$

これらを用いると，次のようになる．

$\displaystyle\lim_{x\to -3}\dfrac{x^3+27}{x^2-9}=\lim_{x\to -3}\dfrac{(x+3)(x^2-3x+9)}{(x+3)(x-3)}=\lim_{x\to -3}\dfrac{x^2-3x+9}{x-3}=\dfrac{27}{-6}=-\dfrac{9}{2}$

$\displaystyle\lim_{x\to\infty}\dfrac{5x^2+4x}{3x^2-x+2}=\lim_{x\to\infty}\dfrac{5+\dfrac{4}{x}}{3-\dfrac{1}{x}+\dfrac{2}{x^2}}=\dfrac{5}{3}$

問題 19 不定形の極限　47

$$\lim_{x\to\infty}(\sqrt{x+3}-\sqrt{x})=\lim_{x\to\infty}\frac{(x+3)-x}{\sqrt{x+3}+\sqrt{x}}=\lim_{x\to\infty}\frac{3}{\sqrt{x+3}+\sqrt{x}}=0$$

解答

(1) $\lim_{x\to 2}\dfrac{\sqrt{x+2}-\sqrt{3x-2}}{\sqrt{4x+1}-\sqrt{5x-1}}$ ㋐

$=\lim_{x\to 2}\dfrac{(x+2-3x+2)(\sqrt{4x+1}+\sqrt{5x-1})}{(4x+1-5x+1)(\sqrt{x+2}+\sqrt{3x-2})}$

$=\lim_{x\to 2}\dfrac{-2(x-2)(\sqrt{4x+1}+\sqrt{5x-1})}{-(x-2)(\sqrt{x+2}+\sqrt{3x-2})}$

$=\lim_{x\to 2}\dfrac{2(\sqrt{4x+1}+\sqrt{5x-1})}{\sqrt{x+2}+\sqrt{3x-2}}$

$=\dfrac{2(3+3)}{2+2}=3$ ……(答)

㋐ 分母・分子がともに無理式で，$\dfrac{0}{0}$ の不定形

$\Longrightarrow$ 分母・分子のダブル有理化

(2) $x=-t$ とおくと，$x\to -\infty$ のとき $t\to\infty$．㋑

$\lim_{x\to -\infty}\dfrac{x^4+3x-8}{2x^3-5x^2+7}=\lim_{t\to\infty}\dfrac{t^4-3t-8}{-2t^3-5t^2+7}$ ㋒

$=\lim_{t\to\infty}\dfrac{t-\dfrac{3}{t^2}-\dfrac{8}{t^3}}{-2-\dfrac{5}{t}+\dfrac{7}{t^3}}$

$=-\infty$ ……(答)

㋑ $\lim_{x\to -\infty}f(x)$ は $x=-t$ とおいて，$\lim_{t\to\infty}g(t)$ の形に帰着させる．

㋒ $\dfrac{\infty}{\infty}$ の不定形

$\Longrightarrow$ 分母の最高次の項で分母・分子を割る

(3) $\lim_{x\to\infty}(\sqrt{x^2-x+1}-\sqrt{x^2+3x-1})$ ㋓

$=\lim_{x\to\infty}\dfrac{(x^2-x+1)-(x^2+3x-1)}{\sqrt{x^2-x+1}+\sqrt{x^2+3x-1}}$

$=\lim_{x\to\infty}\dfrac{-4x+2}{\sqrt{x^2-x+1}+\sqrt{x^2+3x-1}}$ ㋔

$=\lim_{x\to\infty}\dfrac{-4+\dfrac{2}{x}}{\sqrt{1-\dfrac{1}{x}+\dfrac{1}{x^2}}+\sqrt{1+\dfrac{3}{x}-\dfrac{1}{x^2}}}=\dfrac{-4}{2}=-2$

……(答)

㋓ 無理式で $\infty-\infty$ の不定形

$\Longrightarrow$ 与式 $=\dfrac{\sqrt{}-\sqrt{}}{1}$ と考えて，分子の有理化

㋔ 分母・分子を $\sqrt{x^2}=x$ で割る．

(4) $\lim_{x\to\infty}(x-\sqrt{2x+1})=\lim_{x\to\infty}x\left(1-\dfrac{\sqrt{2x+1}}{x}\right)$ ㋕

$=\lim_{x\to\infty}x\left(1-\sqrt{\dfrac{2}{x}+\dfrac{1}{x^2}}\right)$ ㋖

$=\infty$ ……(答)

㋕ $\infty-\infty$ の不定形で無理式だから有理化をしそうであるが，x と $\sqrt{2x+1}$ では x のほうが高次だから x でくくった．

㋖ $\infty\times 1$ より極限は ∞．

問題 20　重要な極限（1）

次の極限を求めよ．

(1) $\displaystyle\lim_{x\to 0}\frac{\cos 7x-\cos 3x}{x^2}$

(2) $\displaystyle\lim_{x\to 0}\frac{\tan^3 x-\sin^3 x}{x^5}$

(3) $\displaystyle\lim_{x\to \frac{\pi}{2}}\frac{1-\cos(1-\sin x)}{\cos^4 x}$

解説

本問はいずれも $\dfrac{0}{0}$ の不定形である．

三角関数の不定形の極限では，次の 2 つの公式に帰着させて考えるのが原則である．

$$\lim_{\theta\to 0}\frac{\sin\theta}{\theta}=1,\ \lim_{\theta\to 0}\frac{\tan\theta}{\theta}=1\quad (\theta \text{ は弧度法})$$

三位一体（同じ角）

たとえば，$ab\neq 0$ のとき　$\displaystyle\lim_{\theta\to 0}\frac{\sin a\theta}{b\theta}=\lim_{\theta\to 0}\frac{\sin a\theta}{a\theta}\cdot\frac{a}{b}=1\cdot\frac{a}{b}=\frac{a}{b}$

$$\lim_{\theta\to 0}\frac{1-\cos\theta}{\theta^2}=\lim_{\theta\to 0}\frac{(1-\cos\theta)(1+\cos\theta)}{\theta^2(1+\cos\theta)}=\lim_{\theta\to 0}\frac{\sin^2\theta}{\theta^2(1+\cos\theta)}$$
$$=\lim_{\theta\to 0}\left(\frac{\sin\theta}{\theta}\right)^2\cdot\frac{1}{1+\cos\theta}=1^2\cdot\frac{1}{2}=\frac{1}{2}$$

となる．この 2 つの結果は公式として覚えておくとよい．

また，$\displaystyle\lim_{x\to 1}\frac{\cos\frac{\pi}{2}x}{x-1}$ は，$x-1=t$ とおくことにより $\displaystyle\lim_{x\to 1}$ を $\displaystyle\lim_{t\to 0}$ に帰着させるとよい．$x=t+1$ より

$$\lim_{x\to 1}\frac{\cos\frac{\pi}{2}x}{x-1}=\lim_{t\to 0}\frac{\cos\left(\frac{\pi}{2}t+\frac{\pi}{2}\right)}{t}=\lim_{t\to 0}\frac{-\sin\frac{\pi}{2}t}{t}=-\frac{\pi}{2}$$

となる．さらに，$a\neq 0$ のとき

$$\lim_{x\to\infty}x\sin\frac{a}{x}=\lim_{t\to 0}\frac{\sin at}{t}=a\quad\left(x=\frac{1}{t}\text{ とおいた}\right)$$

となる．ただし，$\displaystyle\lim_{x\to\infty}x\sin\frac{1}{x}$ は $\left|\sin\frac{1}{x}\right|\leq 1$ から　$0\leq\left|x\sin\frac{1}{x}\right|\leq|x|$ となり，はさみうちの原理から与式 $=0$ となる．これを与式 $=1$ としてはいけない．

解答

(1) $\underline{\cos 7x - \cos 3x} = -2\sin\dfrac{7x+3x}{2}\sin\dfrac{7x-3x}{2}$
  　　　　㋐
  　　　　　　　　　$= -2\sin 5x \sin 2x$　　から

　与式 $= \displaystyle\lim_{x\to 0}\dfrac{-2\sin 5x \sin 2x}{x^2}$

　　　 $= \displaystyle\lim_{x\to 0}(-2)\cdot\dfrac{\sin 5x}{5x}\cdot\dfrac{\sin 2x}{2x}\cdot 10$

　　　 $= (-2)\cdot 1 \cdot 1 \cdot 10 = -20$　　……(答)

(2) $\displaystyle\lim_{x\to 0}\dfrac{\tan^3 x - \sin^3 x}{x^5} = \lim_{x\to 0}\dfrac{\sin^3 x(1-\cos^3 x)}{x^5 \cos^3 x}$

　　$= \displaystyle\lim_{x\to 0}\dfrac{\sin^3 x(1-\cos x)(1+\cos x+\cos^2 x)}{x^5 \cos^3 x}$
  　　　　　　　　　　　　㋑

　　$= \displaystyle\lim_{x\to 0}\dfrac{\sin^3 x \sin^2 x(1+\cos x+\cos^2 x)}{x^5(1+\cos x)\cos^3 x}$

　　$= \displaystyle\lim_{x\to 0}\left(\dfrac{\sin x}{x}\right)^5 \cdot \dfrac{1+\cos x+\cos^2 x}{(1+\cos x)\cos^3 x} = 1\cdot\dfrac{3}{2\cdot 1}=\dfrac{3}{2}$

　　　　　　　　　　　　　　　　　……(答)

(3) $\dfrac{\pi}{2}-x=t$ とおくと　$\cos x = \cos\left(\dfrac{\pi}{2}-t\right) = \sin t$

　$1-\sin x = 1-\sin\left(\dfrac{\pi}{2}-t\right) = 1-\cos t = 2\sin^2\dfrac{t}{2}$
  　　　　　　　　　　　　　　　　　　　　　　　㋒

　与式 $= \displaystyle\lim_{t\to 0}\dfrac{1-\cos\left(2\sin^2\dfrac{t}{2}\right)}{\sin^4 t}$
  　　　　　㋓

　　　 $= \displaystyle\lim_{t\to 0}\dfrac{2\sin^2\left(\sin^2\dfrac{t}{2}\right)}{\sin^4 t}$

　　　 $= \displaystyle\lim_{t\to 0} 2\left(\dfrac{t}{\sin t}\right)^4 \cdot \left\{\dfrac{\sin\left(\sin^2\dfrac{t}{2}\right)}{\sin^2\dfrac{t}{2}}\right\}^2 \cdot \left(\dfrac{\sin\dfrac{t}{2}}{\dfrac{t}{2}}\right)^4 \cdot \dfrac{1}{2^4}$
  　　　　　　　　　　　　　　　　　　　　㋔

　　　 $= 2\cdot 1\cdot 1\cdot 1\cdot\dfrac{1}{2^4} = \dfrac{1}{8}$　　……(答)

㋐　$\dfrac{7x+3x}{2}=5x$ より

　$\cos 7x = \cos(5x+2x)$
　　　　 $= \cos 5x \cos 2x$
　　　　 $\ -\sin 5x \sin 2x$
　$\cos 3x = \cos(5x-2x)$
　　　　 $= \cos 5x \cos 2x$
　　　　 $\ +\sin 5x \sin 2x$
　この2式を引けばよい.

㋑　分母・分子に $1+\cos x$ を掛ける．あるいは
　$1-\cos x = 2\sin^2\dfrac{x}{2}$
　を用いてもよい．

㋒　半角の公式.

㋓　分子に再び半角の公式.

㋔　$t\to 0$ のとき $\sin^2\dfrac{t}{2}\to 0$
　より，$\sin^2\dfrac{t}{2}=\theta$ とすると
　$\displaystyle\lim_{t\to 0}\dfrac{\sin\left(\sin^2\dfrac{t}{2}\right)}{\sin^2\dfrac{t}{2}}$
　$= \displaystyle\lim_{\theta\to 0}\dfrac{\sin\theta}{\theta}=1$　となる．

問題 21　重要な極限 (2)

次の極限を求めよ．

(1) $\displaystyle\lim_{x\to 0}\frac{\log_2(a+3x)-\log_2 a}{x}$　$(a>0)$

(2) $\displaystyle\lim_{x\to 0}\frac{e^{\sin 3x}-e^{-2x}}{x}$　　(3) $\displaystyle\lim_{x\to\infty}\frac{x}{3^x}$

解説
本問では，指数関数・対数関数に関する極限について学ぶ．

次の定義はきわめて重要である．

$$\lim_{h\to 0}(1+h)^{\frac{1}{h}}=e \quad (e=2.71828\cdots)$$

↳三位一体（同じ式）

e は**自然対数の底**と呼ばれる無理数である．これより次の公式が導かれる．

$$\lim_{x\to\pm\infty}\left(1+\frac{1}{x}\right)^x=e,\ \lim_{x\to 0}\frac{e^x-1}{x}=1,\ \lim_{x\to 0}\frac{a^x-1}{x}=\log_e a\quad (a>0)$$

$\displaystyle\lim_{x\to\pm\infty}\left(1+\frac{1}{x}\right)^x=e$ は，$x=\dfrac{1}{h}$ とおくと $\displaystyle\lim_{x\to\pm\infty}\left(1+\frac{1}{x}\right)^x=\lim_{h\to\pm 0}(1+h)^{\frac{1}{h}}=e$

$\displaystyle\lim_{x\to 0}\frac{e^x-1}{x}=1$ は，$e^x-1=h$ とおくと　$x=\log_e(1+h)$ で $h\to 0$ だから

$$\lim_{x\to 0}\frac{e^x-1}{x}=\lim_{h\to 0}\frac{h}{\log_e(1+h)}=\lim_{h\to 0}\frac{1}{\log_e(1+h)^{\frac{1}{h}}}=\frac{1}{\log_e e}=1$$

となり成り立つ．

以上の定義，公式を用いると

$$\lim_{x\to 0}(1+3x)^{\frac{2}{x}}=\lim_{x\to 0}\{(1+3x)^{\frac{1}{3x}}\}^6=e^6$$

$$\lim_{x\to\infty}\left(1-\frac{1}{x}\right)^x=\lim_{t\to-\infty}\left(1+\frac{1}{t}\right)^{-t}=\lim_{t\to-\infty}\frac{1}{\left(1+\frac{1}{t}\right)^t}=\frac{1}{e}$$

また，$a>0,\ b>0$ のとき

$$\lim_{x\to 0}\frac{a^x-b^x}{x}=\lim_{x\to 0}\frac{b^x\left\{\left(\frac{a}{b}\right)^x-1\right\}}{x}=\lim_{x\to 0}b^x\cdot\lim_{x\to 0}\frac{\left(\frac{a}{b}\right)^x-1}{x}$$

$$=1\cdot\log_e\frac{a}{b}=\log_e\frac{a}{b}$$

などの計算が容易にできる．

解答

(1) $\displaystyle\lim_{x\to 0}\frac{\log_2(a+3x)-\log_2 a}{x}$

$\displaystyle =\lim_{x\to 0}\frac{\log_2\left(1+\frac{3x}{a}\right)}{x}=\lim_{x\to 0}\underbrace{\frac{\log_2\left(1+\frac{3x}{a}\right)}{\frac{3x}{a}}}_{㋐}\cdot\frac{3}{a}$

$\displaystyle =\lim_{x\to 0}\frac{3}{a}\log_2\left(1+\frac{3x}{a}\right)^{\frac{1}{\frac{3x}{a}}}=\frac{3}{a}\log_2 e$ ……(答)

(2) $\displaystyle\lim_{x\to 0}\frac{e^{\sin 3x}-e^{-2x}}{x}=\lim_{x\to 0}\underbrace{\frac{e^{\sin 3x}-1-(e^{-2x}-1)}{x}}_{㋑}$

$\displaystyle \lim_{x\to 0}\left(\frac{e^{\sin 3x}-1}{\sin 3x}\cdot\frac{\sin 3x}{3x}\cdot 3+\frac{e^{-2x}-1}{-2x}\cdot 2\right)$

$=1\cdot 1\cdot 3+1\cdot 2=5$ ……(答)

(3) $\underbrace{x\text{ は十分大きい正の数と考えてよい}}_{㋒}$ので, 自然数 n に対して $n\leqq x<n+1$ とすると

$$0<\frac{x}{3^x}\underset{㋓}{<}\frac{n+1}{3^n} \quad\cdots\cdots ①$$

ここで, $\underbrace{\text{2項定理}}_{㋔}$ により $n\geqq 2$ のとき

$3^n=(1+2)^n$
$={}_nC_0+{}_nC_1\cdot 2+{}_nC_2\cdot 2^2+\cdots+{}_nC_n 2^n$
$>{}_nC_2\cdot 2^2$
$=\dfrac{n(n-1)}{2}\cdot 2^2=2n(n-1)$ ……②

①, ②から

$$0<\frac{x}{3^x}<\frac{n+1}{2n(n-1)}=\frac{1+\frac{1}{n}}{2(n-1)}$$

ここに, $x\to\infty$ のとき $n\to\infty$ だから

$$0\leqq\lim_{x\to\infty}\frac{x}{3^x}\leqq\lim_{n\to\infty}\frac{1+\frac{1}{n}}{2(n-1)}=0$$

よって, はさみうちの原理から

$$\underset{㋕}{\lim_{x\to\infty}\frac{x}{3^x}=0} \quad\cdots\cdots(\text{答})$$

㋐ $\displaystyle\lim_{f(x)\to 0}\{1+f(x)\}^{\frac{1}{f(x)}}=e$

を用いるために, 分母を $\dfrac{3x}{a}$ に直した.

㋑ $\displaystyle\lim_{f(x)\to 0}\frac{e^{f(x)}-1}{f(x)}=1$ を用いるために, 分子を変形する.

㋒ $x\to\infty$ より.

㋓ $y=3^x$ のグラフは単調増加だから, $n\leqq x<n+1$ のとき

$0<3^n\leqq 3^x<3^{n+1}$ より

$\dfrac{1}{3^{n+1}}<\dfrac{1}{3^x}\leqq\dfrac{1}{3^n}$

したがって

$0<\dfrac{n}{3^{n+1}}<\dfrac{x}{3^x}<\dfrac{n+1}{3^n}$

㋔ $(a+b)^n$
$={}_nC_0 a^n+{}_nC_1 a^{n-1}b$
$\quad+\cdots+{}_nC_r a^{n-r}b^r$
$\quad+\cdots+{}_nC_n b^n$

㋕ 一般には, $a>1$ のとき

$\displaystyle\lim_{x\to\infty}\frac{x}{a^x}=0$

が成り立つ.

問題 22　微分係数の定義

次の関数の与えられた点における微分係数を定義により求めよ．

(1) $f(x) = x^n$　$(x = a)$

(2) $f(x) = \dfrac{1}{x}$　$(x = a \neq 0)$

(3) $f(x) = \sqrt[3]{x}$　$(x = a)$

(4) $f(x) = \begin{cases} x\sin\dfrac{1}{x} & (x \neq 0) \\ 0 & (x = 0) \end{cases}$　$(x = 0)$

解説

連続関数 $y = f(x)$ の定義域内の 2 点 a, x に対して $\lim\limits_{x \to a} \dfrac{f(x) - f(a)}{x - a}$，すなわち，$\lim\limits_{h \to 0} \dfrac{f(a+h) - f(a)}{h}$ が存在して有限確定ならば，$x = a$ において**微分可能**といい，この極限値を関数 $f(x)$ の $x = a$ における**微分係数**あるいは，**微係数**といい，$f'(a)$ と表す．また，

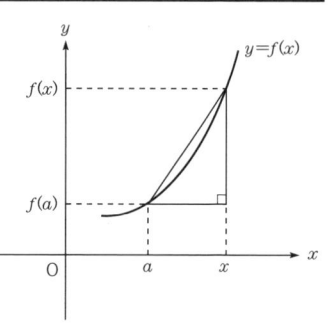

$$\lim_{x \to a+0} \dfrac{f(x) - f(a)}{x - a} \quad \text{すなわち} \quad \lim_{h \to +0} \dfrac{f(a+h) - f(a)}{h}$$

$$\lim_{x \to a-0} \dfrac{f(x) - f(a)}{x - a} \quad \text{すなわち} \quad \lim_{h \to -0} \dfrac{f(a+h) - f(a)}{h}$$

が存在して有限確定ならば，それぞれ $x = a$ において**右微分可能**，**左微分可能**といい，これらの極限値を $f'_+(a)$, $f'_-(a)$ と表し，関数 $f(x)$ の $x = a$ における**右方微分係数**，**左方微分係数**という．

$$f(x) \text{ が } x = a \text{ で微分可能} \iff f'_+(a) = f'_-(a)$$

さて，微分可能な関数 $f(x)$ は連続である．

(証明) $f(x)$ が $x = a$ で微分可能であるならば，

$$\lim_{x \to a} \{f(x) - f(a)\} = \lim_{x \to a} \dfrac{f(x) - f(a)}{x - a} \cdot (x - a) = f'(a) \cdot 0 = 0$$

よって，$\lim\limits_{x \to a} f(x) = f(a)$ となり，$f(x)$ は $x = a$ で連続である．　　(証明終)

しかし，この逆は一般に成立しない．

(例) $f(x) = |x|$ は $x = 0$ で連続であるが，微分可能でない．

(解) $f'_+(0) = \lim\limits_{h \to +0} \dfrac{f(0+h) - f(0)}{h} = \lim\limits_{h \to +0} \dfrac{h}{h} = 1$, $f'_-(0) = \lim\limits_{h \to -0} \dfrac{-h}{h} = -1$

よって，$f'_+(0) \neq f'_-(0)$ であるから，$f(x)$ は $x = 0$ で微分可能ではない．

解答

(1) $f'(a) = \lim_{x \to a} \underbrace{\frac{f(x)-f(a)}{x-a}}_{\text{⑦}} = \lim_{x \to a} \frac{x^n - a^n}{x-a}$
$= \lim_{x \to a}(x^{n-1} + ax^{n-2} + \cdots + a^{n-2}x + a^{n-1})$
$= a^{n-1} + a^{n-1} + \cdots + a^{n-1} + a^{n-1}$
$= na^{n-1}$ ……(答)

(2) $f'(a) = \lim_{h \to 0} \underbrace{\frac{f(a+h)-f(a)}{h}}_{\text{④}}$
$= \lim_{h \to 0} \frac{1}{h}\left(\frac{1}{a+h} - \frac{1}{a}\right) = \lim_{h \to 0} \frac{-1}{(a+h)a}$
$= -\frac{1}{a^2}$ ……(答)

(3) (i) $\underbrace{a \neq 0}_{\text{⑨}}$ のとき
$f'(a) = \lim_{x \to a} \frac{f(x)-f(a)}{x-a} = \lim_{x \to a} \frac{\sqrt[3]{x} - \sqrt[3]{a}}{x-a}$
$= \lim_{x \to a} \frac{\sqrt[3]{x} - \sqrt[3]{a}}{(\sqrt[3]{x} - \sqrt[3]{a})(\sqrt[3]{x^2} + \sqrt[3]{x}\sqrt[3]{a} + \sqrt[3]{a^2})}$
$= \lim_{x \to a} \frac{1}{\sqrt[3]{x^2} + \sqrt[3]{x}\sqrt[3]{a} + \sqrt[3]{a^2}} = \underbrace{\frac{1}{3\sqrt[3]{a^2}}}_{\text{㊀}}$ ……(答)

(ii) $a = 0$ のとき
$f'(0) = \lim_{x \to 0} \frac{f(x) - f(0)}{x} = \lim_{x \to 0} \frac{\sqrt[3]{x}}{x} = \lim_{x \to 0} \frac{1}{\sqrt[3]{x^2}}$
$= \infty$ ……(答)

(4) $\lim_{x \to 0} \frac{f(x) - f(0)}{x} = \lim_{x \to 0} \frac{x \sin\frac{1}{x}}{x} = \underbrace{\lim_{x \to 0} \sin\frac{1}{x}}_{\text{㊉}}$

$\sin\frac{1}{x}$ は $x \to 0$ のとき有限確定値あるいは ∞,
$-\infty$ のいずれにもならないので,$f'(0)$ は存在しない. ……(答)

⑦
$f'(a) = \lim_{h \to 0} \frac{f(a+h) - f(a)}{h}$
$= \lim_{h \to 0} \frac{(a+h)^n - a^n}{h}$
として,$(a+h)^n$ に 2 項定理を用いてもよい.

④
$f'(a) = \lim_{x \to a} \frac{f(x) - f(a)}{x-a}$
$= \lim_{x \to a} \frac{\frac{1}{x} - \frac{1}{a}}{x-a}$
として求めてもよい.

⑨㊀ 最初から $a \neq 0$ と $a = 0$ の場合分けには気づかないであろうが,㊀の結果から場合分けに気づくことになる.

㊉ $x = \frac{1}{\pi}, \frac{1}{2\pi}, \cdots, \frac{1}{n\pi},$
…の値をとりながら,
$x \to 0$ のとき $\lim_{x \to 0} \sin\frac{1}{x} = 0$
$x = \frac{2}{\pi}, \frac{2}{5\pi}, \cdots, \frac{2}{(4n+1)\pi},$
…の値をとりながら,
$x \to 0$ のとき $\lim_{x \to 0} \sin\frac{1}{x} = 1$
両者が一致しないので,極限は存在しない.

問題 23　有理関数・無理関数の微分法

次の関数を微分せよ．ただし，m, n は整数とする．

(1) $y=(x^3-x^2+5)^4$

(2) $y=(3x^2+4)^3(5x-3)^2$

(3) $y=\dfrac{(x^2-x+1)^m}{(x^2+x+1)^n}$

(4) $y=\dfrac{x}{\sqrt{x^3+2}}$

(5) $y=(x+\sqrt{x^2+1})^n$

(6) $y=\sqrt{\dfrac{1-\sqrt[3]{x}}{1+\sqrt[3]{x}}}$

解説

有理関数と無理関数について学ぶ．

(ア) 有理関数の微分法

a_i, b_i を実定数，m, n を自然数とするとき

$$y=\frac{a_0x^m+a_1x^{m-1}+\cdots+a_ix^{m-i}+\cdots+a_m}{b_0x^n+b_1x^{n-1}+\cdots+b_ix^{n-i}+\cdots+b_n}$$

の形の式を**有理関数**という．分母が定数のときは**整関数**という．

有理関数の微分法の基本は

$$(c)'=0 \quad (c は定数), \quad (x^n)'=nx^{n-1} \quad (n は自然数)$$

の2式であり，具体的な計算では，$f(x)$, $g(x)$ が微分可能なとき

定数倍　　$\{kf(x)\}'=kf'(x)$ 　　（k は実定数）

和・差　　$\{f(x)\pm g(x)\}'=f'(x)\pm g'(x)$ 　　（複号同順）

積　　　　$\{f(x)g(x)\}'=f'(x)g(x)+f(x)g'(x)$

商　　　　$\left\{\dfrac{f(x)}{g(x)}\right\}'=\dfrac{f'(x)g(x)-f(x)g'(x)}{\{g(x)\}^2}$ 　　$(g(x)\neq 0)$

　　　とくに $\left\{\dfrac{1}{g(x)}\right\}'=-\dfrac{g'(x)}{\{g(x)\}^2}$

合成関数　$\{f(g(x))\}'=f'(g(x))g'(x)$

などを用いる．商の微分公式は次のように導かれる．

$F(x)=\dfrac{f(x)}{g(x)}$ とおくと　$f'(x)=\lim\limits_{h\to 0}\dfrac{f(x+h)-f(x)}{h}$　により

$$F'(x)=\lim_{h\to 0}\frac{\dfrac{f(x+h)}{g(x+h)}-\dfrac{f(x)}{g(x)}}{h}=\lim_{h\to 0}\frac{f(x+h)g(x)-f(x)g(x+h)}{hg(x+h)g(x)}$$

$$=\lim_{h\to 0}\left\{\frac{f(x+h)-f(x)}{h}\cdot g(x)-f(x)\cdot\frac{g(x+h)-g(x)}{h}\right\}\cdot\frac{1}{g(x+h)g(x)}$$

$$=\frac{f'(x)g(x)-f(x)g'(x)}{\{g(x)\}^2}$$

また，合成関数 $f \circ g(x) = f(g(x))$ の微分公式は次のように導かれる．
$y = g(x)$ が微分可能で $z = f(y)$ が $y = g(x)$ の値域で微分可能ならば

$$\lim_{h \to 0} \frac{g(x+h) - g(x)}{h} = \frac{dy}{dx}, \quad \lim_{k \to 0} \frac{f(y+k) - f(y)}{k} = \frac{dz}{dy} \quad \text{であるから}$$

$$y \text{ の増分} = g(x+h) - g(x) = \left(\frac{dy}{dx} + \varepsilon_1\right)h = k, \quad h \to 0 \text{ のとき } \varepsilon_1 \to 0$$

$$z \text{ の増分} = f(y+k) - f(y) = \left(\frac{dz}{dy} + \varepsilon_2\right)k, \quad k \to 0 \text{ のとき } \varepsilon_2 \to 0$$

$$\therefore \quad f(y+k) - f(y) = \left(\frac{dz}{dy} + \varepsilon_2\right)\left(\frac{dy}{dx} + \varepsilon_1\right)h$$

$h \to 0$ のとき $k \to 0$ となるので，$\varepsilon_1 \to 0$ かつ $\varepsilon_2 \to 0$

よって，$\dfrac{dz}{dx} = \lim\limits_{h \to 0} \dfrac{f(y+k) - f(y)}{h} = \dfrac{dz}{dy} \cdot \dfrac{dy}{dx}$

すなわち $\{f(g(x))\}' = f'(y) g'(x) = f'(g(x)) g'(x)$

(イ) 無理関数の微分法

$g(x)$ が x の有理関数であるとき，$\sqrt[n]{(g(x))^m}$ (m, n は整数で，$n \geq 2$) を含む式を**無理関数**という．まず，微分可能な関数 $f(x)$ が逆関数 $f^{-1}(x)$ をもつとき，$f^{-1}(x)$ の導関数を求める公式を導いてみよう．
$y = f^{-1}(x) \iff x = f(y)$ だから，$x = f(y)$ の両辺を x で微分すると

$$\frac{d}{dx} x = \frac{d}{dx} f(y) \qquad \text{左辺} = 1, \text{ 右辺} = \frac{d}{dy} f(y) \cdot \frac{dy}{dx} = \frac{dx}{dy} \cdot \frac{dy}{dx} \text{ から}$$

$$\frac{dx}{dy} \cdot \frac{dy}{dx} = 1 \quad \text{よって，公式} \quad \frac{dy}{dx} = \frac{1}{\frac{dx}{dy}} \quad \left(\text{ただし，} \frac{dx}{dy} \neq 0\right)$$

が得られる．$y = \sqrt[n]{x}$ (n は $n \geq 2$ の自然数) の導関数は，$y = x^{\frac{1}{n}}$ の両辺を n 乗して $x = y^n$ となるので

$$\frac{dy}{dx} = \frac{1}{\frac{dx}{dy}} = \frac{1}{ny^{n-1}} = \frac{1}{n} \cdot \frac{1}{(x^{\frac{1}{n}})^{n-1}} = \frac{1}{n} \cdot \frac{1}{x^{1-\frac{1}{n}}} = \frac{1}{n} x^{\frac{1}{n} - 1}$$

さらに，$y = \sqrt[n]{x^m} = x^{\frac{m}{n}}$ (m, n は整数で，$n \geq 2$) は合成関数の微分法により

$$\frac{dy}{dx} = \frac{d}{dx} x^{\frac{m}{n}} = \frac{d}{dx} (x^{\frac{1}{n}})^m = m(x^{\frac{1}{n}})^{m-1} \cdot (x^{\frac{1}{n}})'$$

$$= m x^{\frac{m}{n} - \frac{1}{n}} \cdot \frac{1}{n} x^{\frac{1}{n} - 1} = \frac{m}{n} x^{\frac{m}{n} - 1}$$

よって α が有理数のとき $(x^\alpha)' = \alpha x^{\alpha - 1}$

が成り立つ．これを用いると

$$(\sqrt{x})' = \left(x^{\frac{1}{2}}\right)' = \frac{1}{2}x^{\frac{1}{2}-1} = \frac{1}{2}x^{-\frac{1}{2}} = \frac{1}{2\sqrt{x}}$$

$$\left(\frac{1}{\sqrt[4]{x^3}}\right)' = \left(x^{-\frac{3}{4}}\right)' = -\frac{3}{4}x^{-\frac{7}{4}} = -\frac{3}{4\sqrt[4]{x^7}}$$

などとなる．なお $\{\sqrt{f(x)}\}'$ は合成関数の微分法を用いて

$\{\sqrt{f(x)}\}' = \dfrac{f'(x)}{2\sqrt{f(x)}}$　となるが，これは公式として覚えておこう．

たとえば　$(\sqrt{x^2-x+1})' = \dfrac{2x-1}{2\sqrt{x^2-x+1}}$　となる．

解 答

(1) $\underset{⑦}{y'} = 4(x^3-x^2+5)^3 \cdot (x^3-x^2+5)'$
$ = 4(x^3-x^2+5)^3(3x^2-2x)$
$ = 4x(3x-2)(x^3-x^2+5)^3$ ……（答）

(2) $\underset{④\ ⑤}{y'} = \{(3x^2+4)^3\}'(5x-3)^2$
$ + (3x^2+4)^3 \cdot \{(5x-3)^2\}'$
$ = 3(3x^2+4)^2 \cdot 6x \cdot (5x-3)^2$
$ + (3x^2+4)^3 \cdot 2(5x-3) \cdot 5$
$ = 2(3x^2+4)^2(5x-3)$
$ \times \{9x(5x-3) + 5(3x^2+4)\}$
$ = 2(3x^2+4)^2(5x-3)(60x^2-27x+20)$ ……（答）

(3) $\underset{⑤}{y'} = \dfrac{\{(x^2-x+1)^m\}'(x^2+x+1)^n - (x^2-x+1)^m\{(x^2+x+1)^n\}'}{(x^2+x+1)^{2n}}$

分子 $= m(x^2-x+1)^{m-1} \cdot (2x-1) \cdot (x^2+x+1)^n$
$ - (x^2-x+1)^m \cdot n(x^2+x+1)^{n-1} \cdot (2x+1)$
$ = (x^2-x+1)^{m-1}(x^2+x+1)^{n-1}$
$ \times \{m(2x-1)(x^2+x+1)$
$\phantom{分子 = \times \{} - n(x^2-x+1)(2x+1)\}$
$ = (x^2-x+1)^{m-1}(x^2+x+1)^{n-1}$
$ \times \{2(m-n)x^3 + (m+n)x^2$
$\phantom{分子 = \times \{} + (m-n)x - (m+n)\}$ より

$y' = \dfrac{\{2(m-n)x^3 + (m+n)x^2 + (m-n)x - (m+n)\} \times (x^2-x+1)^{m-1}}{(x^2+x+1)^{n+1}}$

……（答）

⑦ $\{(f(x))^n\}'$
$= n(f(x))^{n-1} \cdot f'(x)$

④ 積の微分．

⑤ $\{(3x^2+4)^3\}'$
$= 3(3x^2+4)^2 \cdot (3x^2+4)'$
$= 3(3x^2+4)^2 \cdot 6x$

⑤ 商の微分．

(4) $y' = \dfrac{(x)'\sqrt{x^3+2} - x(\sqrt{x^3+2})'\underset{\textcircled{オ}}{}}{(\sqrt{x^3+2})^2}$

$= \dfrac{1\cdot\sqrt{x^3+2} - x\cdot\dfrac{3x^2}{2\sqrt{x^3+2}}}{x^3+2}$

$= \dfrac{4-x^3}{2(x^3+2)\sqrt{x^3+2}}$ ……(答)

オ $\{\sqrt{f(x)}\}' = \dfrac{f'(x)}{2\sqrt{f(x)}}$

(5) $y' = n(x+\sqrt{x^2+1})^{n-1}\cdot(x+\sqrt{x^2+1})'$

$= n(x+\sqrt{x^2+1})^{n-1}\left(1 + \dfrac{x}{\sqrt{x^2+1}}\right)$

$= \dfrac{n(x+\sqrt{x^2+1})^n}{\sqrt{x^2+1}}$ ……(答)

(6) $y' = \dfrac{\left(\dfrac{1-\sqrt[3]{x}}{1+\sqrt[3]{x}}\right)'}{2\sqrt{\dfrac{1-\sqrt[3]{x}}{1+\sqrt[3]{x}}}} = \dfrac{1}{2}\sqrt{\dfrac{1+\sqrt[3]{x}}{1-\sqrt[3]{x}}}\left(\dfrac{1-\sqrt[3]{x}}{1+\sqrt[3]{x}}\right)'$

$\underset{\textcircled{カ}}{\left(\dfrac{1-\sqrt[3]{x}}{1+\sqrt[3]{x}}\right)'} = \dfrac{-\dfrac{1}{3}x^{-\frac{2}{3}}(1+\sqrt[3]{x}) - (1-\sqrt[3]{x})\dfrac{1}{3}x^{-\frac{2}{3}}}{(1+\sqrt[3]{x})^2}$

$= \dfrac{-2}{3\sqrt[3]{x^2}(1+\sqrt[3]{x})^2}$

よって, $y' = \dfrac{1}{2}\sqrt{\dfrac{1+\sqrt[3]{x}}{1-\sqrt[3]{x}}}\cdot\dfrac{-2}{3\sqrt[3]{x^2}(1+\sqrt[3]{x})^2}$

$= -\dfrac{1}{3\sqrt[3]{x^2}\sqrt{(1-\sqrt[3]{x})(1+\sqrt[3]{x})^3}}$ ……(答)

カ $(\sqrt[3]{x})' = \left(x^{\frac{1}{3}}\right)'$

$= \dfrac{1}{3}\cdot x^{-\frac{2}{3}} = \dfrac{1}{3x^{\frac{2}{3}}}$

$= \dfrac{1}{3\sqrt[3]{x^2}}$

問題 24 三角関数の微分法

次の関数を微分せよ．ただし，m, n は定数とする．

(1) $y = \sin^m x \cos^n x$

(2) $y = \dfrac{\cos 2x}{1 + \sin 2x}$

(3) $y = \tan^3 x + 3 \tan x$

(4) $y = \sqrt{\dfrac{1 - \cos x}{1 + \cos x}}$

解説

三角関数の微分法の基本公式は，

$$(\sin x)' = \cos x, \quad (\cos x)' = -\sin x, \quad (\tan x)' = \frac{1}{\cos^2 x}$$

である．一般には，

$$\{\sin f(x)\}' = f'(x) \cos f(x), \quad \{\cos f(x)\}' = -f'(x) \sin f(x),$$

$$\{\tan f(x)\}' = \frac{f'(x)}{\cos^2 f(x)}, \quad \text{および},$$

$$\{\sin^\alpha f(x)\}' = \alpha \sin^{\alpha-1} f(x) \cdot \{\sin f(x)\}' = \alpha \sin^{\alpha-1} f(x) \cdot f'(x) \cos f(x)$$

などを用いて計算することになる．

(例)
$$\{\sin(x^2 + x + 1)\}' = \cos(x^2 + x + 1) \cdot (x^2 + x + 1)'$$
$$= (2x + 1) \cos(x^2 + x + 1)$$

$$\{\sin^3(x^2 + x + 1)\}' = 3 \sin^2(x^2 + x + 1) \cdot \{\sin(x^2 + x + 1)\}'$$
$$= 3(2x + 1) \sin^2(x^2 + x + 1) \cos(x^2 + x + 1)$$

$$(\cos 6x \cos 2x)' = \left\{\frac{1}{2}(\cos 8x + \cos 4x)\right\}'$$
$$= \frac{1}{2}(-8 \sin 8x - 4 \sin 4x) = -4 \sin 8x - 2 \sin 4x$$

$$\left(\sqrt{2 \sin \frac{5}{2} x \cos \frac{x}{2}}\right)' = (\sqrt{\sin 3x + \sin 2x})' = \frac{(\sin 3x + \sin 2x)'}{2\sqrt{\sin 3x + \sin 2x}}$$
$$= \frac{3 \cos 3x + 2 \cos 2x}{2\sqrt{\sin 3x + \sin 2x}}$$

$$\left(\frac{\tan x}{1 + \tan x}\right)' = \frac{(\tan x)'(1 + \tan x) - \tan x (1 + \tan x)'}{(1 + \tan x)^2}$$
$$= \frac{\dfrac{1}{\cos^2 x}(1 + \tan x) - \tan x \cdot \dfrac{1}{\cos^2 x}}{(1 + \tan x)^2} = \frac{1}{\cos^2 x (1 + \tan x)^2}$$
$$= \frac{1}{(\cos x + \sin x)^2} = \frac{1}{1 + \sin 2x}$$

解答

(1) $y' = (\sin^m x)' \cos^n x + \sin^m x (\cos^n x)'$
$= m\sin^{m-1} x \cdot \cos x \cdot \cos^n x$
$\qquad + \sin^m x \cdot n\cos^{n-1} x \cdot (-\sin x)$
$= \sin^{m-1} x \cos^{n-1} x (m\cos^2 x - n\sin^2 x)$
……(答)

(2) $y' = \dfrac{(\cos 2x)' \cdot (1+\sin 2x) - \cos 2x \cdot (1+\sin 2x)'}{(1+\sin 2x)^2}$

$= \dfrac{-2\sin 2x(1+\sin 2x) - \cos 2x \cdot 2\cos 2x}{(1+\sin 2x)^2}$

$= \dfrac{-2(\sin 2x + 1)}{(1+\sin 2x)^2} = -\dfrac{2}{1+\sin 2x}$ ……(答)

(3) $y' = (\tan^3 x)' + 3(\tan x)'$

$= 3\tan^2 x \cdot \dfrac{1}{\cos^2 x} + 3 \cdot \dfrac{1}{\cos^2 x}$

$= \dfrac{3}{\cos^2 x}(\tan^2 x + 1) = \dfrac{3}{\cos^2 x} \cdot \dfrac{1}{\cos^2 x}$

$= \dfrac{3}{\cos^4 x}$ ……(答)

(4) $y' = \dfrac{1}{2\sqrt{\dfrac{1-\cos x}{1+\cos x}}} \cdot \left(\dfrac{1-\cos x}{1+\cos x}\right)'$

$= \dfrac{1}{2}\underbrace{\sqrt{\dfrac{1+\cos x}{1-\cos x}}}_{㋐}$
$\quad \times \dfrac{\sin x(1+\cos x) - (1-\cos x)\cdot(-\sin x)}{(1+\cos x)^2}$

$= \dfrac{1+\cos x}{\underbrace{2\sqrt{1-\cos^2 x}}_{㋑}} \cdot \dfrac{2\sin x}{(1+\cos x)^2}$

$= \underbrace{\dfrac{\sin x}{|\sin x|(1+\cos x)}}_{㋒}$

よって, $\sin x > 0$ ならば $y' = \dfrac{1}{1+\cos x}$

$\sin x < 0$ ならば $y' = -\dfrac{1}{1+\cos x}$

……(答)

㋐ $\sqrt{\dfrac{1+\cos x}{1-\cos x}}$

$= \sqrt{\dfrac{(1+\cos x)^2}{(1-\cos x)(1+\cos x)}}$

$= \sqrt{\dfrac{(1+\cos x)^2}{1-\cos^2 x}}$

$= \dfrac{1+\cos x}{\sqrt{1-\cos^2 x}}$

($\because \ 1+\cos x > 0$)

㋑ $\sqrt{1-\cos^2 x} = \sqrt{\sin^2 x}$
$\qquad\qquad\quad = |\sin x|$

㋒ $\sin x$ の符号により, 場合を分けて絶対値記号をはずす. $\sin x = 0$ のときは, y' は存在しない.

問題 25 指数関数・対数関数の微分法

次の関数を微分せよ．ただし，a, b は定数とする．

(1) $y = a^{\frac{1}{x}}$ $(a > 0, a \neq 1)$ (2) $y = e^{x^2} \sin(ax + b)$

(3) $y = \log \dfrac{x+a}{x+b}$

(4) $y = x\sqrt{x^2 + a} + a\log(x + \sqrt{x^2 + a})$

解説

指数関数と対数関数の微分法の基本公式は

$$(e^x)' = e^x, \quad (a^x)' = a^x \log_e a \quad (a > 0, a \neq 1)$$
$$(\log_e x)' = \frac{1}{x}, \quad (\log_a x)' = \frac{1}{x \log_e a} \quad (a > 0, a \neq 1)$$

である．自然対数の底 e は省略して単に $\log x$ と書いてよい．一般には，

$$\{e^{f(x)}\}' = e^{f(x)} f'(x), \quad \{a^{f(x)}\}' = a^{f(x)} f'(x) \log_e a, \quad \{\log f(x)\}' = \frac{f'(x)}{f(x)}$$

などを用いて計算することになる．

また，$\log|f(x)|$ は $f(x) < 0$ のときも

$$\{\log|f(x)|\}' = \{\log(-f(x))\}' = \frac{-f'(x)}{-f(x)} = \frac{f'(x)}{f(x)}$$

となる．

(例) $\{(e^{\sin x})\}' = e^{\sin x} (\sin x)' = e^{\sin x} \cos x$

$$\left(\frac{e^x - e^{-x}}{e^x + e^{-x}}\right)' = \frac{(e^x - e^{-x})'(e^x + e^{-x}) - (e^x - e^{-x})(e^x + e^{-x})'}{(e^x + e^{-x})^2}$$

$$= \frac{(e^x + e^{-x})(e^x + e^{-x}) - (e^x - e^{-x})(e^x - e^{-x})}{(e^x + e^{-x})^2} = \frac{4}{(e^x + e^{-x})^2}$$

$$\{\log(\sin x)\}' = \frac{(\sin x)'}{\sin x} = \frac{\cos x}{\sin x} = \frac{1}{\tan x} (= \cot x)$$

$$\left(\log_2 \sqrt{\tan \frac{x}{2}}\right)' = \left\{\frac{1}{2} \log_2 \left(\tan \frac{x}{2}\right)\right\}'$$

$$= \frac{1}{1} \cdot \frac{\left(\tan \dfrac{x}{2}\right)'}{\tan \dfrac{x}{2}} \cdot \frac{1}{\log 2} = \frac{1}{2} \cdot \frac{1}{\tan \dfrac{x}{2}} \cdot \frac{\dfrac{1}{2}}{\cos^2 \dfrac{x}{2}} \cdot \frac{1}{\log 2}$$

$$= \frac{1}{2 \sin \dfrac{x}{2} \cos \dfrac{x}{2}} \cdot \frac{1}{2 \log 2} = \frac{1}{2 \log 2 \cdot \sin x}$$

問題 25 指数関数・対数関数の微分法   61

解 答

(1) $y' = a^{\frac{1}{x}} \log a \cdot \left(\dfrac{1}{x}\right)'$ ㋐

$= -\dfrac{1}{x^2} a^{\frac{1}{x}} \log a$ ……(答)

(2) $y' = (e^{x^2})' \sin(ax+b) + e^{x^2} \{\sin(ax+b)\}'$

$= 2xe^{x^2} \cdot \sin(ax+b) + e^{x^2} \cdot a\cos(ax+b)$

$= e^{x^2} \{2x\sin(ax+b) + a\cos(ax+b)\}$ ……(答)

(3) $y = \log \dfrac{x+a}{x+b} = \log \left|\dfrac{x+a}{x+b}\right|$ ㋑

$= \log|x+a| - \log|x+b|$

よって，$y' = \dfrac{1}{x+a} - \dfrac{1}{x+b}$

$= \dfrac{b-a}{(x+a)(x+b)}$ ……(答)

(4) $y' = (x\sqrt{x^2+a})' + a\{\log(x+\sqrt{x^2+a})\}'$

ここで

$(x\sqrt{x^2+a})' = 1 \cdot \sqrt{x^2+a} + x \cdot \dfrac{2x}{2\sqrt{x^2+a}}$

$= \sqrt{x^2+a} + \dfrac{x^2}{\sqrt{x^2+a}}$

$\{\log(x+\sqrt{x^2+a})\}' = \dfrac{(x+\sqrt{x^2+a})'}{x+\sqrt{x^2+a}}$ ㋒

$= \dfrac{1+\dfrac{x}{\sqrt{x^2+a}}}{x+\sqrt{x^2+a}} = \dfrac{1}{\sqrt{x^2+a}}$

よって，$y' = \sqrt{x^2+a} + \dfrac{x^2}{\sqrt{x^2+a}} + a \cdot \dfrac{1}{\sqrt{x^2+a}}$

$= \sqrt{x^2+a} + \sqrt{x^2+a}$

$= 2\sqrt{x^2+a}$ ……(答)

㋐ $\{a^{f(x)}\}'$
$= a^{f(x)} \log a \cdot f'(x)$
また，$a^x = e^{x\log a}$ を用いて
$(a^{\frac{1}{x}})'$
$= (e^{\frac{1}{x}\log a})'$
$= e^{\frac{1}{x}\log a} \cdot \left(\dfrac{1}{x}\log a\right)'$
としてもよい．

㋑ $\dfrac{x+a}{x+b} > 0$ は約束されているが，定義域が不明だから $x+a>0$ かつ $x+b>0$ と断定はできない．このようなときは
$\log \dfrac{A}{B} = \log\left|\dfrac{A}{B}\right|$
と考える．

㋒ $\{\log f(x)\}' = \dfrac{f'(x)}{f(x)}$

問題 26　対数微分法

次の関数を微分せよ．ただし，a, b, c, l, m, n は定数とする．

(1) $y=(1-x)^x$　　　(2) $y=\dfrac{(x+b)^m(x+c)^n}{(x+a)^l}$

(3) $y=(\tan x)^{\sin x}$　$\left(0<x<\dfrac{\pi}{2}\right)$

解 説　$y=x^{\frac{1}{x}}\ (x>0), y=x^{\sin x}\ (x>0)$ のような関数の微分は，$(x^a)'=ax^{a-1}$，$\{a^{f(x)}\}'=a^{f(x)}f'(x)\log_e a$ の公式は使えない．$\left(x^{\frac{1}{x}}\right)'=\dfrac{1}{x}x^{\frac{1}{x}-1}\cdot\left(\dfrac{1}{x}\right)'$ のような間違いは決してしないようにしよう．

一般に，$f(x)$，$g(x)$ がいずれも x の関数のとき，$y=f(x)^{g(x)}$ の微分は両辺の自然対数をとってその両辺を x で微分するのが鉄則である．これを**対数微分法**とよぶ．$f(x)$ の符号が不明であるときは，$|y|=|f(x)^{g(x)}|=|f(x)|^{g(x)}$ から

$$\log|y|=\log|f(x)|^{g(x)}=g(x)\log|f(x)|$$

として，両辺を x で微分することにより

$$\frac{1}{y}\cdot\frac{dy}{dx}=g'(x)\log|f(x)|+g(x)\cdot\frac{f'(x)}{f(x)}$$

から，$\dfrac{dy}{dx}$ を求めればよい．

（例）$y=x^{\frac{1}{x}}\ (x>0)$ は $y>0$ だから，$\log y=\log x^{\frac{1}{x}}=\dfrac{\log x}{x}$

両辺を x で微分すると，$\dfrac{y'}{y}=\left(\dfrac{\log x}{x}\right)'=\dfrac{\frac{1}{x}\cdot x-\log x\cdot 1}{x^2}=\dfrac{1-\log x}{x^2}$

よって，$y'=y\cdot\dfrac{1-\log x}{x^2}=x^{\frac{1}{x}}\cdot\dfrac{1-\log x}{x^2}=x^{\frac{1}{x}-2}(1-\log x)$

また，$y=x^{\sin x}\ (x>0)$ は，$\log y=\log x^{\sin x}=\sin x\log x$

両辺を x で微分すると，$\dfrac{y'}{y}=\cos x\log x+\sin x\cdot\dfrac{1}{x}$

よって，$y'=y\left(\cos x\cdot\log x+\dfrac{\sin x}{x}\right)=x^{\sin x}\left(\cos x\cdot\log x+\dfrac{\sin x}{x}\right)$

さらに，$y=\dfrac{x^2(2x+1)^3}{(x-1)^4}$ は両辺の絶対値をとって，その自然対数をとると

$$\log|y|=\log\left|\frac{x^2(2x+1)^3}{(x-1)^4}\right|$$
$$=2\log|x|+3\log|2x+1|-4\log|x-1|$$

両辺を x で微分すると,
$$\frac{y'}{y}=\frac{2}{x}+\frac{6}{2x+1}-\frac{4}{x-1}=\frac{2(x^2-6x-1)}{x(2x+1)(x-1)}$$
よって, $y'=\dfrac{x^2(2x+1)^3}{(x-1)^4}\cdot\dfrac{2(x^2-6x-1)}{x(2x+1)(x-1)}=\dfrac{2x(2x+1)^2(x^2-6x-1)}{(x-1)^5}$

解 答

(1) ㋐ 両辺の絶対値の自然対数をとると
$$\log|y|=\log|(1-x)^x|=x\log|1-x|$$
両辺を x で微分して
$$\frac{y'}{y}=1\cdot\log|1-x|+x\cdot\frac{-1}{1-x}$$
$$=\log|1-x|+\frac{x}{x-1}$$
よって, $y'=(1-x)^x\left\{\log|1-x|+\dfrac{x}{x-1}\right\}$ ……(答)

㋐ $y=(1-x)^x$ はこのままでは微分できない. 対数微分法を用いないといけない.

(2) 両辺の絶対値の自然対数をとると
$$\log|y|=\log\left|\frac{(x+b)^m(x+c)^n}{(x+a)^l}\right|$$
㋑
$$=m\log|x+b|+n\log|x+c|$$
$$-l\log|x+a|$$
両辺を x で微分して
$$\frac{y'}{y}=\frac{m}{x+b}+\frac{n}{x+c}-\frac{l}{x+a}$$
よって,
$$y'=\frac{(x+b)^m(x+c)^n}{(x+a)^l}\left(\frac{m}{x+b}+\frac{n}{x+c}-\frac{l}{x+a}\right)$$
……(答)

㋑ 一般には
$$\log\left|\frac{A^mB^n}{C^l}\right|$$
$$=\log|A^mB^n|-\log|C^l|$$
$$=m\log|A|+n\log|B|$$
$$-l\log|C|$$

(3) ㋒ 両辺の自然対数をとると
$$\log y=\log(\tan x)^{\sin x}=\sin x\log(\tan x)$$
両辺を x で微分して
$$\frac{y'}{y}=\cos x\log(\tan x)+\sin x\cdot\frac{1}{\tan x}\cdot\frac{1}{\cos^2 x}$$
よって,
$$y'=(\tan x)^{\sin x}\left\{\cos x\log(\tan x)+\frac{1}{\cos x}\right\} \text{……(答)}$$

㋒ $0<x<\dfrac{\pi}{2}$ のとき, $\tan x>0$ より $y>0$ であるから, 絶対値をとる必要はない.

問題 27　逆三角関数の微分法

次の関数を微分せよ．ただし，a, b は定数とする．

(1) $y = x^2 \sin^{-1} 2x$

(2) $y = \tan^{-1}\left(\sqrt{\dfrac{a-b}{a+b}} \tan \dfrac{x}{2}\right)$　$(a > b > 0)$

(3) $y = \cos^{-1}\left(\dfrac{1 + 2\cos x}{2 + \cos x}\right)$

解 説

三角関数 $\sin x$, $\cos x$, $\tan x$ などの逆関数を**逆三角関数**という．$y = \sin x$ は単調増加となる $-\dfrac{\pi}{2} \le x \le \dfrac{\pi}{2}$ の範囲を考えて，逆関数は $y = \sin^{-1} x$ $(-1 \le x \le 1)$ と定義される．$\sin^{-1} x$ は**アークサイン** x と読む．また，$y = \sin^{-1} x$ $(-1 \le x \le 1)$ の値域 $-\dfrac{\pi}{2} \le y \le \dfrac{\pi}{2}$ を $y = \sin^{-1} x$ の**主値**という．

同様に，$y = \cos x$, $y = \tan x$ の逆関数 $y = \cos^{-1} x$, $y = \tan^{-1} x$ も定義される．

逆三角関数	定義域	値域（主値）
逆正弦　$y = \sin^{-1} x$	$-1 \le x \le 1$	$-\dfrac{\pi}{2} \le y \le \dfrac{\pi}{2}$
逆余弦　$y = \cos^{-1} x$	$-1 \le x \le 1$	$0 \le y \le \pi$
逆正接　$y = \tan^{-1} x$	$-\infty < x < \infty$	$-\dfrac{\pi}{2} < y < \dfrac{\pi}{2}$

（例）　$\sin^{-1} \dfrac{\sqrt{3}}{2} = \dfrac{\pi}{3}$

$\cos^{-1}\left(-\dfrac{1}{2}\right) = \dfrac{2}{3}\pi$

$\tan^{-1}(-1) = -\dfrac{\pi}{4}$

さて，$y = \sin^{-1} x$ は $x = \sin y$ と同値だから，逆関数の微分法の公式により

$$\frac{dy}{dx} = \frac{1}{\dfrac{dx}{dy}} = \frac{1}{\dfrac{d}{dy}\sin y} = \frac{1}{\cos y} \quad \left(\cos y \ne 0 \text{ から }\ |y| < \dfrac{\pi}{2}\right)$$

$$= \frac{1}{\sqrt{1 - \sin^2 y}} = \frac{1}{\sqrt{1 - x^2}} \quad (|x| < 1)$$

したがって，$(\sin^{-1} x)' = \dfrac{1}{\sqrt{1 - x^2}}$ $(|x| < 1)$　が導かれる．

すなわち　$\{\sin^{-1} f(x)\}' = \dfrac{f'(x)}{\sqrt{1 - \{f(x)\}^2}}$ $(|f(x)| < 1)$　が成り立つ．

同様にして

$(\cos^{-1} x)' = -\dfrac{1}{\sqrt{1 - x^2}}$ $(|x| < 1)$，$(\tan^{-1} x)' = \dfrac{1}{1 + x^2}$　（x は全実数）

が成り立つ．これらの公式はいつでも導けて，かつ使いこなせるようにしておきたい．

解答

(1) $y' = (x^2)'\sin^{-1}2x + x^2(\sin^{-1}2x)'$ ㋐

$= 2x\sin^{-1}2x + x^2 \cdot \dfrac{2}{\sqrt{1-(2x)^2}}$

$= 2x\sin^{-1}2x + \dfrac{2x^2}{\sqrt{1-4x^2}}$ ……(答)

(2) $y' = \dfrac{\left(\sqrt{\dfrac{a-b}{a+b}}\tan\dfrac{x}{2}\right)'}{1+\left(\sqrt{\dfrac{a-b}{a+b}}\tan\dfrac{x}{2}\right)^2}$ ㋑

$= \dfrac{\sqrt{a^2-b^2}\cdot\dfrac{1}{2}\cdot\dfrac{1}{\cos^2\dfrac{x}{2}}}{a\left(1+\tan^2\dfrac{x}{2}\right)+b\left(1-\tan^2\dfrac{x}{2}\right)}$ ㋒ ㋓

$= \dfrac{\sqrt{a^2-b^2}}{2(a+b\cos x)}$ ……(答)

(3) $y' = -\dfrac{g(x)}{\sqrt{1-\left(\dfrac{1+2\cos x}{2+\cos x}\right)^2}}$ ㋔

$g(x) = \dfrac{-2\sin x(2+\cos x)-(1+2\cos x)\cdot(-\sin x)}{(2+\cos x)^2}$ ㋕

$= \dfrac{-3\sin x}{(2+\cos x)^2}$

y' の分母 $= \sqrt{\dfrac{(2+\cos x)^2-(1+2\cos x)^2}{(2+\cos x)^2}}$

$= \sqrt{\dfrac{3\sin^2 x}{(2+\cos x)^2}} = \dfrac{\sqrt{3}\,|\sin x|}{2+\cos x}$ ㋖

$\therefore \ y' = \dfrac{3\sin x}{\sqrt{3}\,|\sin x|(2+\cos x)}$

よって, $\sin x > 0$ のとき $y' = \dfrac{\sqrt{3}}{2+\cos x}$

$\sin x < 0$ のとき $y' = -\dfrac{\sqrt{3}}{2+\cos x}$

……(答)

㋐ $\{\sin^{-1}f(x)\}'$
$= \dfrac{f'(x)}{\sqrt{1-\{f(x)\}^2}}$
を用いる。また, 与えられた関係から, x の変域は
$|2x|<1$
すなわち, $|x|<\dfrac{1}{2}$

㋑ $\{\tan^{-1}f(x)\}'$
$= \dfrac{f'(x)}{1+\{f(x)\}^2}$ を用いる。

㋒ 分子・分母に $a+b$ を掛ける。

㋓ 分子・分母に $2\cos^2\dfrac{x}{2}$ を掛ける。

㋔ $\{\cos^{-1}f(x)\}'$
$= -\dfrac{f'(x)}{\sqrt{1-\{f(x)\}^2}}$

㋕ $g(x) = \left(\dfrac{1+2\cos x}{2+\cos x}\right)'$

㋖ $\sin x$ の符号は不明だから $\sqrt{\sin^2 x} = |\sin x|$
また, $2+\cos x > 0$.

問題 28 媒介変数表示の関数，陰関数の第 2 次導関数

(1) $x = \dfrac{3at}{1+t^3},\ y = \dfrac{3at^2}{1+t^3}\ \ (a \ne 0)$ のとき，$\dfrac{d^2y}{dx^2}$ を求めよ．

(2) $\log \sqrt{x^2+y^2} = \tan^{-1}\dfrac{y}{x}$ のとき，$\dfrac{d^2y}{dx^2}$ を求めよ．

解説 (ア) $x,\ y$ が**媒介変数** t によって，$x=f(t),\ y=g(t)$ と表されるとき，$f(t),\ g(t)$ が t で微分可能，$f'(t) \ne 0$ とすれば，

$$\dfrac{dy}{dx} = \dfrac{\dfrac{dy}{dt}}{\dfrac{dx}{dt}} = \dfrac{g'(t)}{f'(t)}$$

が成り立つ．さらに，第 2 次導関数 $\dfrac{d^2y}{dx^2}$ は

$$\dfrac{d^2y}{dx^2} = \dfrac{d}{dx}\left(\dfrac{dy}{dx}\right) = \dfrac{d}{dt}\left(\dfrac{\dfrac{dy}{dt}}{\dfrac{dx}{dt}}\right) \cdot \dfrac{dt}{dx} = \dfrac{\dfrac{d^2y}{dt^2}\dfrac{dx}{dt} - \dfrac{dy}{dt}\dfrac{d^2x}{dt^2}}{\left(\dfrac{dx}{dt}\right)^3}$$

となる．たとえば，$x = a\cos^3 t,\ y = a\sin^3 t\ \ (a \ne 0)$ のときは

$$\dfrac{dy}{dx} = \dfrac{3a\sin^2 t \cos t}{-3a\cos^2 t \sin t} = -\dfrac{\sin t}{\cos t} = -\tan t\quad \text{から}$$

$$\dfrac{d^2y}{dx^2} = \dfrac{d}{dx}\left(\dfrac{dy}{dx}\right) = \dfrac{d}{dt}(-\tan t)\dfrac{dt}{dx} = -\dfrac{1}{\cos^2 t} \cdot \dfrac{1}{-3a\cos^2 t \sin t}$$

$$= \dfrac{1}{3a\cos^4 t \sin t}\quad \text{となる．}$$

(イ) $f(x,y) = 0$ で表される関数を**陰関数**と呼ぶ．この 2 次導関数はたとえば，$x^2 + xy + 2y^2 = 1$ のとき，y は x の関数であることに着目して両辺を x で微分すると，$\dfrac{d}{dx}(x^2 + xy + 2y^2) = \dfrac{d}{dx}(1)$　　$2x + \left(y + x\dfrac{dy}{dx}\right) + 4y\dfrac{dy}{dx} = 0$

$$(x + 4y)\dfrac{dy}{dx} = -(2x + y)\qquad \therefore\ \ \dfrac{dy}{dx} = -\dfrac{2x+y}{x+4y}$$

よって，　$\dfrac{d^2y}{dx^2} = \dfrac{d}{dx}\left(\dfrac{dy}{dx}\right) = \dfrac{d}{dx}\left(-\dfrac{2x+y}{x+4y}\right)$

$$= -\dfrac{\dfrac{d}{dx}(2x+y) \cdot (x+4y) - (2x+y) \cdot \dfrac{d}{dx}(x+4y)}{(x+4y)^2}$$

とすればよい．

解 答

(1) $\dfrac{dx}{dt} = 3a \cdot \dfrac{(1+t^3) - t \cdot 3t^2}{(1+t^3)^2} = \dfrac{3a(1-2t^3)}{(1+t^3)^2}$

$\dfrac{dy}{dt} = 3a \cdot \dfrac{2t(1+t^3) - t^2 \cdot 3t^2}{(1+t^3)^2} = \dfrac{3a(2t-t^4)}{(1+t^3)^2}$

$\therefore \quad \dfrac{dy}{dx} = \dfrac{\frac{dy}{dt}}{\frac{dx}{dt}} = \dfrac{2t-t^4}{1-2t^3}$

$\underset{\text{⑦}}{\dfrac{d^2y}{dx^2}} = \dfrac{d}{dx}\left(\dfrac{dy}{dx}\right) = \dfrac{d}{dt}\left(\dfrac{2t-t^4}{1-2t^3}\right) \cdot \underset{\text{④}}{\dfrac{dt}{dx}}$

$= \dfrac{(2-4t^3)(1-2t^3) - (2t-t^4)\cdot(-6t^2)}{(1-2t^3)^2}$

$\hspace{6em} \times \dfrac{(1+t^3)^2}{3a(1-2t^3)}$

$= \dfrac{2(1+t^3)^2}{(1-2t^3)^2} \cdot \dfrac{(1+t^3)^2}{3a(1-2t^3)} = \dfrac{2(1+t^3)^4}{3a(1-2t^3)^3}$

……(答)

(2) 両辺を x で微分して

$\dfrac{d}{dx}\dfrac{1}{2}\log(x^2+y^2) = \dfrac{d}{dx}\tan^{-1}\dfrac{y}{x}$

$\dfrac{x+yy'}{x^2+y^2} = \dfrac{1}{1+\left(\frac{y}{x}\right)^2} \cdot \dfrac{y'x-y}{x^2} = \dfrac{xy'-y}{x^2+y^2}$

$x + yy' = xy' - y \quad \therefore \quad y' = \dfrac{x+y}{x-y}$ ……①

$y'' = \dfrac{d}{dx}\left(\dfrac{x+y}{x-y}\right)$

$= \dfrac{(1+y')(x-y) - (x+y)(1-y')}{(x-y)^2}$

$= \dfrac{2(xy'-y)}{(x-y)^2}$

これに①を代入して

$\dfrac{d^2y}{dx^2} = y'' = \dfrac{2\left(x\cdot\dfrac{x+y}{x-y} - y\right)}{(x-y)^2} = \dfrac{2(x^2+y^2)}{(x-y)^3}$

……(答)

⑦ $\dfrac{d^2y}{dx^2} = \dfrac{d}{dt}\left(\dfrac{2t-t^4}{1-2t^3}\right)$
としないこと.

④ $\dfrac{dt}{dx} = \dfrac{1}{\dfrac{dx}{dt}}$

⑨ 左辺 $= \log(x^2+y^2)^{\frac{1}{2}}$

$\hspace{2em} = \dfrac{1}{2}\log(x^2+y^2)$

⑤ 左辺 $= \dfrac{1}{2} \cdot \dfrac{\dfrac{d}{dx}(x^2+y^2)}{x^2+y^2}$

右辺 $= \dfrac{1}{1+\left(\dfrac{y}{x}\right)^2} \cdot \dfrac{d}{dx}\left(\dfrac{y}{x}\right)$

問題 29　高次導関数

次の関数の第 n 次導関数 $\dfrac{d^n y}{dx^n}$ を求めよ．

(1) $y = \dfrac{1}{x^2 - 2x - 3}$　　　　(2) $y = x^3 \log x$　$(n \geqq 4)$

解説　$f(x)$ が n 回微分可能であるとき，第 n 次導関数が考えられる．$f^{(n)}(x)$, $y^{(n)}$, $\dfrac{d^n y}{dx^n}$ などで表す．2 次以上の導関数を**高次導関数**という．

$y = x^a$　ならば，$y^{(n)} = a(a-1)\cdots\{a-(n-1)\}x^{a-n}$

$y = e^{ax}$　ならば，$y' = ae^{ax}$, $y'' = a^2 e^{ax}$, $\cdots$, $y^{(n)} = a^n e^{ax}$

$y = \sin x$　ならば，$y' = \cos x = \sin\left(x + \dfrac{\pi}{2}\right)$,

$y'' = \cos\left(x + \dfrac{\pi}{2}\right) = \sin\left(x + 2\cdot\dfrac{\pi}{2}\right)$, $\cdots$, $y^{(n)} = \sin\left(x + n\cdot\dfrac{\pi}{2}\right)$

などは，いつでも導き出せるようにしておかなければいけない．

また，関数の積の**第 n 次導関数** $\{f(x)g(x)\}^{(n)}$ を求めるときは，**ライプニッツの公式**と呼ばれる次の公式が便利である．

> x の関数 $f(x)$, $g(x)$ がいずれも n 回微分可能ならば
> $\{f(x)g(x)\}^{(n)} = (f \cdot g)^{(n)}$
> 　　　　　　　　$= f^{(n)}g + {}_nC_1 f^{(n-1)}g' + {}_nC_2 f^{(n-2)}g'' + \cdots + {}_nC_r f^{(n-r)}g^{(r)} + \cdots + fg^{(n)}$
> 　　　　　　　　$= \displaystyle\sum_{r=0}^{n} {}_nC_r f^{(n-r)}g^{(r)}$　　　（ただし，$f^{(0)} = f$, $g^{(0)} = g$）

が成り立つ．これが正しいことは，**数学的帰納法**により示される．

この公式は，2 項定理 $(a+b)^n = \displaystyle\sum_{r=0}^{n} {}_nC_r a^{n-r} b^r$ にきわめて似ているので，覚えやすい．

たとえば，$y = x \sin x$ ならば，$f(x) = \sin x$, $g(x) = x$ とおいて，

$f^{(n)} = \sin\left(x + \dfrac{n}{2}\pi\right)$, $g' = 1$, $g'' = g^{(3)} = \cdots = g^{(n)} = 0$　だから，

$y^{(n)} = \displaystyle\sum_{r=0}^{n} {}_nC_r f^{(n-r)}g^{(r)} = {}_nC_0 f^{(n)}g^{(0)} + {}_nC_1 f^{(n-1)}g^{(1)}$

　　　$= x\sin\left(x + \dfrac{n}{2}\pi\right) + n\sin\left(x + \dfrac{n-1}{2}\pi\right)$

となる．

解 答

(1) $y = \dfrac{1}{x^2-2x-3} = \dfrac{1}{4}\left(\dfrac{1}{x-3} - \dfrac{1}{x+1}\right)$ だから

$\dfrac{d^n y}{dx^n} = \dfrac{1}{4}\left\{\dfrac{d^n}{dx^n}(x-3)^{-1} - \dfrac{d^n}{dx^n}(x+1)^{-1}\right\}$

$= \dfrac{1}{4}(-1)\cdot(-2)\cdots\cdots(-n)$

$\qquad \times \left\{(x-3)^{-(n+1)} - (x+1)^{-(n+1)}\right\}$

$= (-1)^n \dfrac{n!}{4}\left\{\dfrac{1}{(x-3)^{n+1}} - \dfrac{1}{(x+1)^{n+1}}\right\}$

……(答)

(2) $f(x) = \log x$, $g(x) = x^3$ とおくと

$f' = x^{-1}$, $f'' = -x^{-2}$, $f^{(3)} = 2x^{-3}$, $\cdots$,

$\qquad f^{(n)} = (-1)^{n-1}(n-1)!\, x^{-n}$

$g' = 3x^2$, $g'' = 6x$, $g^{(3)} = 6$,

$\qquad g^{(4)} = g^{(5)} = \cdots = g^{(n)} = 0$

よって, $n \geq 4$ のとき

$\dfrac{d^n y}{dx^n} = \sum_{r=0}^{n} {}_nC_r f^{(n-r)} g^{(r)}$

$= {}_nC_0 f^{(n)} g^{(0)} + {}_nC_1 f^{(n-1)} g^{(1)} + {}_nC_2 f^{(n-2)} g^{(2)}$
$\qquad + {}_nC_3 f^{(n-3)} g^{(3)}$

$= (-1)^{n-1}(n-1)!\, x^{-n} \cdot x^3$

$\qquad + n(-1)^{n-2}(n-2)!\, x^{-(n-1)} \cdot 3x^2$

$\qquad + \dfrac{n(n-1)}{2}\cdot(-1)^{n-3}(n-3)!\, x^{-(n-2)} \cdot 6x$

$\qquad + \dfrac{n(n-1)(n-2)}{6}\cdot(-1)^{n-4}(n-4)!\, x^{-(n-3)} \cdot 6$

$= (-1)^{n-1}\left\{\dfrac{n!}{n} x^{-(n-3)} - \dfrac{n!}{n-1}\cdot 3 x^{-(n-3)}\right.$

$\qquad \left. + \dfrac{n!}{n-2}\cdot 3 x^{-(n-3)} - \dfrac{n!}{n-3} x^{-(n-3)}\right\}$

$= (-1)^{n-1} \dfrac{n!}{x^{n-3}}\left(\dfrac{1}{n} - \dfrac{3}{n-1} + \dfrac{3}{n-2} - \dfrac{1}{n-3}\right)$

$= \dfrac{(-1)^n \cdot 6(n-4)!}{x^{n-3}}$ $(n \geq 4)$ ……(答)

㋐ 部分分数に分解.

㋑ $f^{(n)}$
$= (-1)\times(-2)\times\cdots$
$\qquad \times\{-(n-1)\}x^{-n}$
から.

㋒ $f^{(n-3)}$
$= (-1)^{n-4}(n-4)!\, x^{-(n-3)}$
から, $n-4 \geq 0$, すなわち $n \geq 4$ のとき, $\dfrac{d^n y}{dx^n}$ は定義される.

㋓ 本式
$= 3\left(\dfrac{1}{n-2} - \dfrac{1}{n-1}\right)$
$\qquad - \left(\dfrac{1}{n-3} - \dfrac{1}{n}\right)$

$= \dfrac{3}{(n-2)(n-1)}$
$\qquad - \dfrac{3}{(n-3)n}$

$= \dfrac{3}{n(n-1)(n-2)(n-3)}$
$\quad \cdot\{n(n-3)-(n-1)$
$\qquad \cdot(n-2)\}$

$= \dfrac{-6}{n(n-1)(n-2)(n-3)}$

問題 30　ロピタルの定理

次の極限を求めよ．

(1) $\displaystyle\lim_{x\to 0}\frac{e^x - e^{-x}}{\log(1+x)}$

(2) $\displaystyle\lim_{x\to 0}\frac{x - \sin^{-1} x}{x^3}$

(3) $\displaystyle\lim_{x\to\infty}\left\{x - x^2 \log\left(1+\frac{1}{x}\right)\right\}$

(4) $\displaystyle\lim_{x\to\infty}\left(\frac{\log x}{x}\right)^{\frac{1}{x}}$

解説

不定形の極限を求める重要な定理として，**ロピタルの定理**がある．

$\displaystyle\lim_{x\to a}\frac{f(x)}{g(x)}$ において，$\displaystyle\lim_{x\to a}f(x)=0$ かつ $\displaystyle\lim_{x\to a}g(x)=0$，すなわち $\dfrac{0}{0}$ の不定形であっても，$\displaystyle\lim_{x\to a}\frac{f'(x)}{g'(x)}$ が存在する（有限確定，∞，$-\infty$）ときは

$$\lim_{x\to a}\frac{f(x)}{g(x)} = \lim_{x\to a}\frac{f'(x)}{g'(x)} \text{ が成り立つ．} \quad (\text{ロピタルの定理})$$

この定理は，さらに $\displaystyle\lim_{x\to a}f'(x)=\lim_{x\to a}g'(x)=0$ で，$\displaystyle\lim_{x\to a}\frac{f''(x)}{g''(x)}$ が存在するときは，$\displaystyle\lim_{x\to a}\frac{f(x)}{g(x)}=\lim_{x\to a}\frac{f''(x)}{g''(x)}$ として用いることができる．

また，ロピタルの定理は，$\displaystyle\lim_{x\to a}$ が $\displaystyle\lim_{x\to a+0}$，$\displaystyle\lim_{x\to a-0}$，$\displaystyle\lim_{x\to\infty}$，$\displaystyle\lim_{x\to -\infty}$ のときも成り立つ．

さらに，$\dfrac{\infty}{\infty}$ の不定形の場合でも成り立つ．

(例)　① $\displaystyle\lim_{x\to 0}\frac{\sin x - x\cos x}{x^3} = \lim_{x\to 0}\frac{x\sin x}{3x^2} = \lim_{x\to 0}\frac{\sin x}{3x} = \frac{1}{3}$　　$\left(\dfrac{0}{0}\right)$

② n が自然数の定数のとき

$$\lim_{x\to\infty}\frac{x^n}{e^x} = \lim_{x\to\infty}\frac{nx^{n-1}}{e^x} = \lim_{x\to\infty}\frac{n(n-1)x^{n-2}}{e^x} = \cdots = \lim_{x\to\infty}\frac{n!}{e^x} = 0 \quad \left(\dfrac{\infty}{\infty}\right)$$

③ $\displaystyle\lim_{x\to +0} x\log x = \lim_{x\to +0}\frac{\log x}{\dfrac{1}{x}} = \lim_{x\to +0}\frac{\dfrac{1}{x}}{-\dfrac{1}{x^2}} = \lim_{x\to +0}(-x) = 0$　$((+0)\times(-\infty))$

④ $\displaystyle\lim_{x\to 1} x^{\frac{1}{1-x}}$ は自然対数をとって　　(1^∞)

$$\lim_{x\to 1}\log x^{\frac{1}{1-x}} = \lim_{x\to 1}\frac{\log x}{1-x} = \lim_{x\to 1}\frac{\dfrac{1}{x}}{-1} = -1 \qquad \therefore \text{ 与式}=\frac{1}{e}$$

解答

(1) $\displaystyle\lim_{x\to 0}\underbrace{\frac{e^x-e^{-x}}{\log(1+x)}}_{\text{⑦}}=\lim_{x\to 0}\frac{e^x+e^{-x}}{\dfrac{1}{1+x}}=2$ ……(答)

⑦ $\dfrac{0}{0}$ の不定形.

(2) $\displaystyle\lim_{x\to 0}\frac{x-\sin^{-1}x}{x^3}=\lim_{x\to 0}\underbrace{\frac{1-\dfrac{1}{\sqrt{1-x^2}}}{3x^2}}_{\text{①}}$

$\displaystyle =\lim_{x\to 0}\frac{\dfrac{1}{2}(1-x^2)^{-\frac{3}{2}}\cdot(-2x)}{6x}$

$\displaystyle =\lim_{x\to 0}\left\{-\frac{(1-x^2)^{-\frac{3}{2}}}{6}\right\}=-\frac{1}{6}$ ……(答)

① 与式は $\dfrac{0}{0}$ の不定形であるが,これも $\dfrac{0}{0}$ の不定形.
本式$=\displaystyle\lim_{x\to 0}\frac{\sqrt{1-x^2}-1}{3x^2\sqrt{1-x^2}}$
として計算してもよい.

(3) $\displaystyle\lim_{x\to\infty}\underbrace{\left\{x-x^2\log\left(1+\frac{1}{x}\right)\right\}}_{\text{⑨}}$

$\displaystyle =\lim_{x\to\infty}\frac{\dfrac{1}{x}-\log\left(1+\dfrac{1}{x}\right)}{\dfrac{1}{x^2}}=\lim_{x\to\infty}\frac{\dfrac{1}{x}-\log(x+1)+\log x}{\dfrac{1}{x^2}}$

$\displaystyle =\lim_{x\to\infty}\frac{-\dfrac{1}{x^2}-\dfrac{1}{x+1}+\dfrac{1}{x}}{-\dfrac{2}{x^3}}=\lim_{x\to\infty}\frac{-\dfrac{1}{x^2(x+1)}}{-\dfrac{2}{x^3}}$

$\displaystyle =\lim_{x\to\infty}\frac{x}{2(x+1)}=\lim_{x\to\infty}\frac{1}{2\left(1+\dfrac{1}{x}\right)}=\frac{1}{2}$ ……(答)

⑨ $\displaystyle\lim_{x\to\infty}x^2\log\left(1+\frac{1}{x}\right)$
$\displaystyle =\lim_{x\to\infty}x\log\left(1+\frac{1}{x}\right)^x$
$=\infty$
$\left(\because\displaystyle\lim_{x\to\infty}\left(1+\frac{1}{x}\right)^x=e\right)$
より,$\infty-\infty$ の不定形.
ロピタルの定理を用いるために変形する.

(4) $\displaystyle\lim_{x\to\infty}\underbrace{\left(\frac{\log x}{x}\right)^{\frac{1}{x}}}_{\text{エ}}$ は 0^0 の不定形であるから,自然対数をとって

$\displaystyle\lim_{x\to\infty}\log\left(\frac{\log x}{x}\right)^{\frac{1}{x}}=\lim_{x\to\infty}\underbrace{\frac{\log\left(\dfrac{\log x}{x}\right)}{x}}_{\text{オ}}$

$\displaystyle =\lim_{x\to\infty}\frac{\dfrac{1-\log x}{x^2}}{\dfrac{\log x}{x}}=\lim_{x\to\infty}\frac{1-\log x}{x\log x}=\lim_{x\to\infty}\frac{-\dfrac{1}{x}}{\log x+1}$

$=0$

よって,与式$=1$ ……(答)

エ $\displaystyle\lim_{x\to\infty}\frac{\log x}{x}=\lim_{x\to\infty}\frac{\dfrac{1}{x}}{1}=0$

オ $\dfrac{-\infty}{\infty}$ の不定形.

問題 31　1次式型の不定積分

次の不定積分を求めよ．

(1) $\displaystyle\int \frac{dx}{(2x+1)^3}$　　(2) $\displaystyle\int \sqrt[3]{(1-5x)^2}\,dx$　　(3) $\displaystyle\int \frac{dx}{7-4x}$

(4) $\displaystyle\int (\sin 3x + \cos x)^2\,dx$　　(5) $\displaystyle\int \frac{dx}{e^{5x-2}}$　　(6) $\displaystyle\int (\sqrt{3})^{4x-6}\,dx$

解説

$F'(x)=f(x)$ が成り立つとき，任意の実定数 C に対して
$\{F(x)+C\}'=F'(x)=f(x)$　となるが，このとき，

$$\int f(x)\,dx = F(x)+C \quad (C は積分定数とよばれる)$$

と表し，$f(x)$ の**不定積分**という．また，$f(x)$ を**被積分関数**という．

基本関数の不定積分の公式をまとめておこう．

$\displaystyle\int x^a\,dx = \frac{x^{a+1}}{a+1}+C \quad (a \neq -1)$　　$\displaystyle\int \frac{1}{x}\,dx = \log|x|+C$

$\displaystyle\int \sin x\,dx = -\cos x+C$　　$\displaystyle\int \cos x\,dx = \sin x+C$

$\displaystyle\int \frac{1}{\cos^2 x}\,dx = \tan x+C$　　$\displaystyle\int \frac{1}{\sin^2 x}\,dx = -\frac{1}{\tan x}+C$

$\displaystyle\int e^x\,dx = e^x+C$　　$\displaystyle\int a^x\,dx = \frac{a^x}{\log a}\,dx \quad (a>0,\ a\neq 1)$

とくに，$\displaystyle\int \frac{1}{x^2}\,dx = -\frac{1}{x}+C$, $\displaystyle\int \frac{1}{\sqrt{x}}\,dx = 2\sqrt{x}+C$ は暗記しておこう．

さて，一般に，$\displaystyle\int f(x)\,dx = F(x)+C$ のとき，

$$\int f(ax+b)\,dx = \frac{1}{a}F(ax+b)+C \quad (a,\ b は定数,\ a \neq 0)$$

が成り立つ．これは**1次式型の不定積分**として理解しておこう．

(例)　$\displaystyle\int (x-6)^2\,dx = \frac{1}{3}(x-6)^3+C$

$\displaystyle\int (4x+1)^2\,dx = \frac{1}{4}\cdot\frac{1}{3}(4x+1)^3+C = \frac{1}{12}(4x+1)^3+C$

$\displaystyle\int \frac{dx}{3x+2} = \frac{1}{3}\log|3x+2|+C$

$\displaystyle\int \sin(5x+3)\,dx = \frac{1}{5}\{-\cos(5x+3)\}+C = -\frac{1}{5}\cos(5x+3)+C$

$$\int \frac{dx}{\cos^2(3x+1)} = \frac{1}{3}\tan(3x+1) + C, \qquad \int e^{2x+5} dx = \frac{1}{2}e^{2x+5} + C$$

解 答　以下，C は積分定数とする．

(1) $\displaystyle\int \underline{\frac{dx}{(2x+1)^3}} = \int (2x+1)^{-3} dx$ 　　　　㋐ $\displaystyle\int \frac{dx}{x^3} = -\frac{1}{2}x^{-2} + C$

$\qquad\qquad\qquad = \frac{1}{2}\cdot\frac{1}{-2}(2x+1)^{-2} + C$ 　　　　　　　　　　$= -\frac{1}{2x^2} + C$

$\qquad\qquad\qquad = -\frac{1}{4(2x+1)^2} + C$ ……（答）

(2) $\displaystyle\int \underline{\sqrt[3]{(1-5x)^2}} dx = \int (1-5x)^{\frac{2}{3}} dx$ 　　　　㋑ $\displaystyle\int \sqrt[3]{x^2} dx = \int x^{\frac{2}{3}} dx$

$\qquad\qquad\qquad = \frac{1}{-5}\cdot\frac{3}{5}(1-5x)^{\frac{5}{3}} + C$ 　　　　　　　　　　$= \frac{3}{5}x^{\frac{5}{3}} + C$

$\qquad\qquad\qquad = -\frac{3}{25}(1-5x)^{\frac{5}{3}} + C$ ……（答）

(3) $\displaystyle\int \underline{\frac{dx}{7-4x}} = -\frac{1}{4}\log|7-4x| + C$ ……（答）　　㋒ $\displaystyle\int \frac{dx}{x} = \log|x| + C$

(4) $(\sin 3x + \cos x)^2$

$= \sin^2 3x + \cos^2 x + 2\sin 3x \cos x$

$= \dfrac{1-\cos 6x}{2} + \dfrac{1+\cos 2x}{2} + \sin 4x + \sin 2x$

$= 1 - \dfrac{1}{2}\cos 6x + \dfrac{1}{2}\cos 2x + \sin 4x + \sin 2x$　より

$\displaystyle\int (\sin 3x + \cos x)^2 dx$

$= \displaystyle\int \left(1 - \underline{\frac{1}{2}\cos 6x + \frac{1}{2}\cos 2x + \sin 4x + \sin 2x}\right) dx$　㋓ $\displaystyle\int \cos x\, dx = \sin x + C$

$= x - \dfrac{1}{12}\sin 6x + \dfrac{1}{4}\sin 2x - \dfrac{1}{4}\cos 4x$ 　　　　　$\displaystyle\int \sin x\, dx = -\cos x + C$

$\quad -\dfrac{1}{2}\cos 2x + C$ ……（答）

(5) $\displaystyle\int \frac{dx}{e^{5x-2}} = \int e^{2-5x} dx = -\frac{1}{5}e^{2-5x} + C$ ……（答）　㋔ $\displaystyle\int e^x dx = e^x + C$

(6) $\displaystyle\int (\sqrt{3})^{4x-6} dx = \int \underline{3^{2x-3}} dx = \frac{1}{2}\cdot\frac{3^{2x-3}}{\log 3} + C$ 　　㋕ $\displaystyle\int 3^x dx = \frac{3^x}{\log 3} + C$

$\qquad\qquad\qquad = \dfrac{3^{2x-3}}{2\log 3} + C$ ……（答）

問題 32 分数関数の不定積分

次の不定積分を求めよ．

(1) $\displaystyle\int \frac{x^3+x^2+1}{x^2+x-2}\,dx$ (2) $\displaystyle\int \frac{x^2+4x}{x^2-4}\,dx$ (3) $\displaystyle\int \frac{x^3+1}{x(x-1)^3}\,dx$

解説 分数関数の積分は，被積分関数を部分分数に分解して求めるのが原則であるが，その基本形は，C を積分定数として

$a \neq b$ のとき
$$\int \frac{dx}{(x+a)(x+b)} = \int \frac{1}{b-a}\left(\frac{1}{x+a} - \frac{1}{x+b}\right)dx = \frac{1}{b-a}\log\left|\frac{x+a}{x+b}\right| + C$$

である．また，被積分関数として現れる代表例は次のようである．

$$\frac{1 \text{次以下の整式}}{(ax+b)(cx+d)} = \frac{p}{ax+b} + \frac{q}{cx+d}$$

$$\frac{2 \text{次以下の整式}}{(ax+b)(cx^2+dx+e)} = \frac{p}{ax+b} + \frac{qx+r}{cx^2+dx+e}$$

$$\frac{2 \text{次以下の整式}}{(x+a)(x+b)^2} = \frac{p}{x+a} + \frac{q}{x+b} + \frac{r}{(x+b)^2}$$

(例) $\displaystyle\int \frac{dx}{x^2-9} = \int \frac{dx}{(x-3)(x+3)} = \int \frac{1}{6}\left(\frac{1}{x-3} - \frac{1}{x+3}\right)dx = \frac{1}{6}\log\left|\frac{x-3}{x+3}\right| + C$

また，$\displaystyle\int \frac{x-9}{x^2+2x-3}\,dx$ は，$\dfrac{x-9}{x^2+2x-3} = \dfrac{x-9}{(x+3)(x-1)} = \dfrac{p}{x+3} + \dfrac{q}{x-1}$ とおいて分母を払うと，$x-9 = p(x-1) + q(x+3) = (p+q)x - p + 3q$

係数を比べて，$p+q=1, -p+3q=-9$ から $p=3, q=-2$ となるので

$$\int \frac{x-9}{x^2+2x-3}\,dx = \int \left(\frac{3}{x+3} - \frac{2}{x-1}\right)dx = 3\log|x+3| - 2\log|x-1| + C$$

さらに，$\displaystyle\int \frac{dx}{(x+1)(x-1)^2}$ は，$\dfrac{1}{(x+1)(x-1)^2} = \dfrac{p}{x+1} + \dfrac{q}{x-1} + \dfrac{r}{(x-1)^2}$ とおいて分母を払うと，$1 = p(x-1)^2 + q(x+1)(x-1) + r(x+1)$ から，

$$1 = (p+q)x^2 + (-2p+r)x + p - q + r$$

$p+q=0, -2p+r=0, p-q+r=1$ から，$p=\dfrac{1}{4},\ q=-\dfrac{1}{4},\ r=\dfrac{1}{2}$ となるので

$$\int \frac{dx}{(x+1)(x-1)^2} = \int \left\{\frac{1}{4}\cdot\frac{1}{x+1} - \frac{1}{4}\cdot\frac{1}{x-1} + \frac{1}{2}\cdot\frac{1}{(x-1)^2}\right\}dx$$

$$= \frac{1}{4}\log\left|\frac{x+1}{x-1}\right| - \frac{1}{2(x-1)} + C$$

解答　以下，C は積分定数とする．

(1) $\displaystyle\int\frac{x^3+x^2+1}{x^2+x-2}\,dx = \int\left(x+\frac{2x+1}{x^2+x-2}\right)dx$
　　　　　　　　　　　㋐　　　　　　　　　㋑
$\displaystyle\qquad\qquad\qquad\qquad = \frac{x^2}{2}+\log|x^2+x-2|+C$
　　　　　　　　　　　　　　　　　　……(答)

(2) $\displaystyle\frac{x^2+4x}{x^2-4}=1+\frac{4x+4}{x^2-4}$

$\displaystyle\frac{4x+4}{x^2-4}=\frac{4x+4}{(x+2)(x-2)}=\frac{a}{x+2}+\frac{b}{x-2}$ とおくと

$\qquad 4x+4=a(x-2)+b(x+2)$
$\qquad 4x+4=(a+b)x-2(a-b)$

$a+b=4,\ a-b=-2$ から　$a=1,\ b=3$

$\displaystyle\therefore\ \int\frac{x^2+4x}{x^2-4}\,dx = \int\left(1+\frac{1}{x+2}+\frac{3}{x-2}\right)dx$
$\displaystyle\qquad\qquad\qquad = x+\log|x+2|+3\log|x-2|$
$\qquad\qquad\qquad\qquad +C\quad$……(答)

(3) $\displaystyle\frac{x^3+1}{x(x-1)^3}=\frac{a}{x}+\frac{b}{x-1}+\frac{c}{(x-1)^2}+\frac{d}{(x-1)^3}$
　　　㋒

とおくと，分母を払って
$\qquad x^3+1=a(x-1)^3+bx(x-1)^2+cx(x-1)+dx$

x の恒等式だから
　㋓
$\qquad x=0$ とおくと　$1=-a$
$\qquad x=1$ とおくと　$2=d$
$\qquad x=2$ とおくと　$9=a+2b+2c+2d$
$\qquad x^3$ の係数から　$1=a+b$

これらを解いて　$a=-1,\ b=2,\ c=1,\ d=2$

$\displaystyle\therefore\ \int\frac{x^3+1}{x(x-1)^3}\,dx$
$\displaystyle\quad = \int\left\{-\frac{1}{x}+\frac{2}{x-1}+\frac{1}{(x-1)^2}+\frac{2}{(x-1)^3}\right\}dx$
$\displaystyle\quad = -\log|x|+2\log|x-1|-\frac{1}{x-1}-\frac{1}{(x-1)^2}+C$
　　　　　　　　　　　　　　　　……(答)

㋐　分子の次数 $\geqq$ 分母の次数であるから，割り算をして分子の次数 $<$ 分母の次数とする．
$\quad x^3+x^2+1$
$\quad =(x^2+x-2)x+2x+1$

㋑　$\displaystyle\int\frac{2x+1}{x^2+x-2}\,dx$
$\displaystyle\quad =\int\frac{(x^2+x-2)'}{x^2+x-2}\,dx$

これに気づかないときは
$\displaystyle\frac{2x+1}{x^2+x-2}=\frac{a}{x+2}+\frac{b}{x-1}$
とおいて考える．

㋒　[解説]で示したように，分母の $(x-1)^3$ に対して，右辺は
$\displaystyle\frac{b}{x-1}+\frac{c}{(x-1)^2}+\frac{d}{(x-1)^3}$
とおいて考える．

㋓　展開して係数比較すると面倒なので，数値代入法を利用する．未知数は4個だから条件式も4個必要であるが，第4番目の条件式として両辺の x^3 の係数に着目した．

問題 33　逆三角関数になる不定積分

次の不定積分を求めよ．

(1) $\displaystyle\int \frac{dx}{\sqrt{2+4x-4x^2}}$ 　　(2) $\displaystyle\int \frac{dx}{x^3-1}$

解説　積分の結果が逆三角関数となる不定積分の公式は C を積分定数として

$$\int \frac{dx}{\sqrt{1-x^2}} = \sin^{-1} x + C \,(= -\cos^{-1} x + C), \quad \int \frac{dx}{1+x^2} = \tan^{-1} x + C$$

である．さらに，1次式型の積分法の考え方を利用して，$a>0$ のとき

$$\int \frac{dx}{\sqrt{a^2-x^2}} = \int \frac{dx}{\sqrt{a^2\left(1-\frac{x^2}{a^2}\right)}} = \frac{1}{a}\int \frac{dx}{\sqrt{1-\left(\frac{x}{a}\right)^2}} = \sin^{-1}\frac{x}{a} + C$$

$$\int \frac{dx}{x^2+a^2} = \frac{1}{a^2}\int \frac{dx}{\left(\frac{x}{a}\right)^2+1} = \frac{1}{a^2}\cdot a\tan^{-1}\frac{x}{a} + C = \frac{1}{a}\tan^{-1}\frac{x}{a} + C$$

(例) $\displaystyle\int \frac{dx}{\sqrt{25-x^2}} = \int \frac{dx}{\sqrt{5^2-x^2}} = \sin^{-1}\frac{x}{5} + C$

$\displaystyle\int \frac{dx}{x^2+4} = \int \frac{dx}{x^2+2^2} = \frac{1}{2}\tan^{-1}\frac{x}{2} + C$

また，$a>0$, $p \neq 0$ のとき， $\displaystyle\int \frac{dx}{\sqrt{a^2-(px+q)^2}} = \frac{1}{p}\sin^{-1}\frac{px+q}{a} + C$

$\displaystyle\int \frac{dx}{(px+q)^2+a^2} = \frac{1}{ap}\tan^{-1}\frac{px+q}{a} + C$

(例)

$$\int \frac{dx}{\sqrt{8-4x-4x^2}} = \int \frac{dx}{\sqrt{8-(4x^2+4x)}} = \int \frac{dx}{\sqrt{9-(4x^2+4x+1)}}$$

$$= \int \frac{dx}{\sqrt{3^2-(2x+1)^2}} = \frac{1}{2}\sin^{-1}\frac{2x+1}{3} + C$$

$$\int \frac{dx}{\sqrt{(x-\alpha)(\beta-x)}} = \int \frac{dx}{\sqrt{\left(\frac{\beta-\alpha}{2}\right)^2-\left(x-\frac{\beta+\alpha}{2}\right)^2}}$$

$$= \sin^{-1}\frac{2x-\beta-\alpha}{\beta-\alpha} + C \quad (\alpha < \beta)$$

$$\int \frac{dx}{4x^2+12x+45} = \int \frac{dx}{(2x+3)^2+6^2} = \frac{1}{12}\tan^{-1}\frac{2x+3}{6} + C$$

解答 以下，C は積分定数とする．

(1) $\displaystyle\int\underbrace{\frac{dx}{\sqrt{2+4x-4x^2}}}_{㋐}=\int\frac{dx}{\sqrt{2-(4x^2-4x)}}$

$\displaystyle\qquad=\int\frac{dx}{\sqrt{3-(2x-1)^2}}$

$\displaystyle\qquad=\int\underbrace{\frac{dx}{\sqrt{(\sqrt{3})^2-(2x-1)^2}}}_{㋑}$

$\displaystyle\qquad=\frac{1}{2}\sin^{-1}\frac{2x-1}{\sqrt{3}}+C$ ……(答)

(2) $\displaystyle\frac{1}{x^3-1}=\frac{1}{(x-1)(x^2+x+1)}$

$\displaystyle\qquad=\frac{a}{x-1}+\frac{bx+c}{x^2+x+1}$

とおくと，分母を払って

$1=a(x^2+x+1)+(bx+c)(x-1)$
$1=(a+b)x^2+(a-b+c)x+a-c$

x の恒等式だから

$\quad a+b=0, \ a-b+c=0, \ a-c=1$

これより $\displaystyle a=\frac{1}{3}, \ b=-\frac{1}{3}, \ c=-\frac{2}{3}$

$\displaystyle\therefore \int\frac{dx}{x^3-1}=\frac{1}{3}\int\frac{dx}{x-1}-\frac{1}{3}\underbrace{\int\frac{x+2}{x^2+x+1}dx}_{㋒}$

$\displaystyle=\frac{1}{3}\log|x-1|-\frac{1}{6}\int\frac{2x+1}{x^2+x+1}dx$

$\displaystyle\qquad\qquad\qquad-\frac{1}{2}\int\frac{dx}{x^2+x+1}$

$\displaystyle=\frac{1}{3}\log|x-1|-\frac{1}{6}\log(x^2+x+1)$

$\displaystyle\qquad\qquad-\frac{1}{2}\underbrace{\int\frac{dx}{\left(x+\frac{1}{2}\right)^2+\left(\frac{\sqrt{3}}{2}\right)^2}}_{㋓}$

$\displaystyle=\frac{1}{3}\log|x-1|-\frac{1}{6}\log(x^2+x+1)$

$\displaystyle\qquad\qquad-\frac{\sqrt{3}}{3}\tan^{-1}\frac{2x+1}{\sqrt{3}}+C$ ……(答)

㋐ $2+4x-4x^2$
$=-(4x^2-4x)+2$ 完全平方式
$=-(4x^2-4x+1)+3$
$=-(2x-1)^2+3$

㋑ 1次式型の積分
$\displaystyle\int\frac{dx}{\sqrt{a^2-(px+q)^2}}$
$\displaystyle=\frac{1}{p}\sin^{-1}\frac{px+q}{a}$

㋒ $(x^2+x+1)'=2x+1$
に着目して

$\displaystyle\frac{1}{3}\int\frac{x+2}{x^2+x+1}dx$

$\displaystyle=\frac{1}{6}\int\frac{2x+4}{x^2+x+1}dx$

$\displaystyle=\frac{1}{6}\int\frac{(2x+1)+3}{x^2+x+1}dx$

$\displaystyle=\frac{1}{6}\int\frac{2x+1}{x^2+x+1}dx$

$\displaystyle\quad+\frac{1}{2}\int\frac{1}{x^2+x+1}dx$

㋓ 1次式型の場合
$\displaystyle\int\frac{dx}{(px+q)^2+a^2}$
$\displaystyle=\frac{1}{ap}\tan^{-1}\frac{px+q}{a}$

問題 34　定積分の基本

次の定積分の値を求めよ．

(1) $\displaystyle\int_2^4 \frac{dx}{x(x-1)^2}$　　(2) $\displaystyle\int_0^{\frac{\pi}{4}} \tan^2 x\, dx$　　(3) $\displaystyle\int_0^1 \frac{x+3}{x^2-2x+2}\, dx$

解説　関数 $f(x)$ は閉区間 $[a, b]$ で連続であるとする．その不定積分を $F(x)$ とおくとき $\displaystyle\int_a^b f(x)\, dx = \Big[F(x)\Big]_a^b = F(b)-F(a)$ で定まる値を $f(x)$ の a から b までの**定積分**という．$[a, b]$ を**積分区間**といい，b を**上端**，a を**下端**という．

(例)　① $\displaystyle\int_{-1}^3 \sqrt{2x+3}\, dx = \int_{-1}^3 (2x+3)^{\frac{1}{2}}\, dx = \left[\frac{1}{3}(2x+3)^{\frac{3}{2}}\right]_{-1}^3$

$\displaystyle\quad = \frac{1}{3}(9^{\frac{3}{2}} - 1^{\frac{3}{2}}) = \frac{1}{3}(27-1) = \frac{26}{3}$

② $\displaystyle\int_{\frac{\pi}{4}}^{\frac{3}{4}\pi} \cos 2x\, dx = \left[\frac{1}{2}\sin 2x\right]_{\frac{\pi}{4}}^{\frac{3}{4}\pi} = \frac{1}{2}\left(\sin\frac{3}{2}\pi - \sin\frac{\pi}{2}\right) = -1$

③ $\displaystyle\int_{-\frac{\pi}{6}}^{\frac{\pi}{3}} \tan x\, dx = \int_{-\frac{\pi}{6}}^{\frac{\pi}{3}} \frac{\sin x}{\cos x}\, dx = \int_{-\frac{\pi}{6}}^{\frac{\pi}{3}} \frac{-(\cos x)'}{\cos x}\, dx = \Big[-\log(\cos x)\Big]_{-\frac{\pi}{6}}^{\frac{\pi}{3}}$

$\displaystyle\quad = -\log\left(\cos\frac{\pi}{3}\right) + \log\left\{\cos\left(-\frac{\pi}{6}\right)\right\} = -\log\frac{1}{2} + \log\frac{\sqrt{3}}{2}$

$\displaystyle\quad = \log\sqrt{3} = \frac{1}{2}\log 3$

④ $\displaystyle\int_{-1}^{\sqrt{3}} \frac{dx}{\sqrt{4-x^2}} = \left[\sin^{-1}\frac{x}{2}\right]_{-1}^{\sqrt{3}} = \sin^{-1}\frac{\sqrt{3}}{2} - \sin^{-1}\left(-\frac{1}{2}\right) = \frac{\pi}{3} - \left(-\frac{\pi}{6}\right) = \frac{\pi}{2}$

さて，直観的には定積分の値は曲線 $y=f(x)$ と 3 直線 $x=a$, $x=b$, $y=0$ で囲まれた部分の面積に関連している．上の（例）の①〜③において，アミ部分の面積を S_i で表すと，①は S_1，②は $-S_2$，③は $S_3 - S_4$ に等しい．

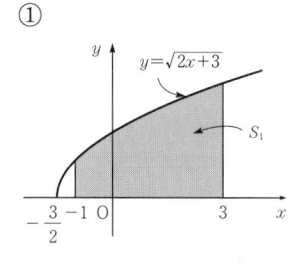

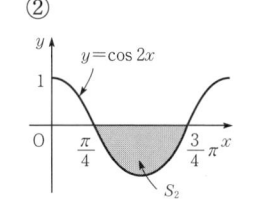

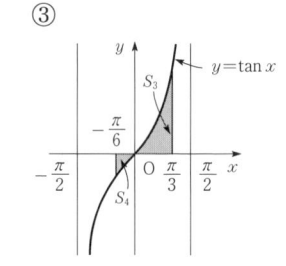

解 答

(1) $\dfrac{1}{x(x-1)^2}=\dfrac{a}{x}+\dfrac{b}{x-1}+\dfrac{c}{(x-1)^2}$

とおくと，分母を払って

㋐ $1=a(x-1)^2+bx(x-1)+cx$
 $1=(a+b)x^2-(2a+b-c)x+a$
 $a+b=0,\ 2a+b-c=0,\ a=1$
 $\therefore\ a=1,\ b=-1,\ c=1$

よって，$\displaystyle\int_2^4 \dfrac{dx}{x(x-1)^2}$

$=\displaystyle\int_2^4 \left\{\dfrac{1}{x}-\dfrac{1}{x-1}+\dfrac{1}{(x-1)^2}\right\}dx$

㋑ $=\left[\log x-\log(x-1)-\dfrac{1}{x-1}\right]_2^4$

㋒ $=\log 4-\log 2-\log 3+\log 1-\dfrac{1}{3}+1$

$=\dfrac{2}{3}+\log \dfrac{2}{3}$ ……(答)

(2) $\tan^2 x=\dfrac{\sin^2 x}{\cos^2 x}=\dfrac{1-\cos^2 x}{\cos^2 x}=\dfrac{1}{\cos^2 x}-1$ だから

$\displaystyle\int_0^{\frac{\pi}{4}}\tan^2 x\ dx=\int_0^{\frac{\pi}{4}}\left(\dfrac{1}{\cos^2 x}-1\right)dx$

$=\left[\tan x-x\right]_0^{\frac{\pi}{4}}=1-\dfrac{\pi}{4}$ ……(答)

(3) $\displaystyle\int_0^1 \dfrac{x+3}{x^2-2x+2}dx=\dfrac{1}{2}\int_0^1 \dfrac{2x+6}{x^2-2x+2}dx$
㋓

$=\dfrac{1}{2}\displaystyle\int_0^1 \left\{\dfrac{2x-2}{x^2-2x+2}+\dfrac{8}{(x-1)^2+1}\right\}dx$

㋔ $=\dfrac{1}{2}\left[\log(x^2-2x+2)+8\tan^{-1}(x-1)\right]_0^1$

$=\dfrac{1}{2}\{-\log 2-8\tan^{-1}(-1)\}$

$=\dfrac{1}{2}\left\{-\log 2-8\cdot\left(-\dfrac{\pi}{4}\right)\right\}=\pi-\dfrac{1}{2}\log 2$ ……(答)

㋐ 数値代入法で求めると
$x=0$ として，$a=1$
$x=1$ として，$c=1$
x^2 の係数から，$a+b=0$
 $\therefore\ b=-1$

㋑ 積分区間 $[2,4]$ において $x>0,\ x-1>0$ より，対数関数には絶対値は不要．

㋒ 定積分の計算方法は
$\left[F(x)-G(x)\right]_a^b$
$=F(b)-G(b)$
 $\quad -\{F(a)-G(a)\}$
とするか
$\left[F(x)-G(x)\right]_a^b$
$=F(b)-F(a)$
 $\quad -\{G(b)-G(a)\}$
とするかはいずれでもよい．

㋓ $(x^2-2x+2)'=2x-2$ に着目する．

㋔ $\log 1=0,\ \tan^{-1}0=0$

問題 35　置換積分法

次の積分を求めよ．

(1) $\displaystyle\int_1^e \frac{(\log x)^3}{x}\,dx$

(2) $\displaystyle\int_0^1 \frac{\tan^{-1}x+1}{x^2+1}\,dx$

(3) $\displaystyle\int_0^1 \frac{dx}{\sqrt{x^2+1}}$

(4) $\displaystyle\int \frac{1+\sin x}{\sin x(1+\cos x)}\,dx$

解説　$\displaystyle\int \frac{2x+1}{(x^2+x+1)^2}\,dx$ は，$(x^2+x+1)'=2x+1$ に着目して，$x^2+x+1=t$ と置き換えると $\dfrac{dt}{dx}=2x+1$ となるが，これを $(2x+1)\,dx=dt$ として

$$\int \frac{2x+1}{(x^2+x+1)^2}\,dx = \int \frac{dt}{t^2} = -\frac{1}{t}+C = -\frac{1}{x^2+x+1}+C$$

となる．ここでは，被積分関数の一部分を微分したものが，被積分関数の他の部分になるところがポイントである．このような積分の方法を**置換積分法**というが，一般には，$\int f(g(x))g'(x)\,dx$ において $g(x)=t$ とおくと $g'(x)\,dx=dt$ となるので

$$\int f(g(x))g'(x)\,dx = \int f(t)\,dt$$

として計算する．また，定積分における置換積分の場合は，次のようになる．

> $t=g(x)$ が $[a,b]$ で微分可能で $g'(x)$ が連続，$f(t)$ が $[\alpha,\beta]$ で連続，$g(a)=\alpha$ かつ $g(b)=\beta$ ならば
> $$\int_a^b f(g(x))g'(x)\,dx = \int_\alpha^\beta f(t)\,dt$$

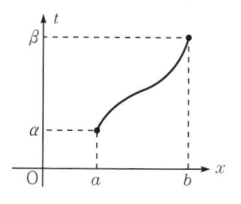

積分区間が変更されることに注意しよう．

$\displaystyle\int_0^1 \frac{2x+1}{(x^2+x+1)^2}\,dx$ なら，$x^2+x+1=t$ とおいて，$(2x+1)\,dx=dt$

よって，与式 $=\displaystyle\int_1^3 \frac{dt}{t^2} = \left[-\frac{1}{t}\right]_1^3 = -\frac{1}{3}-(-1) = \frac{2}{3}$ となる．

x	$0 \to 1$
t	$1 \to 3$

置換積分法の一般の場合の公式は次のようである．

> 〈不定積分〉　$\int f(x)\,dx$ において，$x=\varphi(t)$ が微分可能ならば
> $$\int f(x)\,dx = \int f(\varphi(t))\varphi'(t)\,dt$$

〈定積分〉 $\int_a^b f(x)dx$ において,$f(x)$ が $[a, b]$ で連続で,$x=\varphi(t)$ が $[a, b]$ で微分可能,$\varphi'(t)$ が連続,$a=\varphi(\alpha)$,$b=\varphi(\beta)$ ならば
$$\int_a^b f(x)dx = \int_\alpha^\beta f(\varphi(t))\varphi'(t)dt$$

代表的な関数について,置換積分の方法を学ぼう.

[1] **無理関数** 無理関数の積分ができるのは被積分関数の中に $\sqrt[n]{ax+b}$,$\sqrt[n]{\dfrac{ax+b}{cx+d}}$ あるいは $\sqrt{ax^2+bx+c}$ が含まれるときである.

$\sqrt[n]{ax+b}$,$\sqrt[n]{\dfrac{ax+b}{cx+d}}$ は,これらを t とおくと有理関数の積分に帰着できる.
$\sqrt{ax^2+bx+c}$ は
 $a>0$ のときは,$\sqrt{ax^2+bx+c}=t-\sqrt{a}x$ とおく.
 $a<0$ のときは,$y=ax^2+bx+c$ は上に凸の 2 次関数だから
$$ax^2+bx+c=a(x-\alpha)(x-\beta)=-a(x-\alpha)(\beta-x) \quad (\alpha<\beta)$$
の形に書けるので,$\sqrt{ax^2+bx+c}=\sqrt{-a}(x-\alpha)\sqrt{\dfrac{\beta-x}{x-\alpha}}$ と変形して,
$\sqrt{\dfrac{\beta-x}{x-\alpha}}=t$ とおく.

たとえば,$\int\dfrac{dx}{(1+x)\sqrt{1-x}}$ は,$\sqrt{1-x}=t$ とおくと,$x=1-t^2$,$dx=-2tdt$

よって,与式 $=\int\dfrac{1}{(2-t^2)t}\cdot(-2t)dt=\int\dfrac{2}{t^2-2}dt$

$\quad=\dfrac{1}{\sqrt{2}}\int\left(\dfrac{1}{t-\sqrt{2}}-\dfrac{1}{t+\sqrt{2}}\right)dt=\dfrac{1}{\sqrt{2}}\log\left|\dfrac{t-\sqrt{2}}{t+\sqrt{2}}\right|+C$

$\quad=\dfrac{1}{\sqrt{2}}\log\left|\dfrac{\sqrt{1-x}-\sqrt{2}}{\sqrt{1-x}+\sqrt{2}}\right|+C$

[2] **三角関数** $\int R(\sin x, \cos x)dx$ ($R(X, Y)$ は X, Y の有理関数)

$\sin x$,$\cos x$ の有理関数についての積分では,$\tan\dfrac{x}{2}=t$ とおく.

$\sin x=\dfrac{2t}{1+t^2}$,$\cos x=\dfrac{1-t^2}{1+t^2}$,$dx=\dfrac{2}{1+t^2}dt$ により,t の有理関数の積分に帰着できる.たとえば,$\int_{\frac{\pi}{3}}^{\frac{\pi}{2}}\dfrac{dx}{\sin x}$ ならば

与式 $=\int_{\frac{1}{\sqrt{3}}}^{1}\dfrac{1+t^2}{2t}\cdot\dfrac{2}{1+t^2}dt=\int_{\frac{1}{\sqrt{3}}}^{1}\dfrac{dt}{t}=\Big[\log t\Big]_{\frac{1}{\sqrt{3}}}^{1}=\dfrac{1}{2}\log 3$

x	$\dfrac{\pi}{3} \to \dfrac{\pi}{2}$
t	$\dfrac{1}{\sqrt{3}} \to 1$

[3] **指数関数** $\int R(e^x)\,dx$ （$R(X)$ は X の有理関数）

> e^x の有理関数についての積分では，$e^x=t$ とおく．

$e^x=t$ とおくと，t の有理関数の積分に帰着できる．たとえば，$\displaystyle\int \frac{dx}{(e^x+e^{-x})^2}$
ならば，$e^x=t$ とおくと $e^x dx=dt$ から $dx=\dfrac{dt}{t}$ であるから，

$$\text{与式}=\int \frac{1}{\left(t+\dfrac{1}{t}\right)^2}\cdot\frac{dt}{t}=\int\frac{t}{(t^2+1)^2}\,dt$$

さらに，$t^2+1=u$ とおくと $2t\,dt=du$ であるから，

$$\text{与式}=\int\frac{1}{u^2}\cdot\frac{1}{2}\,du=-\frac{1}{2u}+C=-\frac{1}{2(t^2+1)}+C=-\frac{1}{2(e^{2x}+1)}+C$$

[4] **三角関数による置換**

> $\sqrt{a^2-x^2}\,(a>0)$ を含む積分では，
> $\quad x=a\sin t\left(-\dfrac{\pi}{2}\leqq t\leqq\dfrac{\pi}{2}\right)$ または $x=\cos t\,(0\leqq t\leqq\pi)$ とおく．
> $\sqrt{x^2+a^2}$ あるいは $\dfrac{1}{x^2+a^2}\,(a>0)$ を含む積分では，
> $\quad x=a\tan t\left(-\dfrac{\pi}{2}<t<\dfrac{\pi}{2}\right)$ とおく．
> $\sqrt{x^2-a^2}\,(a>0)$ を含む積分では，$x=\dfrac{a}{\cos t}\left(0\leqq t\leqq\pi,\ t\neq\dfrac{\pi}{2}\right)$ とおく．

たとえば，$\displaystyle\int_0^{\frac{1}{2}} x^2\sqrt{1-x^2}\,dx$ ならば，$x=\sin t\left(|t|\leqq\dfrac{\pi}{2}\right)$ とおくと
$\quad dx=\cos t\,dt$

x	$0 \to \dfrac{1}{2}$
t	$0 \to \dfrac{\pi}{6}$

$$\text{与式}=\int_0^{\frac{\pi}{6}}\sin^2 t\sqrt{1-\sin^2 t}\,\cos t\,dt=\int_0^{\frac{\pi}{6}}\sin^2 t\cos^2 t\,dt$$
$$=\int_0^{\frac{\pi}{6}}\frac{1}{4}\sin^2 2t\,dt=\int_0^{\frac{\pi}{6}}\frac{1-\cos 4t}{8}\,dt=\frac{1}{8}\left[t-\frac{\sin 4t}{4}\right]_0^{\frac{\pi}{6}}=\frac{4\pi-3\sqrt{3}}{192}$$

解 答 与えられた積分を I とおく．

(1) $\underset{\text{⑦}}{\log x=t}$ とおくと
$\quad \dfrac{1}{x}dx=dt$

x	$1 \to e$
t	$0 \to 1$

⑦ $I=\displaystyle\int_1^e (\log x)^3\cdot(\log x)'\,dx$
であるから，$\log x=t$ とおく．

よって，$I=\displaystyle\int_0^1 t^3\,dt=\left[\dfrac{t^4}{4}\right]_0^1=\dfrac{1}{4}$ ……（答）

(2) $\underbrace{\tan^{-1}x+1=t}_{\text{④}}$ とおくと

$$\frac{dx}{x^2+1}=dt$$

x	$0 \to 1$
t	$1 \to \dfrac{\pi}{4}+1$

よって，$I=\displaystyle\int_{1}^{\frac{\pi}{4}+1} t\,dt = \left[\dfrac{t^2}{2}\right]_{1}^{\frac{\pi}{4}+1}$

$\quad=\dfrac{1}{2}\left\{\left(\dfrac{\pi}{4}+1\right)^2-1\right\}=\dfrac{\pi^2}{32}+\dfrac{\pi}{4}$ ……(答)

(3) $\underbrace{\sqrt{x^2+1}=t-x}_{\text{㋐}}$ とおくと，平方して

$x^2+1=t^2-2tx+x^2 \qquad 2tx=t^2-1$

$x=\dfrac{t^2-1}{2t} \qquad \underbrace{\sqrt{x^2+1}=\dfrac{t^2+1}{2t}}_{\text{㋑}}$

$dx=\dfrac{1}{2}\left(t-\dfrac{1}{t}\right)'dt=\dfrac{1}{2}\left(1+\dfrac{1}{t^2}\right)dt$

$\quad=\dfrac{t^2+1}{2t^2}dt$

x	$0 \to 1$
t	$1 \to \sqrt{2}+1$

よって，$I=\displaystyle\int_{1}^{\sqrt{2}+1}\dfrac{2t}{t^2+1}\cdot\dfrac{t^2+1}{2t^2}dt$

$\quad=\displaystyle\int_{1}^{\sqrt{2}+1}\dfrac{dt}{t}=\Big[\log t\Big]_{1}^{\sqrt{2}+1}$

$\quad=\log(\sqrt{2}+1)$ ……(答)

(4) $\tan\dfrac{x}{2}=t$ とおくと

$\underbrace{\sin x=\dfrac{2t}{1+t^2},\ \cos x=\dfrac{1-t^2}{1+t^2}}_{\text{㋔}}$

$x=2\tan^{-1}t$ から $dx=\dfrac{2}{1+t^2}dt$

よって，$I=\displaystyle\int \dfrac{1+\dfrac{2t}{1+t^2}}{\dfrac{2t}{1+t^2}\left(1+\dfrac{1-t^2}{1+t^2}\right)}\cdot\dfrac{2}{1+t^2}dt$

$\quad=\displaystyle\int \dfrac{t^2+2t+1}{2t}dt$

$\quad=\dfrac{1}{2}\displaystyle\int\left(t+2+\dfrac{1}{t}\right)dt$

$\quad=\dfrac{1}{2}\left(\dfrac{t^2}{2}+2t+\log|t|\right)+C$

$\quad=\dfrac{1}{4}\tan^2\dfrac{x}{2}+\tan\dfrac{x}{2}+\dfrac{1}{2}\log\left|\tan\dfrac{x}{2}\right|+C$

……(答)

㋑ $\tan^{-1}x=t$ とおいてもよい．

㋐ x^2+1 は x^2 の係数が正だから，$a>0$ のときの $\sqrt{ax^2+bx+c}=t-\sqrt{a}\,x$ に従う．

㋑ $\sqrt{x^2+1}=t-\dfrac{t^2-1}{2t}$
$\qquad =\dfrac{t^2+1}{2t}$

㋔ 2倍角の公式による．

$\sin x=2\sin\dfrac{x}{2}\cos\dfrac{x}{2}$

$\quad=2\tan\dfrac{x}{2}\cdot\cos^2\dfrac{x}{2}$

$\quad=\dfrac{2\tan\dfrac{x}{2}}{1+\tan^2\dfrac{x}{2}}$

$\cos x=2\cos^2\dfrac{x}{2}-1$

$\quad=2\cdot\dfrac{1}{1+\tan^2\dfrac{x}{2}}-1$

$\quad=\dfrac{1-\tan^2\dfrac{x}{2}}{1+\tan^2\dfrac{x}{2}}$

問題 36　部分積分法

次の積分を求めよ．

(1) $\displaystyle\int_0^{\frac{\pi}{2}} x^2 \sin x\, dx$　　(2) $\displaystyle\int_0^{\sqrt{3}} x^2 \tan^{-1} x\, dx$　　(3) $\displaystyle\int_0^1 x^5 e^x\, dx$

解説　置換積分法と並んで重要な積分法の技法が**部分積分法**である．

$$\int f(x)g'(x)\,dx = f(x)g(x) - \int f'(x)g(x)\,dx$$

であるが，たとえば

$$\int \underbrace{x}_{\text{部分的に積分}} e^{-2x}\,dx = \int x\left(-\frac{1}{2}e^{-2x}\right)'dx = x\left(-\frac{1}{2}e^{-2x}\right) - \int (x)'\cdot\left(-\frac{1}{2}e^{-2x}\right)dx$$

（微分）

$$= -\frac{1}{2}xe^{-2x} + \frac{1}{2}\int e^{-2x}dx = -\frac{1}{2}xe^{-2x} - \frac{1}{4}e^{-2x} + C$$

となる．積の形で表される被積分関数の一方の関数を「部分的に積分」して，与式 $=\int f(x)g'(x)\,dx$ の形にすることがポイントである．

一般に，べき関数 (x^a)，指数関数 (a^x)，対数関数 ($\log_a x$)，三角関数 ($\sin x$, $\cos x$) などの関数の積の積分は，部分積分法を用いるとうまくいくことが多い．右図のように，$x > 0$ においては　$e^x > x > \log x$ となるが，上方にある関数を「強い」関数として，強いものを「部分積分する」と覚えるとよい．なお，「三角関数は指数関数と対等なのでどちらを部分積分してもよい．逆三角関数はべき関数より弱い」と理解しよう．

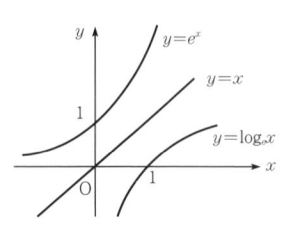

また，定積分の部分積分法の公式は次のようになる．

$$\int_a^b f(x)g'(x)\,dx = \Big[f(x)g(x)\Big]_a^b - \int_a^b f'(x)g(x)\,dx$$

たとえば，$\displaystyle\int_0^1 \log(2x+1)\,dx$ は与式 $=\displaystyle\int_0^1 1\cdot\log(2x+1)\,dx$　と見なして

$$\text{与式} = \int_0^1 \left(x+\frac{1}{2}\right)'\log(2x+1)\,dx$$

$$= \left[\left(x+\frac{1}{2}\right)\log(2x+1)\right]_0^1 - \int_0^1 \left(x+\frac{1}{2}\right)\frac{2}{2x+1}\,dx$$

$$= \frac{3}{2}\log 3 - \int_0^1 dx = \frac{3}{2}\log 3 - \Big[x\Big]_0^1 = \frac{3}{2}\log 3 - 1$$

解 答 与えられた積分を I とする．

(1) $I = \displaystyle\int_0^{\frac{\pi}{2}} \underbrace{x^2 (-\cos x)'}_{⑦} dx$

$= \left[-x^2 \cos x \right]_0^{\frac{\pi}{2}} - \underbrace{\displaystyle\int_0^{\frac{\pi}{2}} 2x \cdot (-\cos x) \, dx}_{④}$

$= 2 \displaystyle\int_0^{\frac{\pi}{2}} x (\sin x)' \, dx = 2 \left[x \sin x \right]_0^{\frac{\pi}{2}} - 2 \displaystyle\int_0^{\frac{\pi}{2}} \sin x \, dx$

$= 2 \cdot \dfrac{\pi}{2} + 2 \left[\cos x \right]_0^{\frac{\pi}{2}} = \pi - 2$ ……(答)

(2) $I = \displaystyle\int_0^{\sqrt{3}} \underbrace{\left(\dfrac{x^3}{3} \right)' \tan^{-1} x}_{⑦} \, dx$

$= \left[\dfrac{x^3}{3} \tan^{-1} x \right]_0^{\sqrt{3}} - \underbrace{\displaystyle\int_0^{\sqrt{3}} \dfrac{x^3}{3} \cdot \dfrac{1}{1+x^2} \, dx}_{④}$

$= \sqrt{3} \tan^{-1} \sqrt{3} - \dfrac{1}{3} \displaystyle\int_0^{\sqrt{3}} \left(x - \dfrac{x}{1+x^2} \right) dx$

$= \dfrac{\sqrt{3} \pi}{3} - \dfrac{1}{3} \left[\dfrac{x^2}{2} - \dfrac{1}{2} \log (1+x^2) \right]_0^{\sqrt{3}}$

$= \dfrac{\sqrt{3} \pi}{3} - \dfrac{1}{3} \left(\dfrac{3}{2} - \dfrac{1}{2} \log 4 \right)$

$= \dfrac{\sqrt{3} \pi}{3} - \dfrac{1}{2} + \dfrac{1}{3} \log 2$ ……(答)

(3) $I_n = \underbrace{\displaystyle\int_0^1 x^n e^x \, dx}_{⑦}$ （n は 0 以上の整数）とおくと

$I_{n+1} = \displaystyle\int_0^1 x^{n+1} e^x \, dx = \displaystyle\int_0^1 x^{n+1} (e^x)' \, dx$

$= \left[x^{n+1} e^x \right]_0^1 - \displaystyle\int_0^1 (n+1) x^n e^x \, dx$

$= e - (n+1) I_n$ ……①

ここに，$I_0 = \displaystyle\int_0^1 e^x \, dx = \left[e^x \right]_0^1 = e - 1$

求める定積分は I_5 である．①を用いて

$I_1 = e - I_0 = e - (e-1) = 1$

$I_2 = e - 2 I_1 = e - 2$

$I_3 = e - 3 I_2 = e - 3(e-2) = 6 - 2e$

$I_4 = e - 4 I_3 = e - 4(6-2e) = 9e - 24$

よって，$I = I_5 = e - 5 I_4 = e - 5(9e - 24)$

$= 120 - 44e$ ……(答)

⑦ $\sin x$ は x^2 より強いので，$\sin x$ を部分積分する．

④ 部分積分法は 1 回では無理で，2 回目を考える．

⑦ x^2 は逆三角関数 $\tan^{-1} x$ より強いので，x^2 を部分積分する．

④ $\dfrac{1}{3} \displaystyle\int_0^{\sqrt{3}} \dfrac{x^3}{1+x^2} \, dx$

分子の次数≧分母の次数だから，割り算をする．

⑦ 部分積分法をくり返すと，5 回実行しなければいけない．これは面倒なので，I_n とおいて，I_{n+1} を I_n で表すことを考えてみた．①により，I_n に関する 2 項間の漸化式が得られたので，初項 I_0 を求めることにより I_5 の値は求めることができる．

（定積分に関する漸化式の問題は問題 37, 38 を参照のこと）

問題 37 Wallis の積分公式

0 以上の整数 n に対して, $I_n = \int_0^{\frac{\pi}{2}} \sin^n x \, dx$ とおく.

(1) $I_n = \begin{cases} \dfrac{n-1}{n} \cdot \dfrac{n-3}{n-2} \cdot \cdots \cdot \dfrac{1}{2} \cdot \dfrac{\pi}{2} & (n \text{ が } 2 \text{ 以上の偶数}) \\ \dfrac{n-1}{n} \cdot \dfrac{n-3}{n-2} \cdot \cdots \cdot \dfrac{2}{3} & (n \text{ が } 3 \text{ 以上の奇数}) \end{cases}$ を示せ.

(2) $\int_0^{\frac{\pi}{2}} \sin^7 x \, dx$, $\int_0^{\frac{\pi}{2}} \sin^6 x \cos^2 x \, dx$ の値を求めよ.

(3) $J = \int_0^a x^2 \sqrt{a^2 - x^2} \, dx \quad (a > 0)$ の値を求めよ.

解説

$\sin^n x = \sin x \cdot \sin^{n-1} x = (-\cos x)' \sin^{n-1} x$ に着目すると

$$I_n = \int_0^{\frac{\pi}{2}} (-\cos x)' \sin^{n-1} x \, dx$$

$$= \Big[-\cos x \sin^{n-1} x \Big]_0^{\frac{\pi}{2}} - \int_0^{\frac{\pi}{2}} (-\cos x) \cdot (n-1) \sin^{n-2} x \cos x \, dx$$

$$= (n-1) \int_0^{\frac{\pi}{2}} \sin^{n-2} x \cos^2 x \, dx = (n-1) \int_0^{\frac{\pi}{2}} \sin^{n-2} x (1 - \sin^2 x) \, dx$$

$$= (n-1) \left(\int_0^{\frac{\pi}{2}} \sin^{n-2} x \, dx - \int_0^{\frac{\pi}{2}} \sin^n x \, dx \right) = (n-1)(I_{n-2} - I_n)$$

$$nI_n = (n-1) I_{n-2} \qquad \therefore \quad I_n = \frac{n-1}{n} I_{n-2} \quad (n \geq 2)$$

これは定積分 I_n の満たす漸化式であるが,(1)はこの漸化式をくり返し用いることにより示すことができる.定積分 I_n の結果は「**Wallis（ウォリス）の公式**」と呼ばれるが,よく現れる定積分であるから確実に暗記しておきたい.

さて,本問のような「積分法と漸化式」に関連する問題では,部分積分法の問題と考えてよい.一般に,置換積分法は置き換えによって初めの関数と全然異なる形の積分に変わるが,部分積分法は関数の形が保存される場合が多いからである.たとえば,$I_n = \int_1^e (\log x)^n \, dx$ (n は自然数) とおくとき

$$I_n = \int_1^e (x)' (\log x)^n \, dx = \Big[x (\log x)^n \Big]_1^e - \int_1^e x \cdot n (\log x)^{n-1} \cdot \frac{1}{x} \, dx$$

$$= e - n \int_1^e (\log x)^{n-1} \, dx$$

よって,$n \geq 1$ のとき $I_n = e - n I_{n-1}$ が導かれる.

問題 37 Wallis の積分公式

解 答

(1) $I_n = \int_0^{\frac{\pi}{2}} \sin^n x \, dx$ は，$n \geq 2$ のとき，

$$I_n = \frac{n-1}{n} I_{n-2} \quad \cdots\cdots ① \text{ を満たす．}$$
⑦

$I_0 = \int_0^{\frac{\pi}{2}} dx = \left[x \right]_0^{\frac{\pi}{2}} = \frac{\pi}{2}$ ，

$I_1 = \int_0^{\frac{\pi}{2}} \sin x \, dx = \left[-\cos x \right]_0^{\frac{\pi}{2}} = 0 - (-1) = 1$

であるから，①をくり返し用いて

n が 2 以上の偶数のとき

$I_n = \frac{n-1}{n} \cdot \frac{n-3}{n-2} \cdots \cdot \frac{1}{2} I_0$
④

$= \frac{n-1}{n} \cdot \frac{n-3}{n-2} \cdots \cdot \frac{1}{2} \cdot \frac{\pi}{2}$ を得る．

n が 3 以上の奇数のとき

$I_n = \frac{n-1}{n} \cdot \frac{n-3}{n-2} \cdots \cdot \frac{2}{3}$ を得る．
⑨

(2) $\int_0^{\frac{\pi}{2}} \sin^7 x \, dx = I_7 = \frac{6}{7} \cdot \frac{4}{5} \cdot \frac{2}{3} = \frac{16}{35}$ ……(答)

$\sin^6 x \cos^2 x = \sin^6 x (1 - \sin^2 x) = \sin^6 x - \sin^8 x$

∴ $\int \sin^6 x \cos^2 x \, dx = I_6 - I_8 = \frac{1}{8} I_6$
㊀

$= \frac{1}{8} \cdot \frac{5}{6} \cdot \frac{3}{4} \cdot \frac{1}{2} \cdot \frac{\pi}{2} = \frac{5\pi}{256}$ ……(答)

(3) $x = a \sin t$ とおくと

$dx = a \cos t \, dt$

x	$0 \to a$
t	$0 \to \frac{\pi}{2}$

よって

$J = \int_0^{\frac{\pi}{2}} a^2 \sin^2 t \cdot a \cos t \cdot a \cos t \, dt$

$= a^4 \int_0^{\frac{\pi}{2}} \sin^2 t \cos^2 t \, dt$

$= a^4 \int_0^{\frac{\pi}{2}} \sin^2 t (1 - \sin^2 t) \, dt = a^4 (I_2 - I_4)$
㊂

$= a^4 \cdot \frac{1}{4} I_2 = \frac{a^4}{4} \cdot \frac{1}{2} \cdot \frac{\pi}{2} = \frac{\pi a^4}{16}$ ……(答)

⑦ 導き方は左頁の [解説] を参照のこと．
この漸化式は，隣接 2 項間ではない．n と $n-2$ の偶・奇が一致するので，n が偶数のときと奇数のときに分けて考える．
I_0 と I_1 はその初項である．

④ $I_n = \frac{n-1}{n} I_{n-2}$

$= \frac{n-1}{n} \cdot \frac{n-3}{n-2} I_{n-4}$

$= \cdots\cdots$

$= \frac{n-1}{n} \cdot \frac{n-3}{n-2} \cdots \cdot \frac{1}{2} I_0$

⑨ $I_n = \frac{n-1}{n} I_{n-2}$

$= \frac{n-1}{n} \cdot \frac{n-3}{n-2} I_{n-4}$

$= \cdots\cdots$

$= \frac{n-1}{n} \cdot \frac{n-3}{n-2} \cdots \cdot \frac{2}{3} I_1$

㊀ $I_6 - I_8 = I_6 - \frac{7}{8} I_6 = \frac{1}{8} I_6$

㊂ $I_2 - I_4 = I_2 - \frac{3}{4} I_2 = \frac{1}{4} I_2$

問題 38 ベータ関数

(1) m, n を 0 以上の整数とするとき,$I(m, n) = \int_\alpha^\beta (x-\alpha)^m (x-\beta)^n dx$ をベータ関数 $\beta(p, q) = \int_0^1 x^{p-1}(1-x)^{q-1} dx \, (p>0, \, q>0)$ を用いて表せ.

(2) $I(m, n) = \dfrac{(-1)^n m!\, n!}{(m+n+1)!}(\beta-\alpha)^{m+n+1}$ を示せ.

解説

定積分 $\int_0^1 x^{p-1}(1-x)^{q-1} dx$ を p, q の関数と見なし,**ベータ関数**という.

$$\beta(p, q) = \int_0^1 x^{p-1}(1-x)^{q-1} dx \quad (p>0, \, q>0) \quad \cdots\cdots ①$$

と表す.たとえば,$p=q=2$ あるいは $p=2, \, q=3$ のときはそれぞれ

$$\beta(2, 2) = \int_0^1 x(1-x)\, dx = -\int_0^1 x(x-1)\, dx = \frac{1}{6}(1-0)^3 = \frac{1}{6}$$

$$\beta(2, 3) = \int_0^1 x(1-x)^2 dx = \int_0^1 x(x-1)^2 dx = \frac{1}{12}(1-0)^4 = \frac{1}{12}$$

となる.上の積分計算は,公式

$$\int_\alpha^\beta (x-\alpha)(x-\beta)\, dx = -\frac{1}{6}(\beta-\alpha)^3, \quad \int_\alpha^\beta (x-\alpha)(x-\beta)^2 dx = \frac{1}{12}(\beta-\alpha)^4$$

を用いた.また,$p=q=\dfrac{1}{2}$ のときは

$$\beta\left(\frac{1}{2}, \frac{1}{2}\right) = \int_0^1 x^{-\frac{1}{2}}(1-x)^{-\frac{1}{2}} dx = \int_0^1 \frac{1}{\sqrt{x}\sqrt{1-x}}\, dx = \int_0^1 \frac{dx}{\sqrt{x(1-x)}}$$

$$= \int_0^1 \frac{2}{\sqrt{1-(2x-1)^2}}\, dx = \Big[\sin^{-1}(2x-1)\Big]_0^1 = \sin^{-1} 1 - \sin^{-1}(-1) = \pi$$

となり,異常積分であるが積分は存在する.

一般に,ベータ関数①は積分可能,すなわち有限な値に収束する.

$p>0, q>1$ のとき,$\beta(p, q) = \dfrac{q-1}{p}\beta(p+1, \, q-1)$ を部分積分によって示そう.部分積分法を用いて次のように導かれる.

$$\beta(p, q) = \int_0^1 x^{p-1}(1-x)^{q-1} dx = \int_0^1 \left(\frac{x^p}{p}\right)' (1-x)^{q-1} dx$$

$$= \left[\frac{x^p}{p}(1-x)^{q-1}\right]_0^1 - \int_0^1 \frac{x^p}{p} \cdot (q-1)(1-x)^{q-2}(-1)\, dx$$

$$= \frac{q-1}{p} \int_0^1 x^p (1-x)^{q-2} dx = \frac{q-1}{p} \int_0^1 x^{(p+1)-1}(1-x)^{(q-1)-1} dx$$

$$= \frac{q-1}{p}\beta(p+1, \, q-1)$$

解 答

(1) $I(m, n) = \int_\alpha^\beta (x-\alpha)^m (x-\beta)^n dx$ において

　$\underline{\dfrac{x-\alpha}{\beta-\alpha} = t}$ とおくと，$x-\alpha = (\beta-\alpha)t$
　㋐

　$x = (\beta-\alpha)t + \alpha$,　$x-\beta = (\beta-\alpha)(t-1)$,

　$dx = (\beta-\alpha)dt$,　したがって，

$I(m, n) = \int_0^1 \{(\beta-\alpha)t\}^m \{(\beta-\alpha)(t-1)\}^n \cdot (\beta-\alpha)dt$

$= \int_0^1 (\beta-\alpha)^{m+n+1} t^m (t-1)^n dt$
　　　　　　　　　　　㋑

$= (-1)^n (\beta-\alpha)^{m+n+1} \int_0^1 t^m (1-t)^n dt$

$\underline{\int_0^1 t^m (1-t)^n dt = \beta(m+1, n+1)}$ だから
㋒

$I(m, n) = (-1)^n (\beta-\alpha)^{m+n+1} \beta(m+1, n+1)$
……（答）

(2)　$\underline{\beta(m+1, n+1)}dt = \int_0^1 x^m (1-x)^n dx$
　　㋓

$= \int_0^1 \left(\dfrac{x^{m+1}}{m+1}\right)' (1-x)^n dx$

$= \left[\dfrac{x^{m+1}}{m+1}(1-x)^n\right]_0^1$

$\quad - \int_0^1 \dfrac{x^{m+1}}{m+1} \cdot n(1-x)^{n-1} \cdot (-1) dx$

$= \dfrac{n}{m+1} \int_0^1 x^{m+1}(1-x)^{n-1} dx$

$\therefore \ \underline{\beta(m+1, n+1) = \dfrac{n}{m+1}\beta(m+2, n)}$
　　　　　㋔

これをくり返し用いると

$\beta(m+1, n+1) = \dfrac{n}{m+1} \cdot \dfrac{n-1}{m+2}\beta(m+3, n-1)$

$= \cdots\cdots = \dfrac{n}{m+1} \cdot \dfrac{n-1}{m+2} \cdots \dfrac{1}{m+n}\beta(m+n+1, 1)$

$\beta(m+n+1, 1) = \int_0^1 x^{m+n} dx = \dfrac{1}{m+n+1}$ だから

$\underline{\beta(m+1, n+1) = \dfrac{m! \, n!}{(m+n+1)!}}$
　㋕

よって，$I(m, n) = \dfrac{(-1)^n m! \, n!}{(m+n+1)!}(\beta-\alpha)^{m+n+1}$

㋐　積分区間 $\alpha \le x \le \beta$ を $0 \le t \le 1$ にするような置換を考える．

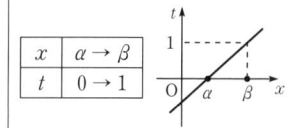

x	$\alpha \to \beta$
t	$0 \to 1$

㋑　$(t-1)^n = (-1)^n (1-t)^n$

㋒　$\int_0^1 t^m (1-t)^n dt$
$= \int_0^1 t^{(m+1)-1}(1-t)^{(n+1)-1} dt$

㋓　m, n は 0 以上の整数．

㋔　和 $m+n+2$　1 down
$\beta(m+1, n+1)$　1 down
$= \dfrac{n}{m+1}\beta(m+2, n)$
そのまま　1 up　和 $m+n+2$

㋕　$\beta(m+1, n+1)$
$= \dfrac{n}{m+1} \cdot \dfrac{n-1}{m+2} \cdots \dfrac{1}{m+n}$
$\cdot \dfrac{1}{m+n+1}$
分子・分母に $m!$ を掛けて
分子 $= m! \, n!$
分母 $= m! \cdot (m+1)(m+2)$
　$\cdots (m+n)(m+n+1)$
　$= (m+n+1)!$

問題 39 異常積分（広義積分）

次の定積分を求めよ．ただし，$a>0$ とする．

(1) $\displaystyle\int_0^{2a} \frac{dx}{x^2-a^2}$ (2) $\displaystyle\int_{-2}^3 \frac{dx}{\sqrt{|x^2-4|}}$ (3) $\displaystyle\int_{-1}^\infty \frac{x^2}{(1+x^2)^2}\,dx$

解説　関数 $f(t)$ が点 $x=a$ で定義されていないか，あるいは定義されていてもその点で連続でないとき，点 $x=a$ を $f(x)$ の**特異点**という．

（例）$f(x)=\dfrac{1}{x-3}$ の特異点は $x=3$，$f(x)=\tan x$ の特異点は $x=\dfrac{\pi}{2}+n\pi$（n は整数）．

まず，閉区間 $[a,b]$ に有限個の特異点をもつときの $\displaystyle\int_a^b f(x)\,dx$ について考えよう．特異点を含む区間での定積分を，**異常積分**あるいは**広義積分**という．

① 区間 $[a,b]$ で端点 $x=a$ のみが特異点のとき；

$$\int_a^b f(x)\,dx = \lim_{\alpha\to a+0}\int_\alpha^b f(x)\,dx \quad \text{と定義する．}$$

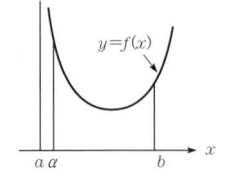

（例）$\displaystyle\int_0^4 \frac{dx}{\sqrt{x}} = \lim_{\alpha\to+0}\int_\alpha^4 \frac{dx}{\sqrt{x}} = \lim_{\alpha\to+0}\Big[2\sqrt{x}\Big]_\alpha^4$
$= \lim_{\alpha\to+0} 2(2-\sqrt{\alpha}) = 4$

② 区間 $[a,b]$ で端点 $x=b$ のみが特異点のとき；

$$\int_a^b f(x)\,dx = \lim_{\beta\to b-0}\int_a^\beta f(x)\,dx \quad \text{と定義する．}$$

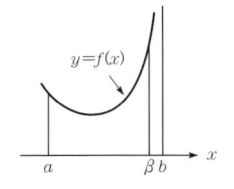

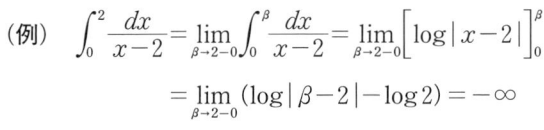

（例）$\displaystyle\int_0^2 \frac{dx}{x-2} = \lim_{\beta\to 2-0}\int_0^\beta \frac{dx}{x-2} = \lim_{\beta\to 2-0}\Big[\log|x-2|\Big]_0^\beta$
$= \lim_{\beta\to 2-0}(\log|\beta-2|-\log 2) = -\infty$

よって，積分は存在しない．

③ 区間 $[a,b]$ で両端 $x=a$，$x=b$ が特異点のとき；

$$\int_a^b f(x)\,dx = \lim_{\substack{\beta\to b-0 \\ \alpha\to a+0}}\int_\alpha^\beta f(x)\,dx \quad \text{と定義する．}$$

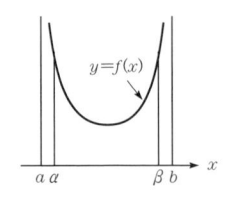

（例）$\displaystyle\int_{-1}^1 \frac{dx}{\sqrt{1-x^2}} = \lim_{\substack{\beta\to 1-0 \\ \alpha\to -1+0}}\int_\alpha^\beta \frac{dx}{\sqrt{1-x^2}} = \lim_{\substack{\beta\to 1-0 \\ \alpha\to -1+0}}\Big[\sin^{-1}x\Big]_\alpha^\beta$

$$= \lim_{\substack{\beta \to 1-0 \\ \alpha \to -1+0}} (\sin^{-1}\beta - \sin^{-1}\alpha) = \sin^{-1}1 - \sin^{-1}(-1)$$

$$= \frac{\pi}{2} - \left(-\frac{\pi}{2}\right) = \pi$$

④ 区間 $[a, b]$ で特異点が $x=c\,(a<c<b)$ であるとき；

$$\int_a^b f(x)\,dx = \int_a^c f(x)\,dx + \int_c^b f(x)\,dx$$

$$= \lim_{\beta \to c-0} \int_a^\beta f(x)\,dx + \lim_{\alpha \to c+0} \int_\alpha^b f(x)\,dx$$

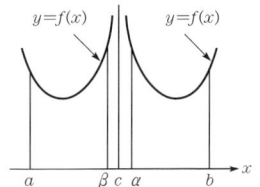

と定義する．

（例） $\displaystyle\int_{-1}^1 \frac{dx}{x} = \int_{-1}^0 \frac{dx}{x} + \int_0^1 \frac{dx}{x} = \lim_{\beta \to -0} \int_{-1}^\beta \frac{dx}{x} + \lim_{\alpha \to +0} \int_\alpha^1 \frac{dx}{x}$

$$= \lim_{\beta \to -0} \Big[\log|x|\Big]_{-1}^\beta + \lim_{\alpha \to +0} \Big[\log|x|\Big]_\alpha^1$$

$$= \lim_{\beta \to -0} (\log|\beta| - \log 1) + \lim_{\alpha \to +0} (\log 1 - \log|\alpha|)$$

$$= (-\infty) + (+\infty)$$

よって，積分は存在しない．

これを $\displaystyle\int_{-1}^1 \frac{dx}{x} = \Big[\log|x|\Big]_{-1}^1 = \log 1 - \log 1 = 0$ などと，決してしないように注意しよう．つねに，特異点に気を配るようにしよう．

上の（例）で示したように，積分値が定数になるときのみ積分は考えられて，積分値が ∞, $-\infty$ あるいは $(+\infty)+(-\infty)$ のようになるときは積分は存在しないとすることを把握しておこう．なお，異常積分の計算は簡略化して次のようにしてもよい．

$$\int_0^4 \frac{dx}{\sqrt{x}} = \Big[2\sqrt{x}\Big]_0^4 = 2\sqrt{4} = 4$$

$$\int_0^2 \frac{dx}{x-2} = \Big[\log|x-2|\Big]_0^2 = \log 0 - \log 2 = (-\infty) - \log 2 \quad \text{より，存在しない．}$$

$$\int_{-1}^1 \frac{dx}{\sqrt{1-x^2}} = \Big[\sin^{-1}x\Big]_{-1}^1 = \sin^{-1}1 - \sin^{-1}(-1) = \frac{\pi}{2} - \left(-\frac{\pi}{2}\right) = \pi$$

$$\int_{-1}^1 \frac{dx}{x} = \int_{-1}^0 \frac{dx}{x} + \int_0^1 \frac{dx}{x} = \Big[\log|x|\Big]_{-1}^0 + \Big[\log|x|\Big]_0^1$$

$$= (\log 0 - \log 1) + (\log 1 - \log 0) = (-\infty) + (+\infty) \quad \text{より，存在しない．}$$

また，$\displaystyle\int_0^1 \dfrac{dx}{x^p} = \begin{cases} \dfrac{1}{1-p} & (p<1) \\ \infty & \text{より積分は存在しない} \quad (p \geqq 1) \end{cases}$

となることは確認しておこう．

次に，無限区間における異常積分は次のように定義される．

⑤ $\displaystyle\int_a^\infty f(x)\,dx = \lim_{\beta \to \infty} \int_a^\beta f(x)\,dx$

（例）$\displaystyle\int_{\sqrt{3}}^\infty \dfrac{dx}{1+x^2} = \lim_{\beta \to \infty} \int_{\sqrt{3}}^\beta \dfrac{dx}{1+x^2} = \lim_{\beta \to \infty} \Big[\tan^{-1} x\Big]_{\sqrt{3}}^\beta$

$\qquad\qquad = \lim_{\beta \to \infty}(\tan^{-1}\beta - \tan^{-1}\sqrt{3}) = \dfrac{\pi}{2} - \dfrac{\pi}{3} = \dfrac{\pi}{6}$

簡略化して $\displaystyle\int_{\sqrt{3}}^\infty \dfrac{dx}{1+x^2} = \Big[\tan^{-1} x\Big]_{\sqrt{3}}^\infty = \tan^{-1}\infty - \tan^{-1}\sqrt{3} = \dfrac{\pi}{2} - \dfrac{\pi}{3} = \dfrac{\pi}{6}$

⑥ $\displaystyle\int_{-\infty}^b f(x)\,dx = \lim_{\alpha \to -\infty} \int_\alpha^b f(x)\,dx$

（例）$\displaystyle\int_{-\infty}^0 x^2 e^x dx = \lim_{\alpha \to -\infty} \int_\alpha^0 x^2 e^x dx = \lim_{\alpha \to -\infty}\Big[(x^2 - 2x + 2)e^x\Big]_\alpha^0$

$\qquad\qquad = 2 - \lim_{\alpha \to -\infty}(\alpha^2 - 2\alpha + 2)e^\alpha = 2 - \lim_{t \to \infty}\dfrac{t^2 + 2t + 2}{e^t} = 2$

簡略化して $\displaystyle\int_{-\infty}^0 x^2 e^x dx = \Big[(x^2 - 2x + 2)e^x\Big]_{-\infty}^0 = 2 - 0 = 2$

⑦ $\displaystyle\int_{-\infty}^\infty f(x)\,dx = \lim_{\substack{\beta \to \infty \\ \alpha \to -\infty}} \int_\alpha^\beta f(x)\,dx$

（例）$\displaystyle\int_{-\infty}^\infty \dfrac{dx}{1+x^2} = \Big[\tan^{-1} x\Big]_{-\infty}^\infty = \tan^{-1}\infty - \tan^{-1}(-\infty) = \dfrac{\pi}{2} - \left(-\dfrac{\pi}{2}\right) = \pi$

解 答

(1) $\displaystyle\int_0^{2a} \dfrac{dx}{x^2 - a^2} = \int_0^a \dfrac{dx}{x^2 - a^2} + \int_a^{2a} \dfrac{dx}{x^2 - a^2}$ ㋐

$\displaystyle\int \dfrac{dx}{x^2 - a^2} = \int \dfrac{dx}{(x-a)(x+a)}$ ㋑

$\qquad = \dfrac{1}{2a}\int\left(\dfrac{1}{x-a} - \dfrac{1}{x+a}\right)dx$

㋐ 特異点は $x=a$．
㋑ 部分分数に分解する．
$a \neq b$ のとき

$\dfrac{1}{(x+a)(x+b)}$

$= \dfrac{1}{b-a}\left(\dfrac{1}{x+a} - \dfrac{1}{x+b}\right)$

$$= \frac{1}{2a}\log\left|\frac{x-a}{x+a}\right|+C \quad \text{であるから}$$

$$\text{与式} = \left[\frac{1}{2a}\log\left|\frac{x-a}{x+a}\right|\right]_0^a + \left[\frac{1}{2a}\log\left|\frac{x-a}{x+a}\right|\right]_a^{2a}$$

$$= \frac{1}{2a}(\log 0 - \log 1) + \frac{1}{2a}\left(\log\frac{1}{3} - \log 0\right)$$

$$= \frac{1}{2a}\{-\log 3 + (-\infty) + (+\infty)\}$$

よって，積分は存在しない．　　　　　……（答）

(2) $\displaystyle\int_{-2}^{3}\frac{dx}{\sqrt{|x^2-4|}} = \int_{-2}^{2}\frac{dx}{\sqrt{4-x^2}} + \int_{2}^{3}\frac{dx}{\sqrt{x^2-4}}$
　　㋒　　　　　　　　㋓　　　　　　㋔

$\displaystyle\int\frac{dx}{\sqrt{4-x^2}} = \int\frac{dx}{\sqrt{2^2-x^2}} = \sin^{-1}\frac{x}{2}$　および

$\displaystyle\int\frac{dx}{\sqrt{x^2-4}} = \log|x+\sqrt{x^2-4}|$
　　㋕

であるから

$$\text{与式} = \left[\sin^{-1}\frac{x}{2}\right]_{-2}^{2} + \left[\log|x+\sqrt{x^2-4}|\right]_{2}^{3}$$

$$= \sin^{-1}1 - \sin^{-1}(-1) + \log(3+\sqrt{5}) - \log 2$$

$$= \pi + \log\left(\frac{3+\sqrt{5}}{2}\right) \quad \text{……（答）}$$

(3) $\displaystyle\int_{-1}^{\infty}\frac{x^2}{(1+x^2)^2}dx = \int_{-1}^{\infty}\frac{x}{(1+x^2)^2}\cdot x\,dx$
　　　　　　　　　　　　　　　　　　㋖

$$= \int_{-1}^{\infty}\left\{-\frac{1}{2(1+x^2)}\right\}' x\,dx$$

$$= \left[-\frac{x}{2(1+x^2)}\right]_{-1}^{\infty} - \int_{-1}^{\infty}\left\{-\frac{1}{2(1+x^2)}\right\}dx$$
　　㋗

$$= 0 - \frac{1}{4} + \frac{1}{2}\left[\tan^{-1}x\right]_{-1}^{\infty}$$

$$= -\frac{1}{4} + \frac{1}{2}\left\{\tan^{-1}\infty - \tan^{-1}(-1)\right\}$$

$$= -\frac{1}{4} + \frac{1}{2}\left(\frac{\pi}{2} + \frac{\pi}{4}\right) = \frac{3}{8}\pi - \frac{1}{4} \quad \text{……（答）}$$

㋒　特異点は $x=-2$, 2.
　　$y=|x^2-4|$ のグラフは

㋓　$\displaystyle\lim_{\substack{\beta\to 2-0 \\ \alpha\to -2+0}}\int_\alpha^\beta \frac{dx}{\sqrt{4-x^2}}$

㋔　$\displaystyle\lim_{\gamma\to 2+0}\int_\gamma^3 \frac{dx}{\sqrt{x^2-4}}$

㋕　$\displaystyle\int\frac{dx}{\sqrt{x^2+A}}$
　$=\log|x+\sqrt{x^2+A}|$

㋖　$\displaystyle\left(\frac{1}{1+x^2}\right)' = -\frac{2x}{(1+x^2)^2}$

㋗　$\displaystyle\lim_{x\to\infty}\frac{x}{1+x^2} = \lim_{x\to\infty}\frac{\frac{1}{x}}{\frac{1}{x^2}+1}$
　　　　　　　$=0$

問題 40 級数の和の極限値

次の極限値を求めよ．

(1) $\displaystyle\lim_{n\to\infty}\sum_{k=1}^{n}\frac{1}{\sqrt{n^2+k^2}}$

(2) $\displaystyle\lim_{n\to\infty}\frac{1}{n}\{(n+1)(n+2)\cdots(2n)\}^{\frac{1}{n}}$

解 説

区間 $[a,b]$ で連続な関数 $f(x)$ を考える．このとき

$$\lim_{n\to\infty}\frac{b-a}{n}\sum_{k=1}^{n}f\left(a+\frac{b-a}{n}k\right)=\int_a^b f(x)\,dx$$

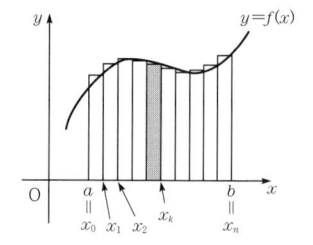

が成り立つが，これは $[a,b]$ を n 等分して，分点を

$$x_k=a+\frac{b-a}{n}k \quad (k=0,1,2,\cdots,n)$$

とし，分割の幅を $\varDelta x=\dfrac{b-a}{n}$ とおいたとき，

「長方形の和の極限が曲線下の面積に等しい」

すなわち $\displaystyle\lim_{n\to\infty}\sum_{k=1}^{n}\underbrace{f(x_k)}_{1つの長方形の縦}\underbrace{\varDelta x}_{横}=\int_a^b f(x)\,dx$

が成り立つことを示している（**区分求積法**）．同様に

$$\lim_{n\to\infty}\frac{b-a}{n}\sum_{k=0}^{n-1}f\left(a+\frac{b-a}{n}k\right)=\int_a^b f(x)\,dx$$

が成り立つ．とくに，$a=0$，$b=1$ とおくと，次の公式が得られる．

$$\lim_{n\to\infty}\frac{1}{n}\sum_{k=1}^{n}f\left(\frac{k}{n}\right)=\int_0^1 f(x)\,dx,\quad \lim_{n\to\infty}\frac{1}{n}\sum_{k=0}^{n-1}f\left(\frac{k}{n}\right)=\int_0^1 f(x)\,dx$$

(例) $\displaystyle\lim_{n\to\infty}\frac{1}{n}\sum_{k=1}^{n}\frac{k}{n}e^{\frac{k}{n}}=\int_0^1 xe^x\,dx=\Big[(x-1)e^x\Big]_0^1=0-(-1)=1$

$\displaystyle\lim_{n\to\infty}\frac{1}{n^2}\{\sqrt{n^2-1^2}+\sqrt{n^2-2^2}+\cdots+\sqrt{n^2-(n-1)^2}\}$

$\displaystyle=\lim_{n\to\infty}\frac{1}{n^2}\sum_{k=1}^{n}\sqrt{n^2-k^2}=\lim_{n\to\infty}\frac{1}{n}\sum_{k=1}^{n}\sqrt{1-\left(\frac{k}{n}\right)^2}=\int_0^1\sqrt{1-x^2}\,dx=\frac{\pi}{4}$

（∵ 4分円の面積）

$\displaystyle\lim_{n\to\infty}\frac{1}{n}\sum_{k=1}^{3n}\sin\frac{k\pi}{n}=\int_0^3\sin\pi x\,dx=\Big[-\frac{1}{\pi}\cos\pi x\Big]_0^3$

$\displaystyle=-\frac{1}{\pi}(-1-1)=\frac{2}{\pi}$

解答

(1) $\displaystyle\lim_{n\to\infty}\sum_{k=1}^{n}\frac{1}{\sqrt{n^2+k^2}}$

$\displaystyle =\lim_{n\to\infty}\frac{1}{n}\sum_{k=1}^{n}\frac{1}{\sqrt{1+\left(\frac{k}{n}\right)^2}}\underset{\text{④}}{=}\int_{0}^{1}\frac{dx}{\sqrt{1+x^2}}$
　　　　㋐

$\displaystyle =\Big[\log(x+\sqrt{1+x^2})\Big]_{0}^{1}=\log(1+\sqrt{2})$ 　……（答）

(2) $\displaystyle A=\frac{1}{n}\{(n+1)(n+2)\cdots(2n)\}^{\frac{1}{n}}$ とおくと
　　　㋒

$\displaystyle \log A=\log\frac{1}{n}\{(n+1)(n+2)\cdots(2n)\}^{\frac{1}{n}}$

$\displaystyle =-\log n+\frac{1}{n}\log\{(n+1)(n+2)\cdots(2n)\}$

$\displaystyle =-\log n+\frac{1}{n}\sum_{k=1}^{n}\log(n+k)$
　　　　　　㋓

$\displaystyle =-\log n+\frac{1}{n}\sum_{k=1}^{n}\log n\left(1+\frac{k}{n}\right)$

$\displaystyle =-\log n+\frac{1}{n}\sum_{k=1}^{n}\left\{\log n+\log\left(1+\frac{k}{n}\right)\right\}$

$\displaystyle =\frac{1}{n}\sum_{k=1}^{n}\log\left(1+\frac{k}{n}\right)$

∴ $\displaystyle \lim_{n\to\infty}\log A=\lim_{n\to\infty}\frac{1}{n}\sum_{k=1}^{n}\log\left(1+\frac{k}{n}\right)$

$\displaystyle =\int_{0}^{1}\log(1+x)\,dx$
　　㋔

$\displaystyle =\int_{0}^{1}(1+x)'\log(1+x)\,dx$

$\displaystyle =\Big[(1+x)\log(1+x)\Big]_{0}^{1}$

$\displaystyle \quad-\int_{0}^{1}(1+x)\cdot\frac{1}{1+x}dx$

$\displaystyle =2\log 2-\Big[x\Big]_{0}^{1}\underset{\text{㋖}}{=}2\log 2-1$

よって，与式$\displaystyle=\lim_{n\to\infty}A=e^{2\log 2-1}\underset{\text{㋗}}{=}e^{\log\frac{4}{e}}=\frac{4}{e}$ ……（答）

㋐ $\displaystyle\lim_{n\to\infty}\boxed{\frac{1}{n}\sum_{k=1}^{n}}f\left(\frac{k}{n}\right)$

　　　↓

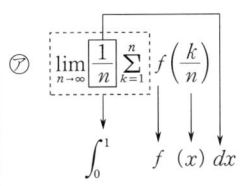

　$\displaystyle\int_{0}^{1}f(x)\,dx$

④ $\sqrt{1+x^2}=t-x$ と置換して
$\displaystyle\int\frac{dx}{\sqrt{1+x^2}}$
$=\log(x+\sqrt{1+x^2})$
を導く。この結果は，できれば暗記しておきたい。

㋒ 両辺の自然対数をとる．

㋓ $\displaystyle\log n=\frac{1}{n}\cdot n\log n$
に着目して
本式
$\displaystyle =\frac{1}{n}\sum_{k=1}^{n}\{\log(n+k)$
$\quad -\log n\}$
としてもよい．

㋔ 部分積分法

㋖ $\log A=p$ のとき
$A=e^p$

㋗ $a^{\log_a M}=M$

問題 41 回転体の体積

(1) 曲線 $\sqrt{\dfrac{x}{a}}+\sqrt{\dfrac{y}{b}}=1$ と x 軸, y 軸で囲まれる部分を x 軸のまわりに回転してできる立体の体積を求めよ. ただし, a, b は正の定数とする.

(2) 極座標 $r=a(1+\cos\theta)$ $(a>0)$ で表される曲線が囲む図形を始線のまわりに 1 回転してできる立体の体積を求めよ.

解 説

曲線 $y=f(x)$ と x 軸および 2 直線 $x=a$, $x=b$ で囲まれた部分を x 軸のまわりに 1 回転してできる立体の体積 V は, 断面積 $S(x)$ が $S(x)=\pi\{f(x)\}^2$ となることから

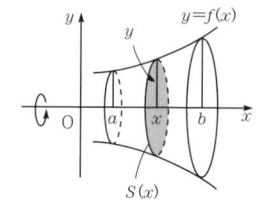

$$V=\int_a^b \pi y^2\,dx=\int_a^b \pi\{f(x)\}^2\,dx$$

となる. また, 曲線 $x=g(x)$ と y 軸および 2 直線 $y=c$, $y=d$ で囲まれた部分を y 軸のまわりに 1 回転してできる立体の体積 V は

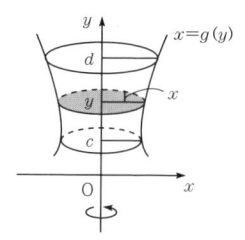

$$V=\int_c^d \pi x^2\,dy=\int_c^d \pi\{g(y)\}^2\,dy$$

となる. さらに, 媒介変数表示された曲線の回転体の体積は次のようになる. 曲線 C が

$$\begin{cases} x=f(t) \\ y=g(t) \end{cases}$$

で表され右図のようになるとき, アミの部分を x 軸のまわりに回転してできる立体の体積 V は, $f'(t)$ が一定の符号のとき, 以下の式で表される.

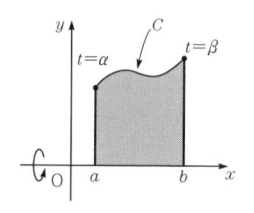

$$V=\int_a^b \pi y^2\,dx=\int_\alpha^\beta \pi y^2 \dfrac{dx}{dt}\,dt=\int_\alpha^\beta \pi\{g(t)\}^2 f'(t)\,dt$$

たとえば $y=(x-a)(x-b)$ $(a<b)$ と x 軸で囲まれた部分を x 軸のまわりに回転してできる立体の体積 V は

$$V=\int_a^b \pi y^2\,dx=\pi\int_a^b (x-a)^2(x-b)^2\,dx=\dfrac{\pi}{30}(b-a)^5$$

となる. ここでは, $\int_a^b (x-a)^m(x-b)^n\,dx=\dfrac{(-1)^n\,m!\,n!}{(m+n+1)!}(b-a)^{m+n+1}$ を用いた.

問題 41　回転体の体積

解答　求める体積を V とする.

(1) ㋐ $0 \leqq x \leqq a$ かつ ㋑ $y = b\left(1 - \sqrt{\dfrac{x}{a}}\right)^2$ だから,

$$V = \int_0^a \pi y^2 \, dx = \pi \int_0^a b^2 \left(1 - \sqrt{\dfrac{x}{a}}\right)^4 dx$$

$1 - \sqrt{\dfrac{x}{a}} = t$ とおくと

x	$0 \to a$
t	$1 \to 0$

$x = a(1-t)^2 = a(t-1)^2, \quad dx = 2a(t-1)\, dt$

$\therefore \ V = \pi b^2 \int_1^0 t^4 \cdot 2a(t-1)\, dt = 2\pi ab^2 \int_0^1 (t^4 - t^5)\, dt$

$= 2\pi ab^2 \left[\dfrac{t^5}{5} - \dfrac{t^6}{6}\right]_0^1 = \dfrac{\pi}{15} ab^2$　……(答)

(2) ㋒ 図のように直交座標軸を設定し, 曲線上の点の x 座標が最小のものを b とする. このときの点の偏角の1つを α ($0 < \alpha < \pi$) とすると

$$V = \int_b^{2a} \pi y^2 \, dx - \int_b^0 \pi y^2 \, dx$$

㋓
$= \pi \left(\int_\alpha^0 y^2 \dfrac{dx}{d\theta} d\theta - \int_\alpha^\pi y^2 \dfrac{dx}{d\theta} d\theta\right) = \pi \int_\pi^0 y^2 \dfrac{dx}{d\theta} d\theta$

ここで, $\dfrac{dx}{d\theta} = \dfrac{d}{d\theta}(r\cos\theta) = \dfrac{dr}{d\theta}\cos\theta - r\sin\theta$

$= -a\sin\theta\cos\theta - a(1+\cos\theta)\sin\theta$

$= -a\sin\theta(1+2\cos\theta)$ であるから

$V = \pi \int_\pi^0 \{a(1+\cos\theta)\sin\theta\}^2$

$\qquad\qquad \cdot \{-a\sin\theta(1+2\cos\theta)\} d\theta$

$= \pi a^3 \int_0^\pi (1+\cos\theta)^2 (1-\cos^2\theta)$

$\qquad\qquad \cdot (1+2\cos\theta)\sin\theta \, d\theta$

$\cos\theta = t$ とおくと　$-\sin\theta\, d\theta = dt$. よって

$V = \pi a^3 \int_1^{-1} (1+t)^2 (1-t^2)(1+2t)(-dt)$ ㋔

$= 2\pi a^3 \int_0^1 (1 + 4t^2 - 5t^4)\, dt$

$= 2\pi a^3 \left[t + \dfrac{4}{3}t^3 - t^5\right]_0^1 = \dfrac{8}{3}\pi a^3$　……(答)

㋐ $\dfrac{x}{a} \geqq 0$ かつ

$1 - \sqrt{\dfrac{x}{a}} = \sqrt{\dfrac{y}{b}} \geqq 0$ から

$0 \leqq \dfrac{x}{a} \leqq 1$

すなわち　$0 \leqq x \leqq a$

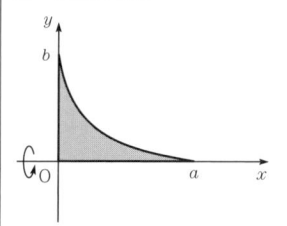

㋑ 曲線の概形

㋒ 曲線はカージオイド
（心臓形）と呼ばれる.

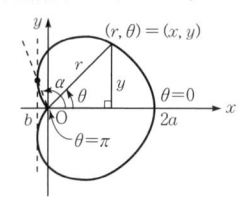

㋓ 曲線は始線すなわち x 軸に関して対称である.
$x = r\cos\theta, \ y = r\sin\theta,$
$r = a(1+\cos\theta)$ により, θ の積分に直す.

θ	$0 \to \pi$
t	$1 \to -1$

㋔ 展開すると
$1 + 4t + 4t^2 - 2t^3$
$\qquad\qquad -5t^4 - 2t^5$
偶関数は
$1 + 4t^2 - 5t^4$

問題 42 曲線の弧長

次の曲線の長さを求めよ．ただし，$a>0$ とする．
(1) $y=\dfrac{a}{2}\left(e^{\frac{x}{a}}+e^{-\frac{x}{a}}\right)$　$(0\leqq x\leqq 2a)$　　(2) $\sqrt{x}+\sqrt{y}=\sqrt{a}$

解説　曲線の長さについて学ぶ．

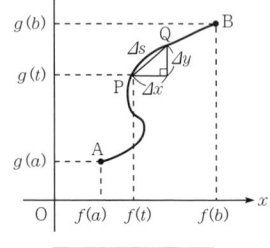

(ア) 媒介変数表示型の弧長

平面上の曲線の方程式が媒介変数 t を用いて
$$x=f(t),\ y=g(t)\quad (a\leqq t\leqq b)$$
と表されるとき，右図において $\overset{\frown}{PQ}=\varDelta s$ は

$\varDelta t\fallingdotseq 0$ のとき　$\varDelta s\fallingdotseq\sqrt{(\varDelta x)^2+(\varDelta y)^2}$　となるので

$\dfrac{\varDelta s}{\varDelta t}\fallingdotseq\sqrt{\left(\dfrac{\varDelta x}{\varDelta t}\right)^2+\left(\dfrac{\varDelta y}{\varDelta t}\right)^2}$　　$\varDelta t\to 0$ として　$\dfrac{ds}{dt}=\sqrt{\left(\dfrac{dx}{dt}\right)^2+\left(\dfrac{dy}{dt}\right)^2}$

したがって，　点 A から点 B までの曲線の長さ s は
$$s=\int_a^b\sqrt{\left(\dfrac{dx}{dt}\right)^2+\left(\dfrac{dy}{dt}\right)^2}\,dt=\int_a^b\sqrt{\{f'(t)\}^2+\{g'(t)\}^2}\,dt$$

(イ) $y=f(x)$ 型の弧長

曲線の方程式が $y=f(x)$　$(a\leqq x\leqq b)$ で表されるとき，(ア)において $x=t$，$y=f(t)$　$(a\leqq t\leqq b)$ の場合と考えてよいので

$$s=\int_a^b\sqrt{1+\left(\dfrac{dy}{dx}\right)^2}\,dx=\int_a^b\sqrt{1+\{f'(x)\}^2}\,dx$$

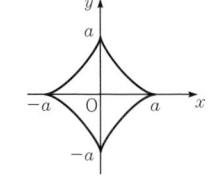

となる．たとえば，アステロイド $x^{\frac{2}{3}}+y^{\frac{2}{3}}=a^{\frac{2}{3}}$　$(a>0)$ の弧長を求めてみよう．両座標軸に関して対称である．$x\geqq 0,\ y\geqq 0$ において

$$\begin{cases} x=a\cos^3 t \\ y=a\sin^3 t \end{cases}\quad \left(0\leqq t\leqq\dfrac{\pi}{2}\right)\quad \text{とおくと}$$

$\dfrac{dx}{dt}=3a\cos^2 t\cdot(-\sin t)=-3a\cos^2 t\sin t,\quad \dfrac{dy}{dt}=3a\sin^2 t\cos t$

だから，　$\left(\dfrac{dx}{dt}\right)^2+\left(\dfrac{dy}{dt}\right)^2=9a^2\sin^2 t\cos^2 t(\cos^2 t+\sin^2 t)=9a^2\sin^2 t\cos^2 t$

よって，　$s=4\displaystyle\int_0^{\frac{\pi}{2}}\sqrt{\left(\dfrac{dx}{dt}\right)^2+\left(\dfrac{dy}{dt}\right)^2}\,dt=4\int_0^{\frac{\pi}{2}}3a\sin t\cos t\,dt=6a\left[\sin^2 t\right]_0^{\frac{\pi}{2}}=6a$

解 答 曲線の長さを s とおく．

(1) $\dfrac{dy}{dx} = \dfrac{a}{2}\left(\dfrac{1}{a}e^{\frac{x}{a}} - \dfrac{1}{a}e^{-\frac{x}{a}}\right) = \dfrac{1}{2}\left(e^{\frac{x}{a}} - e^{-\frac{x}{a}}\right)$ ㋐

$1 + \left(\dfrac{dy}{dx}\right)^2 = 1 + \dfrac{1}{4}\left(e^{\frac{x}{a}} - e^{-\frac{x}{a}}\right)^2 = \dfrac{1}{4}\left(e^{\frac{x}{a}} + e^{-\frac{x}{a}}\right)^2$

$\therefore\quad s = \displaystyle\int_0^{2a}\sqrt{1+\left(\dfrac{dy}{dx}\right)^2}\,dx = \int_0^{2a}\dfrac{1}{2}\left(e^{\frac{x}{a}} + e^{-\frac{x}{a}}\right)dx$

$= \dfrac{1}{2}\Big[ae^{\frac{x}{a}} - ae^{-\frac{x}{a}}\Big]_0^{2a} = \dfrac{a}{2}(e^2 - e^{-2})$ ……(答)

(2) $\underline{\sqrt{x} + \sqrt{y} = \sqrt{a}}$ ㋑ $(a > 0)$ 上の点 (x, y) は

$\begin{cases} x = a\cos^4 t \\ y = a\sin^4 t \end{cases}\left(0 \leqq t \leqq \dfrac{\pi}{2}\right)$ とおける．このとき

$\dfrac{dx}{dt} = -4a\cos^3 t\sin t,\quad \dfrac{dy}{dt} = 4a\sin^3 t\cos t$

$\left(\dfrac{dx}{dt}\right)^2 + \left(\dfrac{dy}{dt}\right)^2 = 16a^2\cos t\sin^2 t\underline{(\cos^4 t + \sin^4 t)}_{㋒}$

$= \underline{16a^2\cos^2 t\sin^2 t(1 - 2\sin^2 t\cos^2 t)}_{㋓}$

$= 2a^2\sin^2 2t(2 - \sin^2 2t) = 2a^2\sin^2 2t(1 + \cos^2 2t)$

したがって

$s = \displaystyle\int_0^{\frac{\pi}{2}}\sqrt{2}\,a\sin 2t\sqrt{1 + \cos^2 2t}\,dt$

$\cos 2t = z$ とおくと

$-2\sin 2t\,dt = dt,\quad \sin 2t\,dt = -\dfrac{1}{2}dt$

$\therefore\quad s = \displaystyle\int_1^{-1}\sqrt{2}\,a\sqrt{1+z^2}\left(-\dfrac{1}{2}\right)dt$

$= \sqrt{2}\,a\displaystyle\int_0^1\sqrt{1+z^2}\,dt$ ㋔

$= \sqrt{2}\,a\cdot\dfrac{1}{2}\Big[z\sqrt{1+z^2} + \log(z + \sqrt{z^2+1})\Big]_0^1$

$= \dfrac{\sqrt{2}}{2}a\{\sqrt{2} + \log(1+\sqrt{2})\}$

$= \left\{1 + \dfrac{\sqrt{2}}{2}\log(1+\sqrt{2})\right\}a$ ……(答)

㋐ 曲線 $y = \dfrac{a}{2}\left(e^{\frac{x}{a}} + e^{-\frac{x}{a}}\right)$ はカテナリー（懸垂線）と呼ばれる．

㋑

㋒ $\cos^4 t + \sin^4 t$
$= (\cos^2 t + \sin^2 t)^2$
$\quad - 2\cos^2 t\sin^2 t$

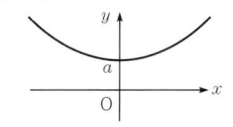

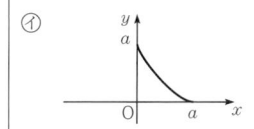

㋓ 2倍角の公式
$2\sin t\cos t = \sin 2t$
から $\sin 2t$ のみの式に直す．

t	0	$\to$	$\dfrac{\pi}{2}$
z	1	$\to$	-1

㋔ $I = \displaystyle\int\sqrt{1+z^2}\,dz$ として，

$I = z\sqrt{1+z^2}$
$\quad - \displaystyle\int z\cdot\dfrac{2z}{2\sqrt{1+z^2}}\,dz$
$= z\sqrt{1+z^2}$
$\quad - \displaystyle\int\dfrac{1+z^2-1}{\sqrt{1+z^2}}\,dz$
$= z\sqrt{1+z^2} - I$
$\quad + \displaystyle\int\dfrac{1}{\sqrt{1+z^2}}\,dz$

これより I が求められる．

Tea Time ································ オイラー（Euler）の定数

$a_n = 1 + \dfrac{1}{2} + \dfrac{1}{3} + \cdots + \dfrac{1}{n} - \log n$ $(n=1, 2, \cdots\cdots)$ とおくとき，$\lim\limits_{n \to \infty} a_n$ は有限確定な値になることを証明せよ．

● ——数列 $a_n = 1 + \dfrac{1}{2} + \dfrac{1}{3} + \cdots + \dfrac{1}{n} - \log n$ が収束することは覚えておいてほしい．$\lim\limits_{n \to \infty} a_n = \lim\limits_{n \to \infty}\left(1 + \dfrac{1}{2} + \dfrac{1}{3} + \cdots + \dfrac{1}{n} - \log n\right)$ の極限値を**オイラーの定数**といい，$\lim\limits_{n \to \infty} a_n = \gamma$ $(= 0.577215664\cdots)$ と書く．

さて，数列 $\{a_n\}$ に対し，ある定数 $A(B)$ があって，すべての n に対して $a_n \geq A$ $(a_n \leq B)$ が成り立つとき，$\{a_n\}$ は**下（上）に有界**という．また，上に有界な増加数列 $\{a_n\}$ または下に有界な減少数列 $\{a_n\}$ は，ワイエルシュトラスの定理により収束する．本問では，数列 $\{a_n\}$ が減少数列で下に有界であることを証明してみよう．

[解答] 数列 $\{a_n\}$ に対して，$a_{n+1} - a_n$ を考える．

$$a_{n+1} - a_n = \left\{1 + \dfrac{1}{2} + \cdots + \dfrac{1}{n+1} - \log(n+1)\right\} - \left(1 + \dfrac{1}{2} + \cdots + \dfrac{1}{n} - \log n\right)$$

$$= \dfrac{1}{n+1} + \log \dfrac{n}{n+1} = \dfrac{1}{n+1} + \log\left(1 - \dfrac{1}{n+1}\right)$$

$f(x) = x + \log(1-x)$ $(0 < x < 1)$ とおくと，

$$f'(x) = 1 - \dfrac{1}{1-x} = -\dfrac{x}{1-x} < 0$$

したがって，$f(x)$ は減少関数かつ $f(0) = 0$ だから，

$$f(x) < 0$$

よって $a_n > a_{n+1}$ となり，$\{a_n\}$ は減少数列．

また，右図において，長方形の面積の和と曲線下の面積を比較して，

$$1 + \dfrac{1}{2} + \dfrac{1}{3} + \cdots + \dfrac{1}{n} > \int_1^{n+1} \dfrac{1}{x} dx = \log(n+1)$$

$$\therefore \quad 1 + \dfrac{1}{2} + \dfrac{1}{3} + \cdots + \dfrac{1}{n} - \log n > 0$$

すなわち，$a_n > 0$ となり，$\{a_n\}$ は下に有界である．

以上から，$\lim\limits_{n \to \infty} a_n$ は有限確定な値に収束する． (Q. E. D.)

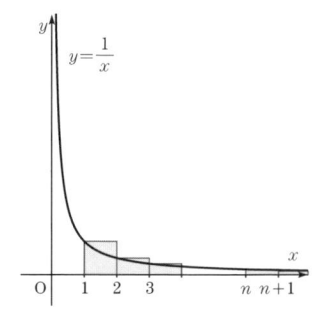

Chapter 3

多変数の微積分

問題 43　偏導関数

次の関数を偏微分せよ．

(1) $f(x, y) = \dfrac{xy}{x+2y}$

(2) $f(x, y) = \log \sqrt[3]{x^2 + xy + y^2}$

(3) $f(x, y) = \sin^{-1} \dfrac{y}{x}$

(4) $f(x, y, z) = e^{\frac{y}{x}} \cos xyz$

解説　2変数関数 $z = f(x, y)$ において，y を固定して x だけの1変数関数とみなすとき，x について微分可能であればその x で微分したものを $f(x, y)$ の x についての**偏導関数**といい，$f_x(x, y)$，z_x，$\dfrac{\partial f}{\partial x}$，$\dfrac{\partial z}{\partial x}$ などと表す．記号 ∂ はラウンドと読む．

同様に，y についての偏導関数は $f_y(x, y)$，z_y，$\dfrac{\partial f}{\partial y}$，$\dfrac{\partial z}{\partial y}$ などと表す．

基本例題を通して，偏導関数（偏微分）の計算法をチェックしよう．

$f(x, y) = x^2 + 2y^3 - 8x + 10y - 5$ ならば，$f_x = 2x - 8$，$f_y = 6y^2 + 10$

$f(x, y) = x\sqrt{y+1}$ ならば，$f_x = \sqrt{y+1}$，$f_y = \dfrac{x}{2\sqrt{y+1}}$

$f(x, y) = \dfrac{x^2 - y}{x + y}$ ならば，商の偏導関数だから，

$$f_x = \dfrac{\dfrac{\partial}{\partial x}(x^2 - y) \cdot (x+y) - (x^2 - y) \cdot \dfrac{\partial}{\partial x}(x+y)}{(x+y)^2}$$

$$= \dfrac{2x(x+y) - (x^2 - y) \cdot 1}{(x+y)^2} = \dfrac{x^2 + 2xy + y}{(x+y)^2}$$

$$f_y = \dfrac{\dfrac{\partial}{\partial y}(x^2 - y) \cdot (x+y) - (x^2 - y) \cdot \dfrac{\partial}{\partial y}(x+y)}{(x+y)^2}$$

$$= \dfrac{-1 \cdot (x+y) - (x^2 - y) \cdot 1}{(x+y)^2} = -\dfrac{x^2 + x}{(x+y)^2}$$

$f(x, y) = e^{2x} \sin(x + 2y)$ ならば，

$f_x = 2e^{2x} \sin(x+2y) + e^{2x} \cos(x+2y) = e^{2x}\{2\sin(x+2y) + \cos(x+2y)\}$

$f_y = e^{2x} \cdot 2\cos(x+2y) = 2e^{2x} \cos(x+2y)$

$f(x, y, z) = x^{yz}$ ($x > 0$, $x \neq 1$) ならば，

$f_x = yz x^{yz-1}$，$f_y = z x^{yz} \log x$，$f_z = y x^{yz} \log x$

解 答

(1) $f_x = \dfrac{y \cdot (x+2y) - xy \cdot 1}{(x+2y)^2} = \dfrac{2y^2}{(x+2y)^2}$ ……(答)

$f_y = \dfrac{x \cdot (x+2y) - xy \cdot 2}{(x+2y)^2} = \dfrac{x^2}{(x+2y)^2}$ ……(答)

(2) $f(x,y) = \dfrac{1}{3} \log(x^2 + xy + y^2)$ より

㋐ $f_x = \dfrac{2x+y}{3(x^2+xy+y^2)}$, $f_y = \dfrac{x+2y}{3(x^2+xy+y^2)}$ ……(答)

(3) ㋑ $f_x = \dfrac{-\dfrac{y}{x^2}}{\sqrt{1-\left(\dfrac{y}{x}\right)^2}} = \dfrac{-\dfrac{y}{x^2}}{\sqrt{\dfrac{1}{x^2}(x^2-y^2)}}$

$= \dfrac{-\dfrac{y}{x^2}}{\pm\dfrac{1}{x}\sqrt{x^2-y^2}} = \mp\dfrac{y}{x\sqrt{x^2-y^2}}$ ……(答)

$f_y = \dfrac{\dfrac{1}{x}}{\sqrt{1-\left(\dfrac{y}{x}\right)^2}} = \dfrac{\dfrac{1}{x}}{\sqrt{\dfrac{1}{x^2}(x^2-y^2)}}$

$= \dfrac{\dfrac{1}{x}}{\pm\dfrac{1}{x}\sqrt{x^2-y^2}} = \pm\dfrac{1}{\sqrt{x^2-y^2}}$ ……(答)

(4) ㋒ $f_x = -\dfrac{y}{x^2} e^{\frac{y}{x}} \cos xyz + e^{\frac{y}{x}} \cdot (-yz \sin xyz)$

$= -y e^{\frac{y}{x}} \left(\dfrac{\cos xyz}{x^2} + z \sin xyz \right)$ ……(答)

$f_y = \dfrac{1}{x} e^{\frac{y}{x}} \cos xyz + e^{\frac{y}{x}} \cdot (-xz \sin xyz)$

$= e^{\frac{y}{x}} \left(\dfrac{\cos xyz}{x} - xz \sin xyz \right)$ ……(答)

$f_z = -xy e^{\frac{y}{x}} \sin xyz$ ……(答)

㋐ $f(x,y) = \log g(x,y)$ のとき

$f_x = \dfrac{\dfrac{\partial}{\partial x} g(x,y)}{g(x,y)}$

㋑ $f(x,y) = \sin^{-1} g(x,y)$ のとき

$f_x = \dfrac{\dfrac{\partial}{\partial x} g(x,y)}{\sqrt{1-\{g(x,y)\}^2}}$

㋒ $f(x,y) = e^{g(x,y)}$ のとき

$f_x = e^{g(x,y)} \cdot \dfrac{\partial}{\partial x} g(x,y)$

問題 44 　高次偏導関数

(1) 次の関数の第2次偏導関数を求めよ．
 ① $f(x,y)=e^{x^2+y^2}$　　② $f(x,y)=\tan^{-1}(xy)$
 ③ $f(x,y)=\dfrac{x+y}{x-y}$

(2) $f(x,y,z)=\dfrac{1}{\sqrt{x^2+y^2+z^2}}$ のとき，$\dfrac{\partial^2 f}{\partial x^2}+\dfrac{\partial^2 f}{\partial y^2}+\dfrac{\partial^2 f}{\partial z^2}=0$ を示せ．

解説　$z=f(x,y)$ において，$f_x(x,y)$，$f_y(x,y)$ は2変数 x，y の関数である．これらが x または y について偏微分可能であるとき，偏微分したものを**第2次偏導関数**という．$z=f(x,y)$ については，4種類ある．

$$f_{xx}=\frac{\partial}{\partial x}f_x=\frac{\partial}{\partial x}\left(\frac{\partial z}{\partial x}\right)=\frac{\partial^2 z}{\partial x^2},\quad f_{xy}=\frac{\partial}{\partial y}f_x=\frac{\partial}{\partial y}\left(\frac{\partial z}{\partial x}\right)=\frac{\partial^2 z}{\partial y \partial x},$$

$$f_{yx}=\frac{\partial}{\partial x}f_y=\frac{\partial}{\partial x}\left(\frac{\partial z}{\partial y}\right)=\frac{\partial^2 z}{\partial x \partial y},\quad f_{yy}=\frac{\partial}{\partial y}f_y=\frac{\partial}{\partial y}\left(\frac{\partial z}{\partial y}\right)=\frac{\partial^2 z}{\partial y^2}$$

また，f_{xx}，f_{xy} などが偏微分可能であれば，さらに偏微分して

$$f_{xxx}\left(=\frac{\partial^3 z}{\partial x^3}\right),\ f_{xxy}\left(=\frac{\partial^3 z}{\partial y \partial x^2}\right),\ f_{xyx}\left(=\frac{\partial^3 z}{\partial x \partial y \partial x}\right),\ \cdots\cdots$$

などの高次偏導関数が得られる．

さて，2変数関数においては，「f_{xy} と f_{yx} がともに存在して連続ならば $f_{xy}=f_{yx}$ が成立する」が，本書で扱う関数はこの定理の条件が満たされているものとする．3次以上の偏導関数についても，偏微分する順序は自由に交換してもよく，たとえば，$f_{xxy}=f_{xyx}=f_{yxx}$ が成り立つ．

以下の例題を通して，第2次偏導関数の計算法をチェックしよう．
$f(x,y)=x^3-3axy+y^3$ ならば，$f_x=3x^2-3ay$，$f_y=-3ax+3y^2$ より
　　$f_{xx}=6x$，$f_{xy}=f_{yx}=-3a$，$f_{yy}=6y$
$f(x,y)=\sin(x+2y)$ ならば，$f_x=\cos(x+2y)$，$f_y=2\cos(x+2y)$ より
　　$f_{xx}=-\sin(x+2y)$，$f_{xy}=f_{yx}=-2\sin(x+2y)$，$f_{yy}=-4\sin(x+2y)$
$f(x,y)=x^y\ (x>0, x\neq 1)$ ならば，$f_x=yx^{y-1}$，$f_y=x^y\log x$ より
　　$f_{xx}=y(y-1)x^{y-2}$，$f_{yy}=x^y(\log x)^2$，
　　$f_{xy}=f_{yx}=x^{y-1}+y\cdot x^{y-1}\log x=(1+y\log x)x^{y-1}$

解答

(1) ① $f_x=2xe^{x^2+y^2}$，$f_y=2ye^{x^2+y^2}$ より

$f_{xx} = 2e^{x^2+y^2} + 2x \cdot 2xe^{x^2+y^2}$
$\quad = 2e^{x^2+y^2}(2x^2+1)$ ……(答)

同様に ㋐$f_{yy} = 2e^{x^2+y^2}(2y^2+1)$ ……(答)

$f_{xy} = f_{yx} = 2x \cdot 2ye^{x^2+y^2} = 4xye^{x^2+y^2}$ ……(答)

② $f_x = \dfrac{y}{1+(xy)^2} = \dfrac{y}{1+x^2y^2}$, $f_y = \dfrac{x}{1+x^2y^2}$ より

$f_{xx} = -\dfrac{y \cdot 2xy^2}{(1+x^2y^2)^2} = -\dfrac{2xy^3}{(1+x^2y^2)^2}$ ……(答)

同様に ㋑$f_{yy} = -\dfrac{2x^3y}{(1+x^2y^2)^2}$ ……(答)

$f_{xy} = f_{yx} = \dfrac{(1+x^2y^2) - y \cdot 2x^2y}{(1+x^2y^2)^2} = \dfrac{1-x^2y^2}{(1+x^2y^2)^2}$
……(答)

③ ㋒$f_x = -\dfrac{2y}{(x-y)^2}$, ㋓$f_y = \dfrac{2x}{(x-y)^2}$ より

$f_{xx} = -2y \cdot \{-2(x-y)^{-3}\} = \dfrac{4y}{(x-y)^3}$ ……(答)

$f_{yy} = 2x \cdot \{-2(x-y)^{-3} \cdot (-1)\} = \dfrac{4x}{(x-y)^3}$
……(答)

$f_{xy} = f_{yx} = \dfrac{2(x-y)^2 - 2x \cdot 2(x-y)}{(x-y)^4} = \dfrac{2(x+y)}{-(x-y)^3}$
……(答)

(2) $x^2+y^2+z^2 = w$ とおくと $f(x,y,z) = w^{-\frac{1}{2}}$

㋔$f_x = -\dfrac{1}{2}w^{-\frac{3}{2}} \cdot \dfrac{\partial w}{\partial x} = -\dfrac{1}{2}w^{-\frac{3}{2}} \cdot 2x = -xw^{-\frac{3}{2}}$

$f_{xx} = \dfrac{\partial}{\partial x} u_x = \dfrac{\partial}{\partial x}(-xw^{-\frac{3}{2}})$

$\quad = -w^{-\frac{3}{2}} - x \cdot \left(-\dfrac{3}{2}w^{-\frac{5}{2}} \cdot 2x\right)$

$\quad = w^{-\frac{5}{2}}(-w+3x^2) = w^{-\frac{5}{2}}(2x^2-y^2-z^2)$

同様に $f_{yy} = w^{-\frac{5}{2}}(-x^2+2y^2-z^2)$

$f_{zz} = w^{-\frac{5}{2}}(-x^2-y^2+2z^2)$

よって, $f_{xx} + f_{yy} + f_{zz} = 0$

㋐ $f(x,y) = e^{x^2+y^2}$ は x, y の対称式であるから, f_y, f_{yy} はそれぞれ f_x, f_{xx} で x と y を入れ換えた式である.

㋑ ㋐と同様に考える.

㋒
$f_x = \dfrac{1 \cdot (x-y) - (x+y) \cdot 1}{(x-y)^2}$
$\quad = -\dfrac{2y}{(x-y)^2}$

㋓ f_y
$= \dfrac{1 \cdot (x-y) - (x+y) \cdot (-1)}{(x-y)^2}$
$= \dfrac{2x}{(x-y)^2}$

㋔ $f = g(w)$ かつ $w = h(x,y,z)$ のとき
$f_x = \dfrac{\partial f}{\partial w} \cdot \dfrac{\partial w}{\partial x}$

問題 45　合成関数の偏導関数（1）

(1) $z=\tan^{-1}\dfrac{y}{x}$, $x=t+\sin t$, $y=1-\cos t$ のとき, $\dfrac{dx}{dt}$ を求めよ.

(2) $z=f(x,y)$, $x=\cos t$, $y=\sin t$ のとき
$\dfrac{d^2z}{dt^2}$ を $\dfrac{\partial z}{\partial x}$, $\dfrac{\partial z}{\partial y}$ および $\dfrac{\partial^2 z}{\partial x^2}$, $\dfrac{\partial^2 z}{\partial x\,\partial y}$, $\dfrac{\partial^2 z}{\partial y^2}$ で表せ.

解説　$z=f(x,y)$ において, x, y が t のみの関数 $x=\varphi(t)$, $y=\psi(t)$ ならば, z は t の 1 変数関数となる. このとき,

$$\begin{cases} z=f(x,y) \\ x=\varphi(t) \\ y=\psi(t) \end{cases}$$

において, z が x, y について偏微分可能, x, y が t について微分可能ならば, z は t について微分可能であり,

$$\dfrac{dz}{dt}=\dfrac{\partial z}{\partial x}\dfrac{dx}{dt}+\dfrac{\partial z}{\partial y}\dfrac{dy}{dt}$$

である. たとえば, $z=x^2-3y^2$, $x=\cos t$, $y=2\sin t$ ならば

$$\dfrac{dz}{dt}=\dfrac{\partial z}{\partial x}\dfrac{dx}{dt}+\dfrac{\partial z}{\partial y}\dfrac{dy}{dt}=2x\cdot(-\sin t)+(-6y)\cdot 2\cos t$$
$$=-2\cos t\cdot\sin t-12\cdot 2\sin t\cdot\cos t=-26\sin t\cos t=-13\sin 2t$$

となる. これは, $z=\cos^2 t-3(2\sin t)^2=\cos^2 t-12\sin^2 t$ として

$$\dfrac{dz}{dt}=2\cos t\cdot(-\sin t)-24\sin t\cos t=-26\sin t\cos t=-13\sin 2t$$

としてもよい. さらに, $u=f(x,y,z)$ で, x, y, z が t のみの関数のとき, u が x, y, z について偏微分可能, x, y, z が t について微分可能ならば, z は t について微分可能であり,

$$\dfrac{du}{dt}=\dfrac{\partial u}{\partial x}\dfrac{dx}{dt}+\dfrac{\partial u}{\partial y}\dfrac{dy}{dt}+\dfrac{\partial u}{\partial z}\dfrac{dz}{dt}$$

である. たとえば, $u=e^x(y-z)$, $x=t^2$, $y=\cos t^2$, $z=\sin t^2$ ならば

$$\dfrac{du}{dt}=\dfrac{\partial u}{\partial x}\dfrac{dx}{dt}+\dfrac{\partial u}{\partial y}\dfrac{dy}{dt}+\dfrac{\partial u}{\partial z}\dfrac{dz}{dt}$$
$$=e^x(y-z)\cdot 2t+e^x\cdot(-2t\sin t^2)+(-e^x)\cdot 2t\cos t^2$$
$$=2te^{t^2}(\cos t^2-\sin t^2)-2te^{t^2}\sin t^2-2te^{t^2}\cos t^2$$
$$=-4te^{t^2}\sin t^2$$

となる.

解 答

(1) $\dfrac{dx}{dt} = \underbrace{\dfrac{\partial z}{\partial x}}_{\text{(ア)}} \dfrac{dx}{dt} + \dfrac{\partial z}{\partial y} \dfrac{dy}{dt}$

$= \dfrac{1}{1+\left(\dfrac{y}{x}\right)^2} \cdot \left(-\dfrac{y}{x^2}\right) \cdot (1+\cos t)$

$\qquad + \dfrac{1}{1+\left(\dfrac{y}{x}\right)^2} \cdot \dfrac{1}{x} \cdot \sin t$

$= \dfrac{1}{x^2+y^2}\{-y(1+\cos t)+x\sin t\}$

$= \dfrac{t\sin t}{t^2+2t\sin t+2\cos t+2}$ ……(答)

(2) $\dfrac{dz}{dt} = \dfrac{\partial z}{\partial x} \dfrac{dx}{dt} + \dfrac{\partial z}{\partial y} \dfrac{dy}{dt}$

$= -\sin t \cdot \dfrac{\partial z}{\partial x} + \cos t \cdot \dfrac{\partial z}{\partial y}$ ……①

$\underbrace{\dfrac{d^2 z}{dt^2}}_{\text{(イ)}} = -\cos t \cdot \dfrac{\partial z}{\partial y} - \sin t \cdot \dfrac{d}{dt}\left(\dfrac{\partial z}{\partial x}\right)$

$\qquad -\sin t \cdot \dfrac{\partial z}{\partial y} + \cos t \cdot \dfrac{d}{dt}\left(\dfrac{\partial z}{\partial y}\right)$ ……②

ところで

$\underbrace{\dfrac{d}{dt}\left(\dfrac{\partial z}{\partial x}\right)}_{\text{(ウ)}} = -\sin t \cdot \dfrac{\partial}{\partial x}\left(\dfrac{\partial z}{\partial x}\right) + \cos t \cdot \dfrac{\partial}{\partial y}\left(\dfrac{\partial z}{\partial x}\right)$

$= -\sin t \cdot \dfrac{\partial^2 z}{\partial x^2} + \cos t \cdot \dfrac{\partial^2 z}{\partial y \partial x}$

同様にして

$\underbrace{\dfrac{d}{dt}\left(\dfrac{\partial z}{\partial y}\right)}_{\text{(エ)}} = -\sin t \cdot \dfrac{\partial^2 z}{\partial x \partial y} + \cos t \cdot \dfrac{\partial^2 z}{\partial y^2}$

これらを②に代入して，整理すると

$\dfrac{d^2 z}{dt^2} = \dfrac{\partial^2 z}{\partial x^2} \sin^2 t - 2 \dfrac{\partial^2 z}{\partial x \partial y} \sin t \cos t + \dfrac{\partial^2 z}{\partial y^2} \cos^2 t$

$\qquad - \dfrac{\partial z}{\partial x} \cos t - \dfrac{\partial z}{\partial y} \sin t$ ……(答)

(ア) $\dfrac{\partial z}{\partial x} = \dfrac{\partial}{\partial x}\left(\tan^{-1}\dfrac{y}{x}\right)$

$= \dfrac{1}{1+\left(\dfrac{y}{x}\right)^2} \cdot \dfrac{\partial}{\partial x}\left(\dfrac{y}{x}\right)$

(イ) $\dfrac{d^2 z}{dt^2} = \dfrac{d}{dt}\left(\dfrac{dz}{dt}\right)$

$= \dfrac{d}{dt}\left(-\sin t \cdot \dfrac{\partial z}{\partial x}\right.$

$\qquad \left. + \cos t \cdot \dfrac{\partial z}{\partial y}\right)$

(ウ) ①の z を $\dfrac{\partial z}{\partial x}$ で置き換えて考える．

(エ) ①の z を $\dfrac{\partial z}{\partial y}$ で置き換えて考える．

問題 46　合成関数の偏導関数 (2)

(1) $z = xy$, $x = \log\sqrt{u^2 + v^2}$, $y = \tan^{-1}\dfrac{v}{u}$ のとき, $\dfrac{\partial z}{\partial u}$, $\dfrac{\partial z}{\partial v}$ を求めよ.

(2) $u = f(x, y, z)$, $x = r\sin\theta\cos\varphi$, $y = r\sin\theta\sin\varphi$, $z = r\cos\theta$ のとき, $\dfrac{u_x}{x} = \dfrac{u_y}{y} = \dfrac{u_z}{z}$ ならば, u は r だけの関数であることを示せ.

解 説

$z = f(x, y)$ において, x, y がさらに 2 変数 u, v の関数ならば, z は u, v の 2 変数関数となる. このとき,

$$\begin{cases} z = f(x, y) \\ x = \varphi(u, v) \\ y = \phi(u, v) \end{cases}$$
において, z が x, y について偏微分可能, x, y が u, v について偏微分可能であり, z は u, v について偏微分可能であり
$$\frac{\partial z}{\partial u} = \frac{\partial z}{\partial x}\frac{\partial x}{\partial u} + \frac{\partial z}{\partial y}\frac{\partial y}{\partial u}, \quad \frac{\partial z}{\partial v} = \frac{\partial z}{\partial x}\frac{\partial x}{\partial v} + \frac{\partial z}{\partial y}\frac{\partial y}{\partial v}$$

である. たとえば,

$z = xy$, $u = x + y$, $v = 2x + 3y$ ならば
x, y を u と v で表して $x = 3u - v$, $y = -2u + v$ として

$$\frac{\partial z}{\partial u} = \frac{\partial z}{\partial x}\frac{\partial x}{\partial u} + \frac{\partial z}{\partial y}\frac{\partial y}{\partial u} = y \cdot 3 + x \cdot (-2) = 3y - 2x$$
$$= 3(-2u + v) - 2(3u - v) = -12u + 5v$$
$$\frac{\partial z}{\partial v} = \frac{\partial z}{\partial x}\frac{\partial x}{\partial v} + \frac{\partial z}{\partial y}\frac{\partial y}{\partial v} = y \cdot (-1) + x \cdot 1 = x - y$$
$$= (3u - v) - (-2u + v) = 5u - 2v$$

となる. また, $z = f(x, y)$ において, 直交座標 (x, y) を極座標 (r, θ) に変換すると, $x = r\cos\theta$, $y = r\sin\theta$ となるので, z は r, θ の 2 変数関数となり

$$\frac{\partial z}{\partial r} = \frac{\partial z}{\partial x}\frac{\partial x}{\partial r} + \frac{\partial z}{\partial y}\frac{\partial y}{\partial r} = \frac{\partial z}{\partial x}\cos\theta + \frac{\partial z}{\partial y}\sin\theta$$
$$\frac{\partial z}{\partial \theta} = \frac{\partial z}{\partial x}\frac{\partial x}{\partial \theta} + \frac{\partial z}{\partial y}\frac{\partial y}{\partial \theta} = -\frac{\partial z}{\partial x}r\sin\theta + \frac{\partial z}{\partial y}r\cos\theta$$

となる. これより, 次式が導かれる (右辺から左辺を導くとよい).

$$\left(\frac{\partial z}{\partial x}\right)^2 + \left(\frac{\partial z}{\partial y}\right)^2 = \left(\frac{\partial z}{\partial r}\right)^2 + \left(\frac{1}{r}\frac{\partial z}{\partial \theta}\right)^2$$

解 答

(1) $z = xy$, $x = \dfrac{1}{2}\log(u^2+v^2)$, $y = \tan^{-1}\dfrac{v}{u}$ ㋐

$\dfrac{\partial z}{\partial u} = \dfrac{\partial z}{\partial x}\dfrac{\partial x}{\partial u} + \dfrac{\partial z}{\partial y}\dfrac{\partial y}{\partial u}$

$= y \cdot \dfrac{2u}{2(u^2+v^2)} + x \cdot \dfrac{1}{1+\left(\dfrac{v}{u}\right)^2} \cdot \left(-\dfrac{v}{u^2}\right)$

$= \dfrac{yu}{u^2+v^2} - \dfrac{xv}{u^2+v^2}$

$= \dfrac{1}{u^2+v^2}\left\{u\tan^{-1}\dfrac{v}{u} - \dfrac{v}{2}\log(u^2+v^2)\right\}$

……(答)

$\dfrac{\partial z}{\partial v} = \dfrac{\partial z}{\partial x}\dfrac{\partial x}{\partial v} + \dfrac{\partial z}{\partial y}\dfrac{\partial y}{\partial v}$

$= y \cdot \dfrac{2v}{2(u^2+v^2)} + x \cdot \dfrac{1}{1+\left(\dfrac{v}{u}\right)^2} \cdot \dfrac{1}{u}$

$= \dfrac{yv}{u^2+v^2} + \dfrac{xu}{u^2+v^2}$

$= \dfrac{1}{u^2+v^2}\left\{v\tan^{-1}\dfrac{v}{u} + \dfrac{u}{2}\log(u^2+v^2)\right\}$ ……(答)

(2) ㋑ $u_\theta = u_x x_\theta + u_y y_\theta + u_z z_\theta$

$= u_x \cdot r\cos\theta\cos\varphi + u_y \cdot r\cos\theta\sin\varphi + u_z \cdot (-r\sin\theta)$

$= r(u_x\cos\theta\cos\varphi + u_y\cos\theta\sin\varphi - u_z\sin\theta)$

㋒ $u_\varphi = u_x x_\varphi + u_y y_\varphi + u_z z_\varphi$

$= u_x \cdot (-r\sin\theta\sin\varphi) + u_y \cdot r\sin\theta\cos\varphi + u_z \cdot 0$

$= r(-u_x\sin\theta\sin\varphi + u_y\sin\theta\cos\varphi)$

ここで、㋓条件の分数式$=k$ とおくと

$u_x = kx = kr\sin\theta\cos\varphi$

$u_y = ky = kr\sin\theta\sin\varphi$, $u_z = kz = kr\cos\theta$

これらを u_θ および u_φ の式に代入して

㋔ $u_\theta = 0$ かつ $u_\varphi = 0$

よって、u は r だけの関数である.

㋐ z は 2 変数 u, v の関数である.

㋑㋒ u は 3 変数 r, θ, φ の関数である.
u が r だけの関数ということは、u は θ と φ に依存しない、すなわち、
$u_\theta = u_\varphi = 0$
を示すことである.

$u_\theta = \dfrac{\partial u}{\partial \theta}$

$= \dfrac{\partial u}{\partial x}\dfrac{\partial x}{\partial \theta} + \dfrac{\partial u}{\partial y}\dfrac{\partial y}{\partial \theta}$

$\qquad + \dfrac{\partial u}{\partial z}\dfrac{\partial z}{\partial \theta}$

㋓ 比例式で $\dfrac{A}{a} = \dfrac{B}{b} = \dfrac{C}{c}$

$= k$ とおく.

㋔ $\cos^2\varphi + \sin^2\varphi = 1$ を用いて $u_\theta = 0$ を導く.

問題 47 2変数関数の極値

次の関数の極値を求めよ．
(1) $z = x(1 - x^2 - y^2)$
(2) $z = (\sqrt{x^2 + y^2} - 1)^2$
(3) $z = 3x^4 - 3x^2y + y^2$

解説

2 変数関数 $z = f(x, y)$ において，定点 $P_0(x_0, y_0)$ とその近くの点 $P(x, y)$ に対して，つねに

$$f(x_0, y_0) > f(x, y) \quad (f(x_0, y_0) < f(x, y))$$

が成り立つとき，$f(x, y)$ は $P_0(x_0, y_0)$ で**極大**（**極小**）であるという．極大値の場合は，右図のように曲面 $z = f(x, y)$ において，z 座標 $f(x_0, y_0)$ が点 (x_0, y_0) の十分近くの点 (x, y) に対する z 座標 $f(x, y)$ よりもつねに大きいことを意味する．

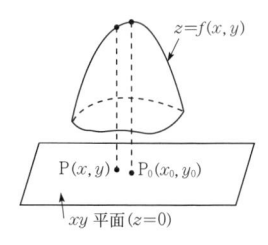

さて，$f(x, y)$ が偏微分可能であるとき，$f(x, y)$ が (x_0, y_0) において極大または極小となるならば，

$$f_x(x_0, y_0) = 0 \quad \text{かつ} \quad f_y(x_0, y_0) = 0 \quad \cdots\cdots ①$$

である．これは，極値をもつための必要条件であって，十分条件ではない．すなわち，①を満たす (x_0, y_0) は z の極値を与える (x, y) の候補にすぎない．実際に極値かどうかを判定するには，次の方法で詳しく調べなければいけない．

> $f(x, y)$ は (x_0, y_0) の近くで連続な 2 次偏導関数をもつものとする．さらに，$f_x(x_0, y_0) = 0$ かつ $f_y(x_0, y_0) = 0$ であるとする．
> このとき，$A = f_{xx}(x_0, y_0)$, $B = f_{xy}(x_0, y_0)$, $C = f_{yy}(x_0, y_0)$, $\Delta = B^2 - AC$
> とおくと
> $$\begin{cases} \Delta < 0,\ A > 0 \longrightarrow f(x_0, y_0) \text{ は極小値} \\ \Delta < 0,\ A < 0 \longrightarrow f(x_0, y_0) \text{ は極大値} \\ \Delta > 0 \longrightarrow f(x_0, y_0) \text{ は極値ではない} \\ \Delta = 0 \longrightarrow \text{これだけでは判定不能} \end{cases}$$

①を満たす (x_0, y_0) を $z = f(x, y)$ の**停留点**という．

(例) $z = x^2 - xy + y^2 - 3x + y - 2$ の極値を求めてみよう．

$z_x = 2x - y - 3$, $z_y = -x + 2y + 1$

$\begin{cases} z_x = 0 \\ z_y = 0 \end{cases}$ より $\begin{cases} 2x - y - 3 = 0 \\ -x + 2y + 1 = 0 \end{cases}$ これを解いて $(x, y) = \left(\dfrac{5}{3}, \dfrac{1}{3} \right)$

$z_{xx} = 2$, $z_{xy} = -1$, $z_{yy} = 2$ より $\Delta = (z_{xy})^2 - z_{xx} \cdot z_{yy} = -3 < 0$

かつ $A=z_{xx}=2>0$

よって，$(x,y)=\left(\dfrac{5}{3},\dfrac{1}{3}\right)$ のとき極小となり，極小値は

$$\left(\dfrac{5}{3}\right)^2-\dfrac{5}{3}\cdot\dfrac{1}{3}+\left(\dfrac{1}{3}\right)^2-3\cdot\dfrac{5}{3}+\dfrac{1}{3}-2=-\dfrac{13}{3} \quad\cdots\cdots(答)$$

さて，$z=f(x,y)$ で，停留点 (x_0,y_0) に対して，$A=f_{xx}(x_0,y_0)$，$B=f_{xy}(x_0,y_0)$ が $\varDelta=B^2-AC=0$ となるときは，$f(x_0,y_0)$ が極値かどうかは上の方法では判定できない．一般に，

曲面 $z=f(x,y)$ のグラフは，
 - 山の頂点は極大点，
 - 谷の底は極小点，
 - 馬の鞍形の所では極大でも極小でもない

極大点　　極小点　　極大でも極小でもない

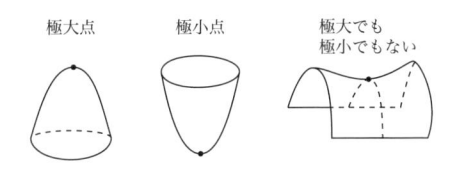

となり，極大でも極小でもないときは，上の一番右の図のように，見方によっては極大値と極小値の両方に見えることもある．

したがって，$\varDelta=B^2-AC=0$ となるときは，xy 平面上で停留点 (x_0,y_0) の十分近くの点 (x,y) における $z=f(x,y)$ と $f(x_0,y_0)$ の大小を比較して調べることになる．$f(x_0,y_0)$ が極値でないことを示すには，(x_0,y_0) の十分近くの点 (x,y) で $f(x_0,y_0)>f(x,y)$ と $f(x_0,y_0)<f(x,y)$ の両方が起こることを示さなければならない．

これは右図のように，(x_0,y_0) の十分近くの点 (x,y) を

$$\binom{x}{y}=\binom{x_0}{y_0}+r\binom{\cos\theta}{\sin\theta}=\binom{x_0+r\cos\theta}{y_0+r\sin\theta}$$

$$(r\fallingdotseq 0,\ 0\leqq\theta<2\pi)$$

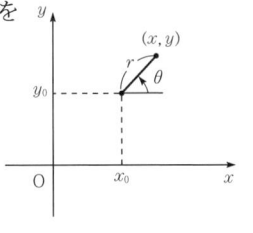

とおいて，θ の値によって $f(x,y)$ と $f(x_0,y_0)$ を比較して調べればよい．

(例) $z=x^3-xy^2$ の極値を求めてみよう．

$z_x=3x^2-y^2$, $z_y=-2xy$

$\begin{cases} z_x=0 \\ z_y=0 \end{cases}$ より $\begin{cases} 3x^2-y^2=0 \\ -2xy=0 \end{cases}$ これを解いて $(x,y)=(0,0)$

$z_{xx}=6x$, $z_{xy}=-2y$, $z_{yy}=-2x$ より

$$\varDelta=(z_{xy})^2-z_{xx}\cdot z_{yy}=0^2-0\cdot 0=0$$

ここで，$(0,0)$ の十分近くの点を

$$(x,y)=(r\cos\theta,r\sin\theta)\quad(r\fallingdotseq 0, 0\leqq\theta<2\pi)$$

とおくと
$$z = (r\cos\theta)^3 - r\cos\theta \cdot (r\sin\theta)^2 = r^3\cos\theta(\cos^2\theta - \sin^2\theta)$$
$\theta = 0$ のとき，$z = r^3$ より $r \fallingdotseq 0$ のとき $z > 0$
$\theta = \pi$ のとき，$z = -r^3$ より $r \fallingdotseq 0$ のとき $z < 0$
一方，$(x, y) = (0, 0)$ のとき $z = 0$
よって，極値は存在しない．

解 答

(1) $z = x(1 - x^2 - y^2) = x - x^3 - xy^2$
$z_x = 1 - 3x^2 - y^2$, $z_y = -2xy$

$\begin{cases} z_x = 0 \\ z_y = 0 \end{cases}$ より $\begin{cases} 3x^2 + y^2 = 1 & \cdots\cdots ① \\ 2xy = 0 & \cdots\cdots ② \end{cases}$

②より $x = 0$ または $y = 0$
①に代入して

$x = 0$ のとき $y = \pm 1$, $y = 0$ のとき $x = \pm \dfrac{1}{\sqrt{3}}$　　㋐ $x = 0$ のとき，$y^2 = 1$
$y = 0$ のとき，$x^2 = \dfrac{1}{3}$

これより，停留点は
$$(x, y) = (0, 1),\ (0, -1),\ \left(\dfrac{1}{\sqrt{3}}, 0\right),\ \left(-\dfrac{1}{\sqrt{3}}, 0\right)$$

ここで，$z_{xx} = -6x$, $z_{xy} = -2y$, $z_{yy} = -2x$ より
$$\varDelta = (-2y)^2 - (-6x) \cdot (-2x) = 4(y^2 - 3x^2)$$

$(x, y) = (0, \pm 1)$ のとき，

㋑ $\varDelta = 4 > 0$ より極値ではない．　　㋑ $\varDelta = (z_{xy})^2 - z_{xx} \cdot z_{yy} > 0$ のとき，極値ではない．

$(x, y) = \left(\dfrac{1}{\sqrt{3}}, 0\right)$ のとき

㋒ $\varDelta = -4 < 0$ かつ $A = z_{xx} = -2\sqrt{3} < 0$　　㋒ $\varDelta < 0$ かつ $A = z_{xx} < 0$ のとき，極大値をとる．

よって，極大値 $\dfrac{1}{\sqrt{3}}\left(1 - \dfrac{1}{3}\right) = \dfrac{2\sqrt{3}}{9}$ ……(答)

$(x, y) = \left(-\dfrac{1}{\sqrt{3}}, 0\right)$ のとき，同様にして　　㋓

極小値 $-\dfrac{1}{\sqrt{3}}\left(1 - \dfrac{1}{3}\right) = -\dfrac{2\sqrt{3}}{9}$ ……(答)

㋓ $\varDelta = -4 < 0$ かつ $A = 2\sqrt{3} > 0$ より，極小値をとる．

(2) ㋔ $(x, y) \neq (0, 0)$ のとき
$$z_x = 2(\sqrt{x^2 + y^2} - 1) \cdot \dfrac{x}{\sqrt{x^2 + y^2}}$$

㋔ $(0, 0)$ では，z_x と z_y の分母を 0 とするので，偏微分不可能である．

$$z_y = 2(\sqrt{x^2+y^2}-1) \cdot \frac{y}{\sqrt{x^2+y^2}}$$

㋕ $z_x=0$ かつ $z_y=0$ より $\sqrt{x^2+y^2}-1=0$
このとき，つねに $z=0$ となるので，極値を与えない．

㋖ $(x,y)=(0,0)$ では z_x, z_y は存在しないが，$z=1$ となる．$(0,0)$ に十分近い点 (x,y) では
$$-1<\sqrt{x^2+y^2}-1<0$$
であるから $z=(\sqrt{x^2+y^2}-1)^2<1$
よって，$(x,y)=(0,0)$ のとき 極大値 1　……(答)

(3) $z_x=12x^3-6xy$, $z_y=-3x^2+2y$
$$\begin{cases} z_x=0 \\ z_y=0 \end{cases} \text{より} \begin{cases} 6x(2x^2-y)=0 & \cdots\cdots① \\ 3x^2-2y=0 & \cdots\cdots② \end{cases}$$

①より $x=0$ または $y=2x^2$
②に代入して
　　$x=0$ のとき $y=0$
　　$y=2x^2$ のとき $x^2=0$ から $x=0$
したがって，停留点は $(0,0)$
ここで，$z_{xx}=36x^2-6y$, $z_{xy}=-6x$, $z_{yy}=2$ より，
$\Delta = 0^2-0\cdot 2=0$

㋗ $(0,0)$ に十分近い点として $y=mx^2$ を考えると
$$z=(mx^2)^2-3x^2(mx^2)+3x^4$$
$$=(m^2-3m+3)x^4$$
$$=\left\{\left(m-\frac{3}{2}\right)^2+\frac{3}{4}\right\}x^4$$

㋘ $(x,y)\fallingdotseq(0,0)$ のとき $z>0$
また，直線 $x=0$ (y 軸) の点は $(x,y)\fallingdotseq(0,0)$ のとき $z=y^2>0$
一方，$(x,y)=(0,0)$ のとき $z=0$
よって，$(x,y)=(0,0)$ のとき 極小値 0　……(答)

(注) $(x,y)=(r\cos\theta, r\sin\theta)$ とおいてもできるので，各自検証されたい．

㋕ $(x,y)=(0,0)$ は不適．

㋖ z は，$(0,0)$ で定義されるので，$(0,0)$ の近傍の点を調べる．

㋗ $z=y^2-3x^2\cdot y+3x^4$ の x と y の次数に着目して $y=mx^2$ $(-\infty<m<\infty)$ とおくと，z は x の4次のみの整式になることに着目．$y=mx^2$ は $x=0$ (y 軸) 以外の点をすべて通る．

㋘ $(x,y)\fallingdotseq(0,0)$ のとき，$x\neq 0$ である．$x=0$ とすると $y=mx^2=0$ となり，$(x,y)=(0,0)$ になるからである．

問題 48 陰関数における第2次導関数

次の陰関数について，$\dfrac{dy}{dx}$ および $\dfrac{d^2y}{dx^2}$ を求めよ．

(1) $x^2-2xy+y^2-4x+2y-6=0$　　(2) $x^3-3axy+y^3=0$

解説　陰関数 $f(x,y)=0$ において，y は x の関数である．陰関数の第1次導関数および第2次導関数は偏微分法の計算が応用できる．

ここに，$f(x,y)=0$ かつ $f_y(x,y)\neq 0$ で，$f(x,y)$ は連続な2次の偏導関数をもつものとする．$f(x,y)=0$ の両辺を x で微分して，

$$\frac{\partial f}{\partial x}+\frac{\partial f}{\partial y}\cdot\frac{dy}{dx}=f_x+f_y\cdot\frac{dy}{dx}=0 \quad \therefore\ \frac{dy}{dx}=-\frac{f_x}{f_y}$$

よって，$\dfrac{d^2y}{dx^2}=\dfrac{d}{dx}\left(\dfrac{dy}{dx}\right)=\dfrac{d}{dx}\left(-\dfrac{f_x}{f_y}\right)=-\dfrac{\left(\dfrac{d}{dx}f_x\right)f_y-f_x\left(\dfrac{d}{dx}f_y\right)}{f_y^2}$ ……①

ここで，$\dfrac{d}{dx}f_x=\dfrac{\partial}{\partial x}f_x+\dfrac{\partial}{\partial y}f_x\cdot\dfrac{dy}{dx}=f_{xx}+f_{xy}\cdot\left(-\dfrac{f_x}{f_y}\right)=\dfrac{f_{xx}f_y-f_{xy}f_x}{f_y}$

$\dfrac{d}{dx}f_y=\dfrac{\partial}{\partial x}f_y+\dfrac{\partial}{\partial y}f_y\cdot\dfrac{dy}{dx}=f_{yx}+f_{yy}\cdot\left(-\dfrac{f_x}{f_y}\right)=\dfrac{f_{xy}f_y-f_{yy}f_x}{f_y}$

これらを①に代入して，整理すると

$$\frac{d^2y}{dx^2}=-\frac{f_{xx}f_y^2-2f_{xy}f_xf_y+f_{yy}f_x^2}{f_y^3}$$

この結果は，陰関数 $f(x,y)=0$ における y の極値問題（問題49）で用いる．

(例) $x^2+y^2=1$ のとき，$\dfrac{dy}{dx}$ および $\dfrac{d^2y}{dx^2}$ をそれぞれ求めてみよう．

(解) $x^2+y^2=1$ の両辺を x で微分して，

$$2x+2y\frac{dy}{dx}=0 \quad \therefore\ \frac{dy}{dx}=-\frac{x}{y}$$

$$\frac{d^2y}{dx^2}=-\frac{1\cdot y-x\cdot y'}{y^2}=-\frac{y-x\cdot\left(-\dfrac{x}{y}\right)}{y^2}=-\frac{y^2+x^2}{y^3}=-\frac{1}{y^3}$$

問題48 陰関数における第2次導関数　115

解　答

(1) $f(x, y) = x^2 - 2xy + y^2 - 4x + 2y - 6$ とおくと
$f_x = 2x - 2y - 4 = 2(x - y - 2)$
$f_y = -2x + 2y + 2 = -2(x - y - 1)$
$\therefore \quad \underset{\text{⑦}}{\dfrac{dy}{dx} = -\dfrac{f_x}{f_y} = \dfrac{x - y - 2}{x - y - 1}}$ ……(答)

これより，$\underset{\text{④}}{\dfrac{dy}{dx} = 1 - \dfrac{1}{x - y - 1}}$ であるから

$\underset{\text{⑦}}{\dfrac{d^2y}{dx^2}} = \dfrac{\dfrac{d}{dx}(x - y - 1)}{(x - y - 1)^2} = \dfrac{1 - \dfrac{dy}{dx}}{(x - y - 1)^2}$

$= \dfrac{1}{(x - y - 1)^3}$ ……(答)

(2) $f(x, y) = x^3 - 3axy + y^3$ とおくと
$f_x = 3x^2 - 3ay = 3(x^2 - ay)$
$f_y = -3ax + 3y^2 = 3(y^2 - ax)$
$\therefore \quad \dfrac{dy}{dx} = -\dfrac{f_x}{f_y} = -\dfrac{x^2 - ay}{y^2 - ax}$ ……(答)

$\dfrac{d^2y}{dx^2}$

$= -\dfrac{\left(2x - a\dfrac{dy}{dx}\right)(y^2 - ax) - (x^2 - ay)\left(2y\dfrac{dy}{dx} - a\right)}{(y^2 - ax)^2}$

$= -\dfrac{1}{(y^2 - ax)^2}\left\{\left(2x + a \cdot \dfrac{x^2 - ay}{y^2 - ax}\right)(y^2 - ax) \right.$
$\left. \quad - (x^2 - ay)\left(-2y \cdot \dfrac{x^2 - ay}{y^2 - ax} - a\right)\right\}$

$= -\dfrac{1}{(y^2 - ax)^3}\{(2xy^2 - ax^2 - a^2y)(y^2 - ax)$
$\quad - (x^2 - ay)(-2x^2y + ay^2 + a^2x)\}$

$= -\dfrac{2x^4y - 6ax^2y^2 + 2xy^4 + 2a^3xy}{(y^2 - ax)^3}$

$= -\dfrac{2xy(x^3 - 3axy + y^3 + a^3)}{(y^2 - ax)^3} \underset{\text{㊁}}{=} -\dfrac{2a^3xy}{(y^2 - ax)^3}$ ……(答)

⑦ $f(x, y) = 0$ から
$f_x + f_y \dfrac{dy}{dx} = 0$ となり
$\dfrac{dy}{dx} = -\dfrac{f_x}{f_y}$

④ $\dfrac{dy}{dx}$ の分子・分母の x, y の係数が同じであったので割り算をした．

⑦ ④の変形に気づかないときは
$\dfrac{d^2y}{dx^2}$
$= \dfrac{(1 - y')(x - y - 1)}{(x - y - 1)^2}$
$\quad - (x - y - 2)(1 - y')$
$= \dfrac{1 - y'}{(x - y - 1)^2}$

㊁ $x^3 - 3axy + y^3 = 0$ を用いた．

問題 49 陰関数の極値

次の各場合に，y を x の関数とみて極値を求めよ．
(1) $x^2-2xy+y^2-4x+2y-6=0$ (2) $x^3-3xy+y^3=0$

解説 陰関数 $f(x,y)=0$ で $f_y(x,y)\neq 0$ のとき，y を x の関数と見なしたときの y の極値を求める方法を考えてみよう．前の問題 48 で学んだように

$$\frac{dy}{dx}=-\frac{f_x}{f_y},\quad \frac{d^2y}{dx^2}=-\frac{f_{xx}f_y^2-2f_{xy}f_xf_y+f_{yy}f_x^2}{f_y^3}$$

であるから，1 変数関数 $y=g(x)$ のときの極値の判定法

$$\frac{dy}{dx}=0 \text{ の下で } \frac{d^2y}{dx^2}<0 \longrightarrow y \text{ は極大},\quad \frac{d^2y}{dx^2}>0 \longrightarrow y \text{ は極小}$$

に従って次の手順で求めることになる．
$\frac{dy}{dx}=0$ のとき $f_x=0$ となるので，$\frac{d^2y}{dx^2}=-\frac{f_{xx}f_y^2}{f_y^3}=-\frac{f_{xx}}{f_y}$ であるから

(i) $f(x,y)=0$ かつ $f_x(x,y)=0$ を満たす $x,\ y$ を求める．
(ii) (i)の解 $(x,y)=(x_0,y_0)$ について

$$\frac{f_{xx}}{f_y}>0 \longrightarrow y=y_0 \text{ は極大値},\quad \frac{f_{xx}}{f_y}<0 \longrightarrow y=y_0 \text{ は極小値}$$

例として，$2x^2+2xy+y^2=2$ のときの y の極値を求めてみよう．

$f(x,y)=2x^2+2xy+y^2-2$ とおくと

$f_x=4x+2y,\ f_y=2x+2y,\ f_{xx}=4$

$$\begin{cases} f=0 \\ f_x=0 \end{cases} \text{を解くと} \quad \begin{cases} 2x^2+2xy+y^2=2 & \cdots\cdots① \\ 2x+y=0 & \cdots\cdots② \end{cases}$$

②から $y=-2x$ を①に代入して $2x^2+2x\cdot(-2x)+(-2x)^2=2$

$\quad 2x^2=2 \qquad x^2=1 \qquad \therefore\quad x=\pm 1$

したがって，$(x,y)=(1,-2),\ (-1,2)$

$(x,y)=(1,-2)$ のときは

$$\frac{f_{xx}}{f_y}=\frac{4}{2x+2y}=\frac{2}{x+y}=\frac{2}{1-2}=-2<0$$

$(x,y)=(-1,2)$ のときは

$$\frac{f_{xx}}{f_y}=\frac{2}{x+y}=\frac{2}{-1+2}=2>0$$

よって，極大値 $2\ (x=-1)$，極小値 $-2\ (x=1)$

解答

(1) ㋐ $f(x,y) = x^2 - 2xy + y^2 - 4x + 2y - 6$ とおくと
$f_x = 2x - 2y - 4$, $f_y = -2x + 2y + 2$, $f_{xx} = 2$

$\begin{cases} f = 0 \\ f_x = 0 \end{cases}$ から $\begin{cases} (x-y)^2 - 4x + 2y - 6 = 0 & \cdots\cdots① \\ x - y - 2 = 0 & \cdots\cdots② \end{cases}$

②から $y = x - 2$ を①に代入して
$2^2 - 4x + 2(x-2) - 6 = 0 \quad \therefore \quad x = -3$

したがって $(x, y) = (-3, -5)$

ここで ㋑ $\dfrac{f_{xx}}{f_y} = \dfrac{2}{-2x + 2y + 2} = \dfrac{1}{-x + y + 1}$

$= \dfrac{1}{-(-3) - 5 + 1} = -1 < 0$

よって,極小値 -5 $(x = -3)$ ……(答)

(2) $f(x, y) = x^3 - 3xy + y^3$ とおくと
$f_x = 3x^2 - 3y$, $f_y = -3x + 3y^2$, $f_{xx} = 6x$

$\begin{cases} f = 0 \\ f_x = 0 \end{cases}$ から $\begin{cases} x^3 - 3xy + y^3 = 0 & \cdots\cdots③ \\ x^2 - y = 0 & \cdots\cdots④ \end{cases}$

④から $y = x^2$ を③に代入して
$x^3 - 3x \cdot x^2 + (x^2)^3 = 0$
$x^6 - 2x^3 = 0 \qquad x^3(x^3 - 2) = 0$
$x^3 = 0, 2 \quad \therefore \quad x = 0, \sqrt[3]{2}$

したがって,$(x, y) = (0, 0), (\sqrt[3]{2}, \sqrt[3]{4})$

(ⅰ) $(x, y) = (\sqrt[3]{2}, \sqrt[3]{4})$ のとき
㋒ $\dfrac{f_{xx}}{f_y} = \dfrac{6x}{-3x + 3y^2} = \dfrac{2x}{y^2 - x} = \dfrac{2\sqrt[3]{2}}{\sqrt[3]{2} \cdot \sqrt[3]{2} - \sqrt[3]{2}} = 2 > 0$

(ⅱ) $(x, y) = (0, 0)$ のとき,$f_y = 0$ となり $\dfrac{f_{xx}}{f_y}$ は用いることはできない.ここで,

$f(y, x) = y^3 - 3yx + x^3 = f(x, y)$ であるから,曲線 $f(x, y) = 0$ は直線 $y = x$ に関し対称である.さらに,㋓ $x < 0$ のときは $y > 0$ であるから,$(0, 0)$ の十分近くで y は正負の両方の値をとることになる.
よって,$y = 0$ は極値ではない.

以上から,極大値 $\sqrt[3]{4}$ $(x = \sqrt[3]{2})$ ……(答)

㋐ 与えられた陰関数 $f = 0$ の表すグラフは,2次曲線の放物線である.一般に
$ax^2 + hxy + by^2$
$\quad + cx + dy + e = 0$
のグラフは,
$\Delta = h^2 - 4ab$ の符号により
$\begin{cases} \Delta > 0 \to \text{双曲線} \\ \Delta < 0 \to \text{楕円} \\ \Delta = 0 \to \text{放物線または} \\ \qquad\qquad \text{2直線} \end{cases}$
となる.

㋑ $\dfrac{d^2y}{dx^2} = -\dfrac{f_{xx}}{f_y}$

$\dfrac{f_{xx}}{f_y} < 0 \to \dfrac{d^2y}{dx^2} > 0$ となり,
y は極小.

㋒ $(x, y) = (\sqrt[3]{2}, \sqrt[3]{4})$ のとき $f_y \neq 0$.

㋓ $f(x, y) = 0$ で,$x < 0$ のとき
$\underbrace{y(y^2 - 3x)}_{\text{正}} = \underbrace{-x^3}_{\text{正}}$
より,$y > 0$ である.
$f(x, y) = 0$ のグラフは,デカルトの正葉形と呼ばれて,下図のようになる.

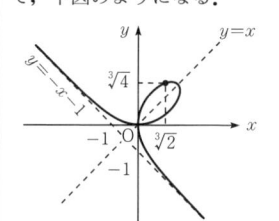

問題 50　条件つき極値

$3x^2+4xy+5y^2=1$ のとき，$f(x,y)=x^2+y^2$ の最大値，最小値を求めよ．

解説　条件 $g(x,y)=0$（陰関数）のもとに，$f(x,y)$ の極値を求める問題，すなわち**条件つき極値問題**では，次の**ラグランジュの未定係数法**と呼ばれる定理を用いる．この定理は，$f(x,y)$ の極値を与える点 (x,y) の必要条件（候補）を示してくれる．

[ラグランジュの未定係数法]
　$g(x,y)$ が連続な偏導関数をもち，かつ $f(x,y)$ が偏微分可能とする．$g_x(a,b)$, $g_y(a,b)$ が同時には 0 でない点 (a,b) が条件つき極値問題の極値を与えるならば，
$$f_x(a,b)-\lambda g_x(a,b)=0,\ f_y(a,b)-\lambda g_y(a,b)=0$$
を同時に満たす定数 λ が存在する．この λ を**ラグランジュの乗数**という．

実際には，条件 $g(x,y)=0$ のもとで $f(x,y)$ の極値を与える点 (x,y) の候補は，$F(x,y)=f(x,y)-\lambda g(x,y)$ を作り，
$$g(x,y)=0,\ F_x=f_x(x,y)-\lambda g_x(x,y)=0,\ F_y=f_y(x,y)-\lambda g_y(x,y)=0$$
の 3 式の連立方程式を解くことにより得られる．

また，本問は $g(x,y)=3x^2+4xy+5y^2-1=0$ で楕円であるから，（2 次曲線 $ax^2+2hxy+by^2=c$ は，$D_1/4=h^2-ab<0$ のとき楕円である），この条件での (x,y) の範囲は有界閉集合である．さらに，$f(x,y)$ は連続である．よって，楕円の周上の点で $f(x,y)$ は最大・最小値をとる（ワイエルシュトラスの定理）．一般には，ラグランジュの乗数法から得られた極大（極小）値が，最大（最小）値となる．

（例）　条件 $x^2+y^2=1$ のもとで $f(x,y)=xy$ の最大・最小値を求めよう．

（解）　$g(x,y)=x^2+y^2-1$ だから，
$$f_x-\lambda g_x=y-2\lambda x=0\ \cdots\cdots①,\quad f_y-\lambda g_y=x-2\lambda y=0\ \cdots\cdots②$$
$$\therefore\ \begin{cases}2\lambda x-y=0\\ x-2\lambda y=0\end{cases}\quad \begin{bmatrix}2\lambda & -1\\ 1 & -2\lambda\end{bmatrix}\begin{bmatrix}x\\ y\end{bmatrix}=\begin{bmatrix}0\\ 0\end{bmatrix}$$

$\begin{bmatrix}x\\ y\end{bmatrix}\neq\begin{bmatrix}0\\ 0\end{bmatrix}$ だから　$2\lambda\cdot(-2\lambda)-(-1)\cdot 1=0$　　$4\lambda^2=1$　　$\therefore\ \lambda=\pm\dfrac{1}{2}$

ここで，①$\times x+$②$\times y$ から　$2xy-2\lambda(x^2+y^2)=0$　　$\therefore\ xy=\lambda$

よって，$f(x,y)=xy$ の最大値は $\dfrac{1}{2}$，最小値は $-\dfrac{1}{2}$ である．

解答

$3x^2+4xy+5y^2=1$ は楕円であるから，有界閉集合である．したがって，連続関数 $f(x,y)$ は楕円の周上で最大値および最小値をもつ．㋐

$F(x,y)=x^2+y^2-\lambda(3x^2+4xy+5y^2-1)$ とおくと ㋑
$F_x=2x-\lambda(6x+4y)=(2-6\lambda)x-4\lambda y$
$F_y=2y-\lambda(4x+10y)=-4\lambda x+(2-10\lambda)y$

$\begin{cases} F_x=0 \\ F_y=0 \end{cases}$ のとき $\begin{bmatrix} 1-3\lambda & -2\lambda \\ -2\lambda & 1-5\lambda \end{bmatrix}\begin{bmatrix} x \\ y \end{bmatrix}=\begin{bmatrix} 0 \\ 0 \end{bmatrix}$

$\begin{bmatrix} x \\ y \end{bmatrix} \neq \begin{bmatrix} 0 \\ 0 \end{bmatrix}$ から $\begin{vmatrix} 1-3\lambda & -2\lambda \\ -2\lambda & 1-5\lambda \end{vmatrix}=0$ ㋒

$(1-3\lambda)(1-5\lambda)-(-2\lambda)(-2\lambda)=0$
$11\lambda^2-8\lambda+1=0$ $\therefore \lambda=\dfrac{4\pm\sqrt{5}}{11}$

ここで，$\begin{cases} x=\lambda(3x+2y) \\ y=\lambda(2x+5y) \end{cases}$ であるから

$f(x,y)=x^2+y^2=x\cdot x+y\cdot y$ ㋓
$\quad =\lambda(3x+2y)x+\lambda(2x+5y)y$
$\quad =\lambda(3x^2+4xy+5y^2)=\lambda\cdot 1=\lambda$

よって，求める $f(x,y)$ の最大・最小値は， ㋔

最大値 $\dfrac{4+\sqrt{5}}{11}$， 最小値 $\dfrac{4-\sqrt{5}}{11}$ ……(答)

(参考) x^2+y^2 は原点Oと点 (x,y) の距離の平方だから，極座標 (r,θ) を用いて r^2 の最大・最小値として求めることもできる．楕円上の点で $x=r\cos\theta$，$y=r\sin\theta$ とすると
$3(r\cos\theta)^2+4r\cos\theta\cdot r\sin\theta+5(r\sin\theta)^2=1$
$(3\cos^2\theta+4\sin\theta\cos\theta+5\sin^2\theta)r^2=1$
$(2\sin 2\theta-\cos 2\theta+4)r^2=1$ ㋕
$\{\sqrt{5}\sin(2\theta-\alpha)+4\}r^2=1$

$4-\sqrt{5}\le \sqrt{5}\sin(2\theta-\alpha)+4\le 4+\sqrt{5}$ だから

$\dfrac{1}{4+\sqrt{5}}\le r^2 \le \dfrac{1}{4-\sqrt{5}}$ $\therefore \dfrac{4-\sqrt{5}}{11}\le r^2 \le \dfrac{4+\sqrt{5}}{11}$ ㋖

㋐ ワイエルシュトラスの定理．

㋑ ラグランジュの乗数法
$f(x,y)=x^2+y^2$
$g(x,y)=3x^2+4xy+5y^2-1$
$\quad =0$

㋒ $\begin{bmatrix} 1-3\lambda & -2\lambda \\ -2\lambda & 1-5\lambda \end{bmatrix}^{-1}$ が存在すれば，$\begin{bmatrix} x \\ y \end{bmatrix}=\begin{bmatrix} 0 \\ 0 \end{bmatrix}$ となるが，この点は楕円上にはない．したがって，逆行列は存在しない．

㋓ $f(x,y)$ を λ の式で表すことを考える．

㋔ $f(x,y)=\lambda$ となったので，$f(x,y)$ の極値の候補は，$\lambda=\dfrac{4\pm\sqrt{5}}{11}$ であるが，ワイエルシュトラスの定理から，この λ の値が求める最大・最小値となる．

㋕ 合成公式
$2\sin 2\theta-\cos 2\theta$
$=\sqrt{5}\sin(2\theta-\alpha)$
$\left(\cos\alpha=\dfrac{2}{\sqrt{5}},\ \sin\alpha=\dfrac{1}{\sqrt{5}}\right)$

㋖ これより $r^2=x^2+y^2$ の最大・最小値が得られる．

問題 51　2重積分の基本

次の2重積分の値を求めよ．

(1) $\displaystyle\int_0^{\frac{\pi}{2}}\int_0^1 e^y \sin 2x \, dy \, dx$ 　　(2) $\displaystyle\int_0^1 dx \int_0^1 x^2 e^{x-y} dy$

(3) $\displaystyle\int_1^3 \int_1^x (x-3)^2 (y-1) \, dy \, dx$ 　　(4) $\displaystyle\int_0^1 dy \int_0^y (1-x-y)^2 dx$

解説　以下の基本例題を通して，2重積分の計算法を学ぼう．

(例1)
$$\int_{-1}^2 \int_0^3 xy^2 \, dy \, dx = \int_{-1}^2 \left\{\int_0^3 xy^2 \, dy\right\} dx = \int_{-1}^2 \left[\frac{x}{3} y^3\right]_{y=0}^{y=3} dx$$
$$= \int_{-1}^2 \frac{x}{3} \cdot 3^3 \, dx = \int_{-1}^2 9x \, dx = \left[\frac{9}{2} x^2\right]_{-1}^2 = \frac{9}{2} \cdot 3 = \frac{27}{2}$$

単純に　$\displaystyle\int_{-1}^2 \int_0^3 xy^2 \, dy \, dx = \left(\int_{-1}^2 x \, dx\right) \cdot \left(\int_0^3 y^2 \, dy\right)$

$$= \left[\frac{x^2}{2}\right]_{-1}^2 \cdot \left[\frac{y^3}{3}\right]_0^3 = \frac{3}{2} \cdot 9 = \frac{27}{2}$$　としてよい．

また，$\displaystyle\int_{-1}^2 \int_0^3 xy^2 \, dy \, dx = \int_{-1}^2 dx \int_0^3 xy^2 \, dy$　と約束する．

(例2)
$$\int_{\frac{1}{2}}^{\frac{\sqrt{3}}{2}} \int_{-1}^x \frac{1}{\sqrt{1-x^2}} \, dy \, dx = \int_{\frac{1}{2}}^{\frac{\sqrt{3}}{2}} \left\{\int_{-1}^x \frac{dy}{\sqrt{1-x^2}}\right\} dx$$
$$= \int_{\frac{1}{2}}^{\frac{\sqrt{3}}{2}} \left[\frac{y}{\sqrt{1-x^2}}\right]_{y=-1}^{y=x} dx$$
$$= \int_{\frac{1}{2}}^{\frac{\sqrt{3}}{2}} \left(\frac{x}{\sqrt{1-x^2}} + \frac{1}{\sqrt{1-x^2}}\right) dx$$
$$= \left[-\sqrt{1-x^2} + \sin^{-1} x\right]_{\frac{1}{2}}^{\frac{\sqrt{3}}{2}}$$
$$= -\frac{1}{2} + \sin^{-1}\frac{\sqrt{3}}{2} - \left(-\frac{\sqrt{3}}{2} + \sin^{-1}\frac{1}{2}\right)$$
$$= \frac{\sqrt{3}}{2} - \frac{1}{2} + \frac{\pi}{3} - \frac{\pi}{6} = \frac{3\sqrt{3} - 3 + \pi}{6}$$

(例3)
$$\int_0^1 \int_0^y (y-x) \, dx \, dy = \int_0^1 \left\{\int_0^y (y-x) \, dx\right\} dy = \int_0^1 \left[yx - \frac{x^2}{2}\right]_{x=0}^{x=y} dy$$
$$= \int_0^1 \frac{y^2}{2} \, dy = \left[\frac{y^3}{6}\right]_0^1 = \frac{1}{6}$$

　さて，例1の x および y の積分区間 $-1 \leq x \leq 2$，$0 \leq y \leq 3$ を xy 座標平面に図示すると，(図1) のような長方形の内部および周の領域 D_1 となる．

このとき，$\int_{-1}^{2}\int_{0}^{3} xy^2\, dy\, dx = \iint_{D_1} xy^2\, dx\, dy$ と約束する．同様に，例3の積分区間 $0 \leq y \leq 1$, $0 \leq x \leq y$ を xy 座標に図示すると，（図2）のような三角形の内部および周の領域 D_2 となる．このとき，$\int_0^1\int_0^y (y-x)\, dx\, dy = \iint_{D_2}(y-x)\, dx\, dy$ と約束する．

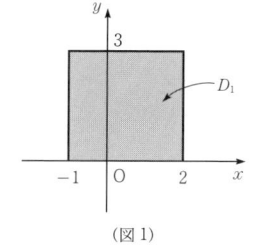

一般に，xy 平面の領域 D が

$$D: a \leq x \leq b, \quad \varphi_1(x) \leq y \leq \varphi_2(x)$$

であるとき（図3），$\iint_D f(x,y)\, dx\, dy$ は

$$\iint_D f(x,y)\, dx\, dy = \int_a^b\left\{\int_{\varphi_1(x)}^{\varphi_2(x)} f(x,y)\, dy\right\} dx$$

と定義される．この定積分を D における $f(x,y)$ の**2重積分**といい，「ダブルインテグラル，D, $f(x,y)$, dx, dy」と読む．ここで，$f(x,y)$ は x と y の2変数関数であるが，$z = f(x,y)$ は領域 D の上で定義された1つの曲面（平面を含む）である．

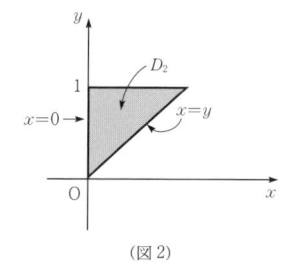

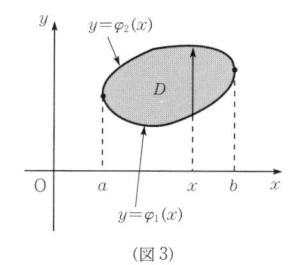

領域 D において $f(x,y) \geq 0$ であるときは，2重積分 $\iint_D f(x,y)\, dx\, dy$ は（図4）のような立体の体積を求める計算を意味する．領域 D において $f(x,y) \leq 0$ であるときは，立体の体積を (-1) 倍した値を意味する．これは1変数関数の定積分 $\int_a^b f(x)\, dx$ と曲線 $y = f(x)$, 2直線 $x = a$, $x = b$ および x 軸で囲まれた部分の面積の関係と重ねて考えるとわかりやすい．

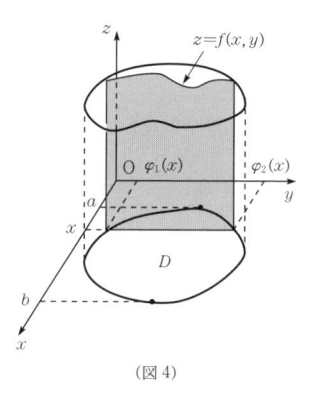

$\int_a^b\left\{\int_{\varphi_1(x)}^{\varphi_2(x)} f(x,y)\, dy\right\} dx$ は，（図4）のようにまず x を固定し $z = f(x,y)$ を y のみの関数と考えて，$y = \varphi_1(x)$ から $y = \varphi_2(x)$ まで y について定積分し，アミ部分の面積（断面積）$\int_{\varphi_1(x)}^{\varphi_2(x)} f(x,y)\, dy$ を求める．そして，得られた x のみの関数を a から b まで x について定積分する，と理解しておこう．

$\int_a^b \left\{ \int_{\varphi_1(x)}^{\varphi_2(x)} f(x,y)\, dy \right\} dx$ は

$$\int_a^b \int_{\varphi_1(x)}^{\varphi_2(x)} f(x,y)\, dy\, dx \quad \text{あるいは} \quad \int_a^b dx \int_{\varphi_1(x)}^{\varphi_2(x)} f(x,y)\, dy$$

のようにも書く．また，

$D : c \leqq y \leqq d,\ \psi_1(y) \leqq x \leqq \psi_2(y)$ での2重積分は

$$\iint_D f(x,y)\, dx\, dy = \int_c^d \left\{ \int_{\psi_1(y)}^{\psi_2(y)} f(x,y)\, dx \right\} dy$$

と定義される．

とくに，D が $a \leqq x \leqq b,\ c \leqq y \leqq d$ で表される長方形の内部および周のときは

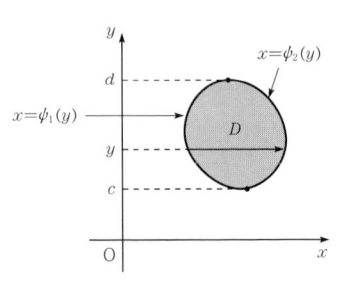

$$\iint_D f(x,y)\, dx\, dy = \int_a^b \int_c^d f(x,y)\, dy\, dx = \int_a^b \left\{ \int_c^d f(x,y)\, dy \right\} dx$$

または

$$\iint_D f(x,y)\, dx\, dy = \int_c^d \int_a^b f(x,y)\, dx\, dy = \int_c^d \left\{ \int_a^b f(x,y)\, dx \right\} dy$$

として計算する．また，

$$\int_a^b \int_c^d f(x,y)\, dy\, dx = \int_a^b dx \int_c^d f(x,y)\, dy$$

とも表す．とくに，$f(x,y) = g(x)h(y)$ のときは，次式が成り立つ．

$$\int_a^b \int_c^d g(x)h(y)\, dy\, dx = \left(\int_a^b g(x)\, dx \right) \left(\int_c^d h(y)\, dy \right)$$

解答

(1) $\underbrace{\int_0^{\frac{\pi}{2}} \int_0^1 e^y \sin 2x\, dy\, dx}_{\text{㋐}}$

$= \left(\int_0^{\frac{\pi}{2}} \sin 2x\, dx \right) \cdot \left(\int_0^1 e^y\, dy \right)$

$= \left[-\dfrac{1}{2} \cos 2x \right]_0^{\frac{\pi}{2}} \cdot \left[e^y \right]_0^1$

$= -\dfrac{1}{2}(\cos \pi - \cos 0) \cdot (e-1) = 1 \cdot (e-1) = e-1$

……(答)

㋐ $\int_0^{\frac{\pi}{2}} \int_0^1 g(x)h(y)\, dy\, dx$

のタイプ．積分区間は

x が $0 \leqq x \leqq \dfrac{\pi}{2}$

y が $0 \leqq y \leqq 1$

(2) $\displaystyle\int_0^1 dx \int_0^1 x^2 e^{x-y}\, dy$　　㋑

$= \left(\displaystyle\int_0^1 x^2 e^x\, dx\right) \cdot \left(\int_0^1 e^{-y}\, dy\right)$　㋒

$= \Big[(x^2-2x+2)\,e^x\Big]_0^1 \cdot \Big[-e^{-y}\Big]_0^1$

$= (e-2)(-e^{-1}+1) = e + \dfrac{2}{e} - 3$　　……(答)

(3) $\displaystyle\int_1^3 \int_1^x (x-3)^2 (y-1)\, dy\, dx$　㋓

$= \displaystyle\int_1^3 \left\{ \int_1^x (x-3)^2 (y-1)\, dy \right\} dx$

$= \displaystyle\int_1^3 (x-3)^2 \left[\dfrac{1}{2}(y-1)^2\right]_1^x dx$

$= \displaystyle\int_1^3 (x-3)^2 \cdot \dfrac{1}{2}(x-1)^2\, dx$

$= \dfrac{1}{2}\displaystyle\int_1^3 (x-1)^2 (x-3)^2\, dx = \dfrac{1}{2}\cdot\dfrac{1}{30}(3-1)^5 = \dfrac{8}{15}$　㋔

　　……(答)

(4) $\displaystyle\int_0^1 dy \int_0^y \underset{㋕}{(1-x-y)^2}\, dx$

$= \displaystyle\int_0^1 \left\{\int_0^y (x+y-1)^2\, dx\right\} dy$

$= \displaystyle\int_0^1 \left[\dfrac{1}{3}(x+y-1)^3\right]_{x=0}^{x=y} dy$

$= \displaystyle\int_0^1 \dfrac{1}{3}\{\underset{㋖}{(2y-1)^3} - (y-1)^3\}\, dy$

$= \dfrac{1}{3}\left[\dfrac{1}{2}\cdot\dfrac{1}{4}(2y-1)^4 - \dfrac{1}{4}(y-1)^4\right]_0^1$

$= \dfrac{1}{3}\left\{\dfrac{1}{8}(1-1) - \dfrac{1}{4}(0-1)\right\} = \dfrac{1}{3}\cdot\dfrac{1}{4} = \dfrac{1}{12}$　……(答)

㋑　$\displaystyle\int_0^1 \int_0^1 x^2 e^x e^{-y}\, dy\, dx$
と同値．

㋒　y が x の多項式のとき
$\displaystyle\int y e^x\, dx$
$= (y - y' + y'' - \cdots) e^x$
(以下，重積分の解説では，
公式の積分定数は省略する)

㋓　$\displaystyle\iint_D (x-3)^2 (y-1)\, dy\, dx$
$D: 1 \leq x \leq 3,\ 1 \leq y \leq x$
と同値．

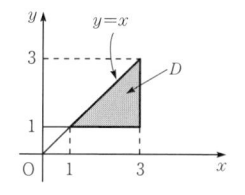

㋔　$\displaystyle\int_\alpha^\beta (x-\alpha)^2 (x-\beta)^2\, dx$
$= \dfrac{1}{30}(\beta - \alpha)^5$
の公式を用いた．

㋕　$(1-x-y)^2 = (x+y-1)^2$
と変形すると，x の係数が 1
となり積分が楽になる．

㋖　〈1 次式型の積分〉
$a \neq 0,\ \alpha \neq -1$ のとき
$\displaystyle\int (ay+b)^\alpha\, dy$
$= \dfrac{1}{a}\cdot\dfrac{1}{\alpha+1}(ay+b)^{\alpha+1}$

問題 52 2重積分

次の2重積分の値を求めよ.

(1) $\iint_D xy\, dx\, dy \quad D: x^2+y^2 \geq 1,\ y \leq x+2,\ -1 \leq x \leq 1$

(2) $\iint_D e^{y^2}\, dx\, dy \quad D: x \leq y \leq 2,\ 0 \leq x \leq 2$

(3) $\iint_D \sqrt{xy-y^2}\, dx\, dy \quad D: \dfrac{x}{5} \leq y \leq x,\ 1 \leq y \leq 2$

解説

前問で2重積分の基本は学んだ. 2重積分が ① $\displaystyle\int_a^b \int_{\varphi_1(x)}^{\varphi_2(x)} f(x,y)\, dy\, dx$

または ② $\displaystyle\int_c^d \int_{\varphi_1(y)}^{\varphi_2(y)} f(x,y)\, dx\, dy$ の形で与えられた場合は, 多くの場合, 積分領域を図示しないで機械的に積分を実行すればよいが, $\iint_D f(x,y)\, dx\, dy$ の形で与えられた場合は, 次のことに注意して積分を実行することになる.

(1) 積分領域 D を図示して, 斜線を引く.
(2) 積分は x, y のいずれを先に行うと簡単になるかを考えて, 上の①②のいずれかの形に帰着する.
(3) 求める重積分が1つの積分で表せないときは, 積分領域 D を分割して考える. このときは, 次の公式を用いる.

$D = D_1 \cup D_2,\ D_1 \cap D_2 = \phi$ (空集合) のとき

$$\iint_D f(x,y)\, dx\, dy = \iint_{D_1} f(x,y)\, dx\, dy + \iint_{D_2} f(x,y)\, dx\, dy$$

解答

(1) 領域 D を図示すると右図のアミ部分となる.
円 $x^2+y^2=1$ の上半分は $y=\sqrt{1-x^2}$
D は $\sqrt{1-x^2} \leq y \leq x+2,\ -1 \leq x \leq 1$

$\therefore \displaystyle\iint_D xy\, dx\, dy = \int_{-1}^1 \left\{ \int_{\sqrt{1-x^2}}^{x+2} xy\, dy \right\} dx$

$\qquad = \displaystyle\int_{-1}^1 x \left[\dfrac{y^2}{2} \right]_{\sqrt{1-x^2}}^{x+2} dx$

$\qquad = \displaystyle\int_{-1}^1 \dfrac{x}{2} \left\{ (x+2)^2 - (1-x^2) \right\} dx$

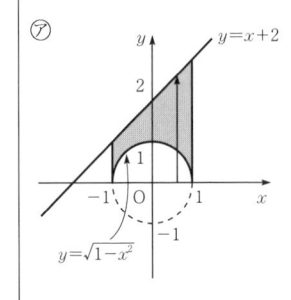

$$= \int_{-1}^{1} \frac{x}{2}(2x^2+4x+3)\,dx$$
㋑
$$= 2\int_0^1 2x^2\,dx$$
$$= \left[\frac{4}{3}x^3\right]_0^1 = \frac{4}{3} \quad \cdots\cdots(答)$$

(2) $y=x$ より $x=y$ であるから

㋒ D は $0 \leqq x \leqq y,\ 0 \leqq y \leqq 2$

$$\therefore \iint_D e^{y^2}\,dx\,dy$$
$$= \int_0^2 \left\{\int_0^y e^{y^2}\,dx\right\} dy = \int_0^2 e^{y^2}\left[x\right]_0^y dy$$
$$= \int_0^2 y e^{y^2}\,dy = \left[\frac{1}{2}e^{y^2}\right]_0^2 = \frac{1}{2}(e^4-1) \quad \cdots\cdots(答)$$

(3) $y=\dfrac{x}{5}$ より $x=5y$, $y=x$ より $x=y$ だから

㋔ D は $y \leqq x \leqq 5y,\ 1 \leqq y \leqq 2$

$$\therefore \iint_D \sqrt{xy-y^2}\,dx\,dy$$
$$= \int_1^2 \left\{\int_y^{5y}(xy-y^2)^{\frac{1}{2}}\,dx\right\} dy$$
$$= \int_1^2 \left[\frac{2}{3y}(xy-y^2)^{\frac{3}{2}}\right]_{x=y}^{x=5y} dy$$
$$= \int_1^2 \frac{2}{3y}\underset{㋕}{(4y^2)^{\frac{3}{2}}}\,dy$$
$$= \int_1^2 \frac{16}{3}y^2\,dy = \left[\frac{16}{9}y^3\right]_1^2 = \frac{16}{9}\cdot 7 = \frac{112}{9} \quad \cdots\cdots(答)$$

問題52 2重積分 125

㋑ 本式
$$= \int_{-1}^{1}\left(x^3+2x^2+\frac{3}{2}x\right)dx$$
に偶関数・奇関数の積分公式を用いる。

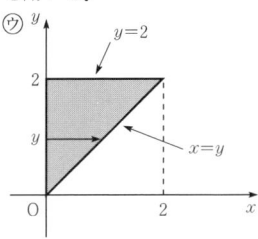

㋒

与式
$$= \int_0^2 \left\{\int_x^2 e^{y^2}\,dy\right\} dx$$
とすると, $\int e^{y^2}\,dy$ の積分ができない.

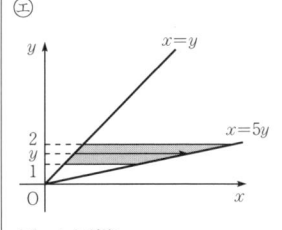

㋔

(2)と同様に
$$\int_a^b \left\{\int_{\varphi_1(x)}^{\varphi_2(x)} \sqrt{xy-y^2}\,dy\right\} dx$$
として1つの式で表すのは不可能.

㋕ y の積分区間 $1 \leqq y \leqq 2$ より, $y>0$ であるから
$$(y^2)^{\frac{3}{2}} = y^3$$
一般には $(y^2)^{\frac{3}{2}} = |y|^3$

問題 53 積分順序の変更

次の積分の順序を変更せよ．

(1) $\displaystyle\int_0^a dx \int_0^{x^2} f(x,y)\, dy \quad (a>0)$ (2) $\displaystyle\int_0^4 dy \int_{-y}^{\sqrt{y}} f(x,y)\, dx$

(3) $\displaystyle\int_0^1 dx \int_{\sqrt{1-x^2}}^{x+3} f(x,y)\, dy$

解説

2重積分 $I = \displaystyle\int_0^2 dx \int_x^2 e^{y^2} dy = \int_0^2 \left\{ \int_x^2 e^{y^2} dy \right\} dx$ は，このままでは積分ができないことを前問題52の（2）で触れた．このとき，

$$I = \iint_D e^{y^2}\, dx\, dy \qquad D: x \leqq y \leqq 2,\ 0 \leqq x \leqq 2$$

の積分領域 D を図示して，D を $0 \leqq x \leqq y$，$0 \leqq y \leqq 2$ と読みかえて

$$I = \int_0^2 dx \int_x^2 e^{y^2} dy = \int_0^2 dy \int_0^y e^{y^2} dx \qquad \cdots\cdots ①$$

とすることにより，I の積分値を求めることができた．

①のように，2重積分 $\displaystyle\iint_D f(x,y)\, dx\, dy$ が

$$\int_a^b dx \int_{\varphi_1(x)}^{\varphi_2(x)} f(x,y)\, dy \quad \cdots\cdots ②, \qquad \int_c^d dy \int_{\psi_1(y)}^{\psi_2(y)} f(x,y)\, dx \quad \cdots\cdots ③$$

のいずれでも表されるとき，②から③への変更，あるいは③から②への変更を，**2重積分の順序を変更する**という．

2重積分②の積分の順序を変更して③の形に直すには次の手順による．

(1) 積分領域 D を図示する．
(2) D の境界である曲線 $y = \varphi_1(x)$，$y = \varphi_2(x)$，$x = a$，$x = b$ の方程式を，$x = \psi(y)$ および $y = c$ の形に直す．必要に応じて D をいくつかの領域 D_i の和集合として表す．
(3) $\displaystyle\int_c^d dy \int_{\psi_1(y)}^{\psi_2(y)} f(x,y)\, dx$ の形に書き表す．必要に応じてこれらのいくつかの積分の和の形に書き直す．

実際の計算では，積分の順序によっては計算に難易の差が出たり，ときには積分計算が困難になることがある．したがって，2重積分が②の形で出題されたときは，このまま機械的に計算するか，あるいは積分の順序を変更して③の形に直して計算するか，どちらが簡単かを見極めることが大切である．

解 答

(1) 積分領域 D は右図のアミ部分である．
$$D: 0 \leqq y \leqq x^2,\ 0 \leqq x \leqq a$$
$y = x^2$ かつ $x \geqq a$ だから，D は次と同値である．
$$\sqrt{y} \leqq x \leqq a,\ 0 \leqq y \leqq a^2$$
よって，与式 $= \displaystyle\int_0^{a^2} dy \int_{\sqrt{y}}^a f(x, y)\, dx$ ……(答)

⑦ $y = x^2$ $(x = \sqrt{y})$, $x = a$

(2) 積分領域 D は右図のアミ部分である．
$$D: -y \leqq x \leqq \sqrt{y},\ 0 \leqq y \leqq 4$$
D を直線 $x = 0$ で 2 つの領域 D_1 と D_2 に分ける．
$x = -y$ より $y = -x$, $x = \sqrt{y}$ より $y = x^2$
$$D_1: -x \leqq y \leqq 4,\ -4 \leqq x \leqq 0$$
$$D_2: x^2 \leqq y \leqq 4,\ 0 \leqq x \leqq 2$$
であるから
$$\text{与式} = \int_{-4}^0 dx \int_{-x}^4 f(x, y)\, dy$$
$$+ \int_0^2 dx \int_{x^2}^4 f(x, y)\, dy \quad \text{……(答)}$$

④ $x = -y$ $(y = -x)$, $x = \sqrt{y}$ $(y = x^2)$
⑨ $D = D_1 \cup D_2,\ D_1 \cap D_2 = \phi$

(3) 積分領域 D は右図のアミ部分である．
$$D: \sqrt{1 - x^2} \leqq y \leqq x + 3,\ 0 \leqq x \leqq 1$$
D を直線 $y = 1$, $y = 3$ で 3 つの領域に分ける．
$y = \sqrt{1 - x^2}$, $x \geqq 0$ より $x = \sqrt{1 - y^2}$
$y = x + 3$ より $x = y - 3$
$$D_1: \sqrt{1 - y^2} \leqq x \leqq 1,\ 0 \leqq y \leqq 1$$
$$D_2: 0 \leqq x \leqq 1,\ 1 \leqq y \leqq 3$$
$$D_3: y - 3 \leqq x \leqq 1,\ 3 \leqq y \leqq 4$$
であるから
$$\text{与式} = \int_0^1 dy \int_{\sqrt{1-y^2}}^1 f(x, y)\, dx$$
$$+ \int_1^3 dy \int_0^1 f(x, y)\, dx$$
$$+ \int_3^4 dy \int_{y-3}^1 f(x, y)\, dx \quad \text{……(答)}$$

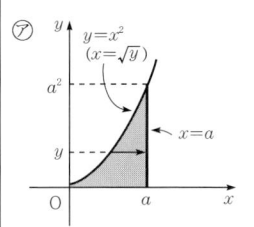

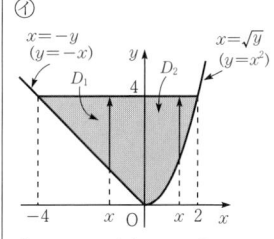

㉑ $y = \sqrt{1 - x^2}$, $0 \leqq x \leqq 1$
は平方して，4 分円
$x^2 + y^2 = 1$, $x \geqq 0$, $y \geqq 0$
と同値．

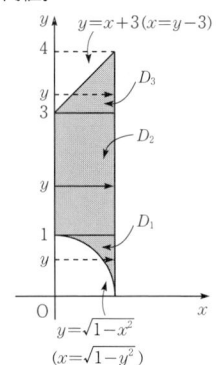

$y = x + 3\ (x = y - 3)$, $y = \sqrt{1 - x^2}$ $(x = \sqrt{1 - y^2})$

㊵ $D = D_1 \cup D_2 \cup D_3$
$D_1 \cap D_2 = \phi,\ D_2 \cap D_3 = \phi,$
$D_3 \cap D_1 = \phi$

問題 54 極座標への変数変換

次の2重積分の値を求めよ．

(1) $\iint_D \dfrac{dx\,dy}{(x^2+y^2)^\alpha}$　　$D: 1 \leq x^2+y^2 \leq 4$　（a は実数の定数）

(2) $\iint_D y\,dx\,dy$　　$D: x^2+y^2 \leq ax$　（$a>0$，$y \geq 0$）

(3) $\iint_D (x^2+y^2)\,dx\,dy$　　$D: 0 \leq \dfrac{1}{3}x \leq y \leq 1$

解説

ここでは，2重積分における積分変数の変換，すなわち2重積分における置換積分法について学ぶ．

変換 $F : \begin{cases} x=\varphi(u,v) \\ y=\psi(u,v) \end{cases}$ ……①

によって，uv 平面の領域 M が xy 平面の領域 D に1対1に対応するとき，

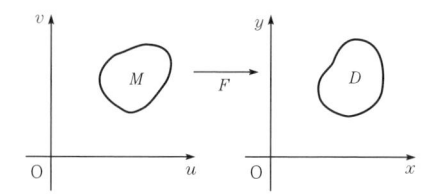

$$\iint_D f(x,y)\,dx\,dy = \iint_M f(\varphi(u,v), \psi(u,v))|J|\,du\,dv \quad \cdots\cdots ②$$

が成り立つ．ここに，J は**ヤコビアン**（**Jacobian**）と呼ばれ，2次の行列式

$$J = \dfrac{\partial(x,y)}{\partial(u,v)} = \begin{vmatrix} \dfrac{\partial x}{\partial u} & \dfrac{\partial x}{\partial v} \\ \dfrac{\partial y}{\partial u} & \dfrac{\partial y}{\partial v} \end{vmatrix} = \dfrac{\partial x}{\partial u} \cdot \dfrac{\partial y}{\partial v} - \dfrac{\partial x}{\partial v} \cdot \dfrac{\partial y}{\partial u}$$

で与えられる．これは，1変数関数 $y=f(x)$ の定積分における置換積分 $x=g(t)$ のとき，$\displaystyle\int_a^b f(x)\,dx = \int_\alpha^\beta f(g(t))g'(t)\,dt$

x	$a \to b$
t	$\alpha \to \beta$

と比較すると覚えやすい．1変数の積分を**単積分**という．

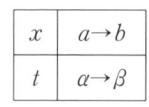

単積分 ⟺ 2重積分

単積分：
- （ア）$x=g(t)$ と変換する．
- （イ）$dx=g'(t)\,dt$ とする．
- （ウ）下端 a, 上端 b はそれぞれ $g(t)=a$, $g(t)=b$ を満たす $t=\alpha$, $t=\beta$ に変わる．

2重積分：
- （ア）①のように変数変換する．
- （イ）$dx\,dy = |J|\,du\,dv$ とする．
- （ウ）積分領域 D は，①の変換によって新しい積分領域 M に変わる．

（例）$\iint_D y\,dx\,dy$, $D: \sqrt{\dfrac{x}{a}} + \sqrt{\dfrac{y}{b}} \leq 1$ （$a>0, b>0$）を解いてみよう．

(解) $\sqrt{\dfrac{x}{a}}=u, \sqrt{\dfrac{y}{b}}=v$ とおくと

D は $M: u+v \leqq 1, u \geqq 0, v \geqq 0$
となり, $x=au^2, y=bv^2$ から

$$J=\begin{vmatrix} x_u & x_v \\ y_u & y_v \end{vmatrix}=\begin{vmatrix} 2au & 0 \\ 0 & 2bv \end{vmatrix}$$

$=2au \cdot 2bv = 4ab\,uv$

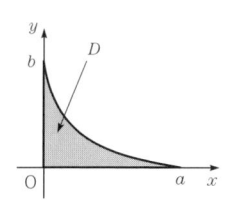

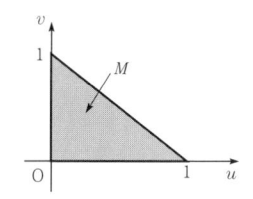

したがって, 与式 $=\iint_D y|J|\,du\,dv=\iint_M bv^2 \cdot 4ab uv\,du\,dv$

$$=4ab^2\int_0^1\left\{\int_0^{1-v} v^3 u\,du\right\}dv=4ab^2\int_0^1 v^3\left[\dfrac{u^2}{2}\right]_0^{1-v}dv$$

$$=2ab^2\int_0^1 v^3(1-v)^2\,dv=2ab^2\int_0^1(v^3-2v^4+v^5)\,dv$$

$$=2ab^2\left[\dfrac{v^4}{4}-\dfrac{2}{5}v^5+\dfrac{v^6}{6}\right]_0^1=2ab^2\left(\dfrac{1}{4}-\dfrac{2}{5}+\dfrac{1}{6}\right)=\dfrac{1}{30}ab^2$$

さて, 2重積分における変数変換の最も代表的なものが極座標への変換である. 直交座標の原点を極とし, x 軸の正の部分を始線とする極座標を考えると, 直交座標の点 $P(x,y)$ とその極座標 (r,θ) は

$$x=r\cos\theta,\ y=r\sin\theta \quad \cdots\cdots ③$$

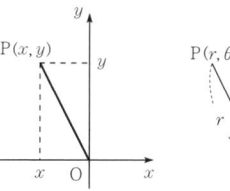

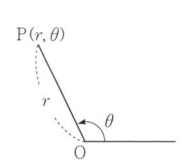

を満たし, $x^2+y^2=r^2$, $\cos\theta=\dfrac{x}{r}$, $\sin\theta=\dfrac{y}{r}$ も成り立つ. さらに

$$J=\begin{vmatrix} x_r & x_\theta \\ y_r & y_\theta \end{vmatrix}=\begin{vmatrix} \cos\theta & -r\sin\theta \\ \sin\theta & r\cos\theta \end{vmatrix}=\cos\theta \cdot r\cos\theta-(-r\sin\theta)\cdot\sin\theta=r$$

ここでは $r\geqq 0$ として考えるので, ③の変数変換を行うと

$$\iint_D f(x,y)\,dx\,dy=\iint_M f(r\cos\theta, r\sin\theta)\,r\,dr\,d\theta$$

となる. 極座標に変換すると, 「ヤコビアン r を掛ける」と覚えておこう.

2重積分 $\iint_D f(x,y)\,dx\,dy$ において極座標変換が有効であるのは, 本問の(1), (2)のように積分領域 D が円の場合と(3)のように被積分関数 $f(x,y)$ が x^2+y^2 の関数となっている場合, と理解しておくとよい.

(例) $\iint_D \sqrt{1-x^2-y^2}\,dx\,dy,\ D: x^2+y^2\leqq 1$ を解いてみよう.

(解) $x=r\cos\theta,\ y=r\sin\theta$ とおくと, $J=r$

D は $x^2+y^2=r^2$ より $r^2\leqq 1$ であるから, $r\geqq 0$ と合わせて $0\leqq r\leqq 1$

θ については束縛条件がないので，1 周分がとれて，$0 \leqq \theta \leqq 2\pi$
すなわち，$D \to M : 0 \leqq r \leqq 1,\ 0 \leqq \theta \leqq 2\pi$
したがって，与式 $= \iint_M \sqrt{1-r^2}\, r\, dr\, d\theta = \int_0^{2\pi} d\theta \int_0^1 r\sqrt{1-r^2}\, dr$
$= \Big[\theta\Big]_0^{2\pi} \Big[-\dfrac{1}{3}(1-r^2)^{\frac{3}{2}}\Big]_0^1 = 2\pi \cdot \dfrac{1}{3} = \dfrac{2}{3}\pi$

また，2 重積分 $\iint_D f(x,y)\, dx\, dy$ で，積分領域 D が $\dfrac{x^2}{a^2} + \dfrac{y^2}{b^2} \leqq 1$ すなわち楕円 $\dfrac{x^2}{a^2} + \dfrac{y^2}{b^2} = 1$ ($a>0,\ b>0$) の内部および周であるときは，$\begin{cases} x = ar\cos\theta \\ y = br\sin\theta \end{cases}$ と変換することも覚えておこう．

解 答

与えられた 2 重積分を I とおく．

(1) $x = r\cos\theta,\ y = r\sin\theta$ とおくと $J = r$
$D \to \underline{M : 1 \leqq r \leqq 2,\ 0 \leqq \theta \leqq 2\pi}_{\text{⑦}}$ より
$I = \iint_M \dfrac{r}{(r^2)^\alpha}\, dr\, d\theta = \int_0^{2\pi} d\theta \underline{\int_1^2 r^{1-2\alpha}\, dr}_{\text{①}}$

(i) $1 - 2\alpha = -1$ すなわち $\alpha = 1$ のとき
$I = \Big[\theta\Big]_0^{2\pi} \int_1^2 \dfrac{1}{r}\, dr = 2\pi\Big[\log r\Big]_1^2 = 2\pi \log 2$
……(答)

(ii) $1 - 2\alpha \neq -1$，すなわち $\alpha \neq 1$ のとき
$I = 2\pi\Big[\dfrac{r^{2-2\alpha}}{2-2\alpha}\Big]_1^2 = \dfrac{2^{2-2\alpha}-1}{1-\alpha}\pi$ ……(答)

(2) $x = r\cos\theta,\ y = r\sin\theta$ とおくと $J = r$
D は $r^2 \leqq ar\cos\theta$ かつ $ar\sin\theta \geqq 0$ から
$\underline{0 \leqq r \leqq a\cos\theta}_{\text{⑨}}$ かつ $\sin\theta \geqq 0$
$\therefore\ D \to M : 0 \leqq r \leqq a\cos\theta,\ 0 \leqq \theta \leqq \dfrac{\pi}{2}$

$I = \iint_M r\sin\theta \cdot r\, dr\, d\theta$
$= \int_0^{\frac{\pi}{2}} \Big\{\int_0^{a\cos\theta} r^2 \sin\theta\, dr\Big\} d\theta$
$= \int_0^{\frac{\pi}{2}} \sin\theta \Big[\dfrac{r^3}{3}\Big]_0^{a\cos\theta} d\theta$

⑦ $1 \leqq r^2 \leqq 4$ より $1 \leqq r \leqq 2$ となり，θ は 1 周すなわち $0 \leqq \theta \leqq 2\pi$．

① $\int_1^2 r^{1-2\alpha}\, dr = \Big[\dfrac{r^{2-2\alpha}}{2-2\alpha}\Big]_1^2$
と計算できるのは，$2-2\alpha \neq 0$，つまり $\alpha \neq 1$ のとき．よって，$\alpha = 1$ と $\alpha \neq 1$ の場合分けが必要．

⑨ この式から，$0 \leqq a\cos\theta$ すなわち，$\cos\theta \geqq 0$ を見落とさないこと．

$$= \frac{a^3}{3} \int_0^{\frac{\pi}{2}} \sin\theta \cos^3\theta\, d\theta$$
㊀
$$= \frac{a^3}{3}\left[-\frac{1}{4}\cos^4\theta\right]_0^{\frac{\pi}{2}} = \frac{a^3}{3}\cdot\frac{1}{4} = \frac{a^3}{12} \quad \cdots\cdots\text{(答)}$$

(3) $x = r\cos\theta$, $y = r\sin\theta$ とおくと $J = r$

㊀ D は, $0 \leqq \frac{1}{3}r\cos\theta \leqq r\sin\theta \leqq 1$ より, 左から順に

$0 \leqq \cos\theta$, $\frac{1}{3}\cos\theta \leqq \sin\theta$, $r\sin\theta \leqq 1$

$\frac{1}{3}\cos\theta = \sin\theta$, すなわち $\tan\theta = \frac{\sin\theta}{\cos\theta} = \frac{1}{3}$ となる角を α とすると

$D \to M : 0 \leqq r \leqq \frac{1}{\sin\theta}$, $\alpha \leqq \theta \leqq \frac{\pi}{2}$
㊎

$I = \iint_M r^2 \cdot r\, dr\, d\theta = \int_\alpha^{\frac{\pi}{2}} \left\{\int_0^{\frac{1}{\sin\theta}} r^3\, dr\right\} d\theta$

$= \int_\alpha^{\frac{\pi}{2}} \left[\frac{r^4}{4}\right]_0^{\frac{1}{\sin\theta}} d\theta = \frac{1}{4}\int_\alpha^{\frac{\pi}{2}} \frac{1}{\sin^4\theta} d\theta$

$= \frac{1}{4}\int_\alpha^{\frac{\pi}{2}} \frac{\sin^2\theta + \cos^2\theta}{\sin^4\theta} d\theta$

$= \frac{1}{4}\int_\alpha^{\frac{\pi}{2}} \left(\frac{1}{\sin^2\theta} + \frac{1}{\sin^2\theta}\cdot\frac{1}{\tan^2\theta}\right) d\theta$
㊐

$= \frac{1}{4}\left[-\frac{1}{\tan\theta} - \frac{1}{3}\frac{1}{\tan^3\theta}\right]_\alpha^{\frac{\pi}{2}}$
㊑

$= \frac{1}{4}\left(\frac{1}{\tan\alpha} + \frac{1}{3}\cdot\frac{1}{\tan^3\alpha}\right) = \frac{1}{4}\left(3 + \frac{1}{3}\cdot 3^3\right)$

$= 3 \qquad\qquad\qquad\qquad \cdots\cdots\text{(答)}$

㊀ $\sin\theta = -(\cos\theta)'$ に着目して

$\int \sin\theta \cos^3\theta\, d\theta$
$= -\int \cos^3\theta(\cos\theta)'\, d\theta$
$= -\frac{1}{4}\cos^4\theta$ とする.

㊎ 上図により θ は, $\tan\theta = \frac{1}{3}$ となる角 θ を α とするとき, $\alpha \leqq \theta \leqq \frac{\pi}{2}$ で, このとき $\sin\theta > 0$ より
$r \leqq \frac{1}{\sin\theta}$

㊐ $\int \frac{d\theta}{\sin^2\theta} = -\frac{1}{\tan\theta}$ より
$\int \frac{1}{\sin^2\theta}\cdot\frac{1}{\tan^2\theta} d\theta$
$= -\int \left(\frac{1}{\tan\theta}\right)'\left(\frac{1}{\tan\theta}\right)^2 d\theta$
$= -\frac{1}{3}\left(\frac{1}{\tan\theta}\right)^3$

㊑ $\frac{1}{\tan\frac{\pi}{2}} = \frac{\cos\frac{\pi}{2}}{\sin\frac{\pi}{2}} = 0$

問題 55　3重積分

次の3重積分の値を求めよ．ただし，$a>0$ とする．

(1) $\iiint_D dx\,dy\,dz$　　$D: x+y+z \leq a,\ x\geq 0,\ y\geq 0,\ z\geq 0$

(2) $\iiint_D x^2\,dx\,dy\,dz$　　$D: x^2+y^2+z^2 \leq a^2$

解説　3重以上の多重積分は，2重積分の場合と同様に，いくつかの変数のうち1つの変数に着目して他を固定し，1変数の関数とみなして積分をする．そしてこれをくり返し行えばよい．

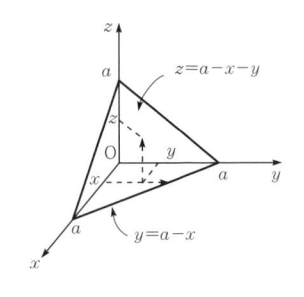

本問の(1)の積分領域 D は3次元空間の立体図形である．$x+y+z=a$ は3点 $(a,0,0)$，$(0,a,0)$，$(0,0,a)$ を通る平面で，$x=0$，$y=0$，$z=0$ は順に yz 平面，zx 平面，xy 平面を表すので，D は右図の四面体の内部および表面を表す．ここでは，まず，x と y を固定して，$0\leq z\leq a-x-y$ とし，次に，$x+y+z\leq a$ で $z=0$ として xy 平面上の領域 $x+y\leq a$，$x\geq 0$，$y\geq 0$ から，$0\leq y\leq a-x$，$0\leq x\leq a$ としてくり返し積分を行うことになる．

また，3重積分においても積分変数の変換を行うと計算が楽になる場合がある．ここでは，**空間極座標（球面座標）**への変換を整理しておこう．

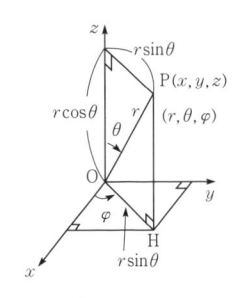

右図のように，点 $P(x,y,z)$ に対して $OP=r$ とし，$\overrightarrow{OP}$ と z 軸の正方向とのなす角を θ とする．さらに $H(x,y,0)$ とし，x 軸の正方向から $\overrightarrow{OH}$ へ向かう角を φ とすると

$$\begin{cases} x=\text{OH}\cos\varphi=\text{OP}\sin\theta\cos\varphi=r\sin\theta\cos\varphi \\ y=\text{OH}\sin\varphi=\text{OP}\sin\theta\sin\varphi=r\sin\theta\sin\varphi \\ z=\text{OP}\cos\theta=r\cos\theta \end{cases}$$
$$(r\geq 0,\ 0\leq\theta\leq\pi,\ 0\leq\varphi\leq 2\pi)$$

となり，直交座標の点 (x,y,z) は空間極座標の点 (r,θ,φ) に変換される．

$$\text{ヤコビアン } J = \begin{vmatrix} x_r & x_\theta & x_\varphi \\ y_r & y_\theta & y_\varphi \\ z_r & z_\theta & z_\varphi \end{vmatrix} = \begin{vmatrix} \sin\theta\cos\varphi & r\cos\theta\cos\varphi & -r\sin\theta\sin\varphi \\ \sin\theta\sin\varphi & r\cos\theta\sin\varphi & r\sin\theta\cos\varphi \\ \cos\theta & -r\sin\theta & 0 \end{vmatrix}$$
$$= r^2\sin\theta$$

となるので，3重積分 $I = \iiint_D f(x, y, z)\, dx\, dy\, dz$ に極座標変換を行うと
$I = \iiint_M f(r\sin\theta\cos\varphi, r\sin\theta\sin\varphi, r\cos\theta) \cdot r^2 \sin\theta\, dr\, d\theta\, d\varphi$ となる．

解答

(1) D は平面 $x+y+z=a$ と3つの座標平面で囲まれた部分である．

㋐ $D : 0 \leq z \leq a-x-y,\ 0 \leq y \leq a-x,\ 0 \leq x \leq a$

与式 $= \int_0^a \int_0^{a-x} \int_0^{a-x-y} dz\, dy\, dx$ ㋑

$= \int_0^a \int_0^{a-x} (a-x-y)\, dy\, dx$

$= \int_0^a \left[-\frac{(a-x-y)^2}{2} \right]_{y=0}^{y=a-x} dx$

$= \int_0^a \frac{(a-x)^2}{2}\, dx = \left[-\frac{(a-x)^3}{6} \right]_0^a = \frac{a^3}{6}$

……(答)

(2) $x = r\sin\theta\cos\varphi,\ y = r\sin\theta\sin\varphi,\ z = r\cos\theta$
とおくと $J = r^2 \sin\theta$

$D \to M$ ㋒ : $0 \leq r \leq a,\ 0 \leq \theta \leq \pi,\ 0 \leq \varphi \leq 2\pi$

与式 $= \iiint_M (r\sin\theta\cos\varphi)^2 \cdot r^2 \sin\theta\, dr\, d\theta\, d\varphi$

$= \int_0^{2\pi} \cos^2\varphi\, d\varphi \int_0^\pi \sin^3\theta\, d\theta \int_0^a r^4\, dr$

㋓ $\int_0^{2\pi} \cos^2\varphi\, d\varphi = 4\int_0^{\frac{\pi}{2}} \cos^2\varphi\, d\varphi = 4 \cdot \frac{1}{2} \cdot \frac{\pi}{2} = \pi$

㋔ $\int_0^\pi \sin^3\theta\, d\theta = 2\int_0^{\frac{\pi}{2}} \sin^3\theta\, d\theta = 2 \cdot \frac{2}{3} = \frac{4}{3}$

$\int_0^a r^4\, dr = \left[\frac{r^5}{5} \right]_0^a = \frac{a^5}{5}$

よって，与式 $= \pi \cdot \frac{4}{3} \cdot \frac{a^5}{5} = \frac{4}{15} \pi a^5$ ……(答)

㋐ 左頁の解説を参照のこと．

㋑ $\int_0^{a-x-y} dz = \left[z \right]_0^{a-x-y}$

㋒ D の境界が球面であるから，空間極座標への変換を考える．

㋓ D は $r^2 \leq a^2$ より $0 \leq r \leq a$ となり，θ と φ には束縛条件はない．すなわち，全範囲をとり得る．

㋔ $w = \cos^2\varphi$
$= \dfrac{1+\cos 2\varphi}{2}$ のグラフ．

㋕ $w = \sin^3\theta$ のグラフは $\theta = \dfrac{\pi}{2}$ に関して対称．

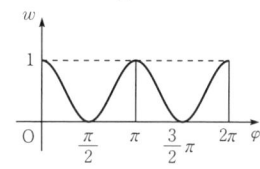

㋔と㋕はともに Wallis の公式を適用．

問題 56 2重積分を利用する体積

xyz 空間において，平面 $z=0$ 上の原点を中心とする半径 2 の円を底面とし，点 $(0,0,1)$ を頂点とする直円錐を A とする．また，平面 $z=0$ 上の点 $(1,0,0)$ を中心とする半径 1 の円を底面とし，平面 $z=1$ 上の点 $(1,0,1)$ を中心とする半径 1 の円を上面とする直円柱を B とする．このとき，直円錐 A と直円柱 B の共通部分の体積 V を求めよ．

解説

題意の直円錐 A，直円柱 B を図示すると右図のようになる．A と B の共通部分を xy 平面に平行な平面 $z=t$ $(0 \leq t \leq 1)$ で切ると右図のアミ部分のようになる．この断面積を $S(t)$ とすると，求める体積 V は，

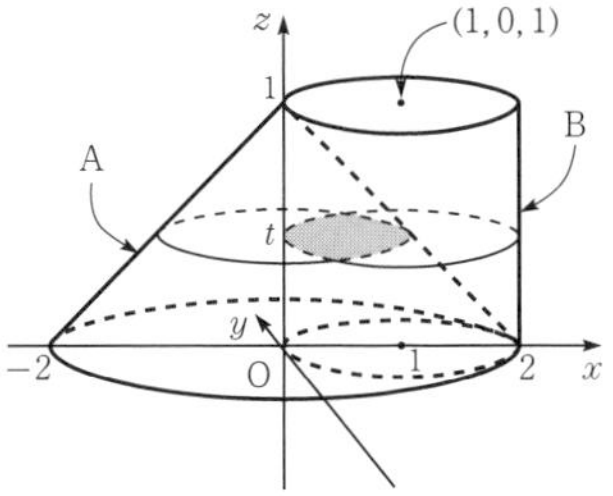

$$V = \int_0^1 断面積\, S(t)\, dt$$

で与えられることはすでに学んだ（『弱点克服大学生の微積分』p.100～101 参照）．

ここでは，この体積 V を 2 重積分の威力を借りてスムーズに求めてみよう．xy 平面上の点 $(1,0,0)$ を中心とする半径 1 の円の内部および周を領域 D とし，直円錐 A の側面の方程式を $z=f(x,y)$ とすると

$$V = \iint_D f(x,y)\, dx\, dy$$

で与えられる．ここで，側面の方程式は次のようにして求めることができる．

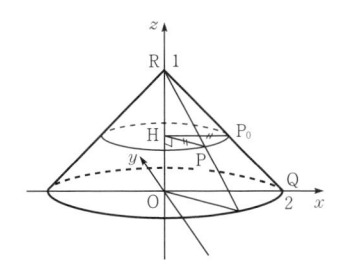

側面上の点を $P(x,y,z)$ $(0 \leq z \leq 1)$ とし，$H(0,0,z)$，$Q(2,0,0)$，$R(0,0,1)$ とすると

$$\frac{HR}{HP} = \frac{HR}{HP_0} = \frac{OR}{OQ} = \frac{1}{2} \quad から \quad 2\,HR = HP$$

$$\therefore \quad 2(1-z) = \sqrt{x^2+y^2}$$

すなわち，$z = 1 - \dfrac{1}{2}\sqrt{x^2+y^2}$ となる．

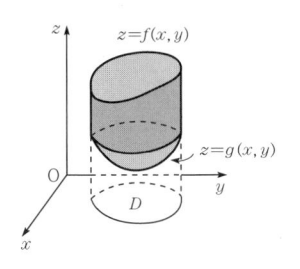

一般には，xy 平面の領域 D を底面とし，z 軸に平行な母線からなる柱体の 2 つの曲面 $z=f(x,y)$，$z=g(x,y)$ $(f(x,y) \geq g(x,y))$ の間にはさまれた部分の体積 V は 2 重積分

$$V = \iint_D \{f(x,y) - g(x,y)\} \, dx \, dy$$

で与えられる．

解答

平面 $z=0$ 上の点 $(1,0,0)$ を中心とする半径 1 の円の内部および周の領域を D とすると
$$D : (x-1)^2 + y^2 \leqq 1$$
また，直円錐 A の側面の方程式は
$$z = 1 - \frac{1}{2}\sqrt{x^2+y^2}$$
求める体積 V は 2 重積分の図形的性質から
$$V = \iint_D z \, dx \, dy = \iint_D \left(1 - \frac{1}{2}\sqrt{x^2+y^2}\right) dx \, dy$$
で与えられる．

$x = r\cos\theta$, $y = r\sin\theta$ とおくと，$J = r$
D は，$r^2 - 2r\cos\theta \leqq 0$ から
$$M : 0 \leqq r \leqq 2\cos\theta, \; -\frac{\pi}{2} \leqq \theta \leqq \frac{\pi}{2} \text{ に移る．}$$
したがって，
$$\begin{aligned} V &= \iint_M \left(1 - \frac{1}{2}r\right) r \, dr \, d\theta \\ &= 2\int_0^{\frac{\pi}{2}} \left\{\int_0^{2\cos\theta} \left(r - \frac{r^2}{2}\right) dr\right\} d\theta \\ &= 2\int_0^{\frac{\pi}{2}} \left[\frac{r^2}{2} - \frac{r^3}{6}\right]_0^{2\cos\theta} d\theta \\ &= 2\int_0^{\frac{\pi}{2}} \left(2\cos^2\theta - \frac{4}{3}\cos^3\theta\right) d\theta \\ &= 4\int_0^{\frac{\pi}{2}} \cos^2\theta \, d\theta - \frac{8}{3}\int_0^{\frac{\pi}{2}} \cos^3\theta \, d\theta \\ &= 4 \cdot \frac{1}{2} \cdot \frac{\pi}{2} - \frac{8}{3} \cdot \frac{2}{3} = \pi - \frac{16}{9} \end{aligned}$$
……(答)

⑦ 左頁を参照．
$\triangle$ HPR ∞ $\triangle$ OQR に着目している．

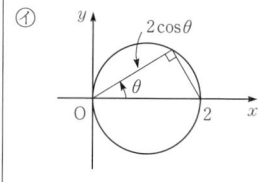

④

⑦ 左頁の最上図でわかるように，求める立体は xz 平面に関して対称であるから，$y \geqq 0$ の部分の 2 倍とした．

㊁ Wallis の公式
$I_n = \int_0^{\frac{\pi}{2}} \cos^n\theta \, d\theta$ は
(ア) n が偶数のとき；
$I_n = \frac{n-1}{n} \cdot \frac{n-3}{n-2} \cdots \frac{1}{2} \cdot \frac{\pi}{2}$
(イ) n が奇数のとき；
$I_n = \frac{n-1}{n} \cdot \frac{n-3}{n-2} \cdots \frac{2}{3}$

問題 57 2重積分における広義積分

次の広義積分を求めよ．
(1) $\iint_D \log(x^2+y^2)\,dx\,dy$　　　　$D: x^2+y^2 \leq 1$
(2) $\iint_D e^{-(x^2+2xy+4y^2)}\,dx\,dy$　　$D: xy$ 平面全体

解説　2重積分 $\iint_D f(x,y)\,dx\,dy$ において，D は有界であるが，D 内に定義されない点あるいは定義されるが不連続な点，すなわち $f(x,y)$ の特異点 P があるとき，P を含む小さい閉領域を D_1 とし，$D'=D\cap\overline{D_1}(=D-D_1)$ とする．

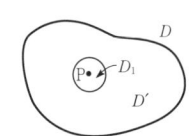

このとき
$$\iint_D f(x,y)\,dx\,dy = \lim_{D_1\to P}\iint_{D'} f(x,y)\,dx\,dy$$

と定義する．1変数関数の広義積分と同様に，重積分においても広義積分を扱う．

$I=\iint_D \dfrac{dx\,dy}{\sqrt{1-x^2-y^2}}$, $D: x^2+y^2\leq 1$　について考えてみよう．

$f(x,y)=\dfrac{1}{\sqrt{1-x^2-y^2}}$ は原点では定義されないので，原点は**特異点**であるが，

$D': \varepsilon^2 \leq x^2+y^2 \leq 1$ （$\varepsilon>0$）を考えると，$\varepsilon\to +0$ のとき $D'\to D$ で，$f(x,y)$ は D' では連続だから積分可能である．さらに，極座標に変換して

$$I_1 = \iint_{D'} \frac{dx\,dy}{\sqrt{1-x^2-y^2}} = \int_0^{2\pi} d\theta \int_\varepsilon^1 \frac{r}{\sqrt{1-r^2}}\,dr = \Big[\theta\Big]_0^{2\pi}\Big[-\sqrt{1-r^2}\Big]_\varepsilon^1 = 2\pi\sqrt{1-\varepsilon^2}$$

$$\therefore \quad I = \iint_D \frac{dx\,dy}{\sqrt{1-x^2-y^2}} = \lim_{\varepsilon\to +0} I_1 = \lim_{\varepsilon\to +0} 2\pi\sqrt{1-\varepsilon^2} = 2\pi$$

となる．これは簡便法を用いて次のようにしてもよい．

$$I = \iint_D \frac{dx\,dy}{\sqrt{1-x^2-y^2}} = \iint_M \frac{r}{\sqrt{1-r^2}}\,dr\,d\theta \quad (M: 0\leq r\leq 1)$$
$$= \int_0^{2\pi} d\theta \int_0^1 \frac{r}{\sqrt{1-r^2}}\,dr = \Big[\theta\Big]_0^{2\pi}\Big[-\sqrt{1-r^2}\Big]_0^1 = 2\pi\cdot 1 = 2\pi$$

また，$\iint_D f(x,y)\,dx\,dy$ において，D が有界でないとき，D に含まれる有界な閉領域を D' とし，D 内で D' を大きくして限りなく D に近づけると考えて

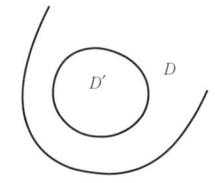

$$\iint_D f(x,y)\,dx\,dy = \lim_{D'\to D}\iint_{D'} f(x,y)\,dx\,dy \quad \text{と定義する．}$$

解 答 与えられた広義積分を I とおく.

(1) 原点が特異点である.　　　㋐
　　極座標に変換して $J=r$ かつ $D \to M : 0 \leqq r \leqq 1$

$$\therefore I = \int_0^{2\pi} d\theta \int_0^1 (\log r^2) \cdot r \, dr \, d\theta$$

$$= 2\pi \int_0^1 \underbrace{2r \log r \, dr}_{㋑}$$

$$= 2\pi \left(\underbrace{\left[r^2 \log r \right]_0^1}_{㋒} - \int_0^1 r^2 \cdot \frac{1}{r} dr \right)$$

$$= 2\pi \left(\underbrace{-\lim_{\varepsilon \to +0} \varepsilon^2 \log \varepsilon}_{㋓} - \left[\frac{r^2}{2} \right]_0^1 \right)$$

$$= 2\pi \left(\underbrace{\lim_{t \to \infty} \frac{\log t}{t^2}}_{㋔} - \frac{1}{2} \right) = 2\pi \cdot \left(-\frac{1}{2} \right) = -\pi$$

……(答)

(2) $I = \iint_D e^{-\{(x+y)^2 + (\sqrt{3}y)^2\}} dx \, dy$

$\begin{cases} x+y = u \\ \sqrt{3}y = v \end{cases}$ とおくと, $\begin{cases} x = u - \dfrac{1}{\sqrt{3}}v \\ y = \dfrac{1}{\sqrt{3}}v \end{cases}$

$$J = \begin{vmatrix} x_u & x_v \\ y_u & y_v \end{vmatrix} = \begin{vmatrix} 1 & -\dfrac{1}{\sqrt{3}} \\ 0 & \dfrac{1}{\sqrt{3}} \end{vmatrix} = \dfrac{1}{\sqrt{3}}$$

$\underbrace{D : xy \text{ 平面全体}}_{㋕} \longrightarrow M : uv \text{ 平面全体}$

したがって, $I = \underbrace{\iint_M e^{-(u^2+v^2)} \cdot \dfrac{1}{\sqrt{3}} du \, dv}_{㋖}$

さらに, $\begin{cases} u = r\cos\theta \\ v = r\sin\theta \end{cases}$ とおくと $J = r$

$M \longrightarrow N : \begin{cases} 0 \leqq r < \infty \\ 0 \leqq \theta \leqq 2\pi \end{cases}$

よって, $I = \dfrac{1}{\sqrt{3}} \iint_N e^{-r^2} \cdot r \, dr \, d\theta$

$= \dfrac{1}{\sqrt{3}} \int_0^{2\pi} d\theta \int_0^\infty r e^{-r^2} dr$

$= \dfrac{1}{\sqrt{3}} \left[\theta \right]_0^{2\pi} \cdot \left[-\dfrac{1}{2} e^{-r^2} \right]_0^\infty = \dfrac{\sqrt{3}}{3} \pi$

……(答)

㋐ $\log(x^2+y^2)$ は原点において定義されない.

㋑ 部分積分法.

㋒ $\left[r^2 \log r \right]_0^1$
$= \log 1 - 0^2 \log 0$ とすると $0^2 \log 0$ の値が困るので, 定義に戻って
$\left[r^2 \log r \right]_0^1$
$= \lim_{\varepsilon \to +0} \left[r^2 \log r \right]_\varepsilon^1$ とする.

㋓ $\varepsilon = \dfrac{1}{t}$ とおく.

㋔ ロピタルの定理.

㋕ x, y が独立に全実数をとるとき, u, v も独立に全実数をとる.

㋖ $\iint_M e^{-(u^2+v^2)} du \, dv$
$= \int_{-\infty}^\infty e^{-u^2} du \int_{-\infty}^\infty e^{-v^2} dv$
$= \left\{ \int_{-\infty}^\infty e^{-u^2} du \right\}^2$
となるが,
$\int_{-\infty}^\infty e^{-u^2} du = \sqrt{\pi}$
は覚えておこう.

Tea Time ……………… 曲面積

次の曲面の面積 S を求めよ.
(1) 2 平面 $z=0$, $z=bx$ $(b>0)$ の間にある円柱 $x^2+y^2=a^2$ $(a>0)$ の側面.
(2) 円柱面 $x^2+y^2=ax$ の球面 $x^2+y^2+z^2=a^2$ $(a>0)$ の内部にある部分.

● —— D を xy 平面上の領域とする.
D が底面で z 軸に平行な母線をもつ柱体を曲面 $z=f(x,y)$ で切るとき,その切り口の曲面積 S は
$$S=\iint_D \sqrt{1+\left(\frac{dz}{dx}\right)^2+\left(\frac{dz}{dy}\right)^2}\,dx\,dy$$

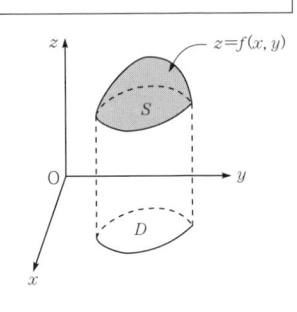

[解答] (1) 円柱 $x^2+y^2=a^2$ において, y を x, z の関数とみなすと, $y\geqq 0$ のとき,
$$y=\sqrt{a^2-x^2}.$$
対称性を考えて
$$S=4\iint_D \sqrt{1+\left(\frac{\partial y}{\partial x}\right)^2+\left(\frac{\partial y}{\partial z}\right)^2}\,dx\,dz$$
$\dfrac{\partial y}{\partial x}=\dfrac{-2x}{2\sqrt{a^2-x^2}}=\dfrac{-x}{\sqrt{a^2-x^2}}$, $\dfrac{\partial y}{\partial z}=0$ より
$$S=4\iint_D \sqrt{1+\frac{x^2}{a^2-x^2}}\,dx\,dz=4\int_0^a dx\int_0^{bx}\frac{a}{\sqrt{a^2-x^2}}\,dz$$ 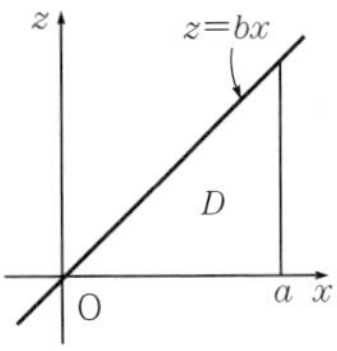 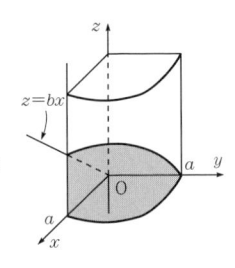
$$=4\int_0^a \frac{a}{\sqrt{a^2-x^2}}\cdot bx\,dx=4ab\left[-\sqrt{a^2-x^2}\right]_0^a=4a^2 b$$

(2) 円柱面と球面の交線の xz 平面への正射影は, 2 式より y を消去して,
$$z^2=a^2-ax\quad z\geqq 0\text{ のとき,}\quad z=\sqrt{a^2-ax}$$
円柱面では, $y\geqq 0$ のとき, $y=\sqrt{ax-x^2}$
対称性を考えて, 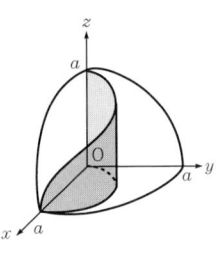
$$S=4\iint_0 \sqrt{1+\left(\frac{\partial y}{\partial x}\right)^2+\left(\frac{\partial y}{\partial z}\right)^2}\,dx\,dz \quad (D:0\leqq z\leqq\sqrt{a^2-ax},\ 0\leqq x\leqq a)$$
$$=4\int_0^a dx\int_0^{\sqrt{a^2-ax}} \sqrt{1+\left(\frac{a-2x}{2\sqrt{ax-x^2}}\right)^2}\,dz$$
$$=4\int_0^a dx\int_0^{\sqrt{a^2-ax}} \frac{a}{2\sqrt{ax-x^2}}\,dz=2\int_0^a \frac{a\sqrt{a^2-ax}}{\sqrt{ax-x^2}}\,dx=2\int_0^a \frac{a\sqrt{a}}{\sqrt{x}}\,dx$$
$$=2a\sqrt{a}\left[2\sqrt{x}\right]_0^a=4a^2$$

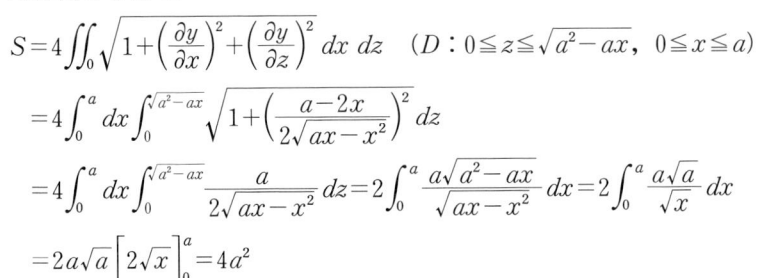

Chapter 4

線形代数

問題 58　2次の正方行列の n 乗

(1) $A=\begin{bmatrix} 2 & 6 \\ 0 & -1 \end{bmatrix}$ のとき，A^n（n は自然数）を推定し，それが正しいことを数学的帰納法で示せ．

(2) $A=\begin{bmatrix} 2 & 1 \\ -1 & 4 \end{bmatrix}$ のとき，A^n（n は自然数）を求めよ．

解説　2次の正方行列 A の n 乗を求めるには，推定法あるいはケーリー＝ハミルトンの定理の活用などがある．

[1] 数学的帰納法の利用

A^2，A^3 などから A^n を推定し，成り立つことを数学的帰納法で証明する．

(例)　$A=\begin{bmatrix} 3 & 2 \\ 0 & 3 \end{bmatrix}$ のとき，A^n（n は自然数）を求めてみよう．

(解)　$A=\begin{bmatrix} 3 & 2 \\ 0 & 3 \end{bmatrix}=\begin{bmatrix} a & b \\ 0 & a \end{bmatrix}$ のとき，$A^2=\begin{bmatrix} a & b \\ 0 & a \end{bmatrix}\begin{bmatrix} a & b \\ 0 & a \end{bmatrix}=\begin{bmatrix} a^2 & 2ab \\ 0 & a^2 \end{bmatrix}$

$A^3=A^2A=\begin{bmatrix} a^2 & 2ab \\ 0 & a^2 \end{bmatrix}\begin{bmatrix} a & b \\ 0 & a \end{bmatrix}=\begin{bmatrix} a^3 & 3a^2b \\ 0 & a^3 \end{bmatrix}$

よって，$A^n=\begin{bmatrix} a^n & na^{n-1}b \\ 0 & a^n \end{bmatrix}$　すなわち $A^n=\begin{bmatrix} 3^n & 2n3^{n-1} \\ 0 & 3^n \end{bmatrix}$ と推定できる．

数学的帰納法で示す．$n=1$ のときは自明．$n=k$ のとき成り立つとすると

$A^{k+1}=A^kA=\begin{bmatrix} 3^k & 2k3^{k-1} \\ 0 & 3^k \end{bmatrix}\begin{bmatrix} 3 & 2 \\ 0 & 3 \end{bmatrix}=\begin{bmatrix} 3^{k+1} & 2\cdot 3^k+2k3^k \\ 0 & 3^{k+1} \end{bmatrix}=\begin{bmatrix} 3^{k+1} & 2(k+1)3^k \\ 0 & 3^{k+1} \end{bmatrix}$

となり，$n=k+1$ のときも成り立つ．よって，推定は正しい．

[2] ケーリー＝ハミルトンの定理の利用

(例)　$A=\begin{bmatrix} 1 & 2 \\ 2 & 4 \end{bmatrix}$ のとき，$A^2=5A$ から　$A^n=5^{n-1}A=5^{n-1}\begin{bmatrix} 1 & 2 \\ 2 & 4 \end{bmatrix}$

$A=\begin{bmatrix} 1 & 1 \\ 2 & -1 \end{bmatrix}$ のとき，$A^2=3E$ から　$\begin{cases} A^{2n}=(A^2)^n=(3E)^n=3^nE \\ A^{2n-1}=(A^2)^{n-1}A=3^{n-1}A \end{cases}$

$A=\begin{bmatrix} 3 & 3 \\ 2 & 4 \end{bmatrix}$ のとき，$A^2-7A+6E=O$ を満たすので

$A^n=(A^2-7A+6E)Q(A)+pA+qE=pA+qE$

p と q は，$x^n=(x^2-7x+6)Q(x)+px+q$ から　$p+q=1$, $6p+q=6^n$

$\therefore\ p=\dfrac{6^n-1}{5}$, $q=\dfrac{6-6^n}{5}$　よって，$A^n=\dfrac{6^n-1}{5}A+\dfrac{6-6^n}{5}E$

解 答

(1) ㋐ $A = \begin{bmatrix} a & b \\ 0 & d \end{bmatrix}$ のとき，$A^{n+1} = A^n A$ により，

$A^2 = \begin{bmatrix} a^2 & b(a+d) \\ 0 & d^2 \end{bmatrix}$，$A^3 = \begin{bmatrix} a^3 & b(a^2+ad+d^2) \\ 0 & d^3 \end{bmatrix}$

これより，$a \neq d$ のとき

$$A^n = \begin{bmatrix} a^n & \dfrac{b(a^n - d^n)}{a-d} \\ 0 & d^n \end{bmatrix}$$

すなわち ㋑ $A^n = \begin{bmatrix} 2^n & 2\{2^n - (-1)^n\} \\ 0 & (-1)^n \end{bmatrix}$ ……①

と推定できる．これを数学的帰納法で示す．

（ⅰ） $n=1$ のとき，自明．

（ⅱ） $n=k$ のとき，①が成り立つと仮定すると

$A^{k+1} = A^k A = \begin{bmatrix} 2^k & 2\{2^k - (-1)^k\} \\ 0 & (-1)^k \end{bmatrix} \begin{bmatrix} 2 & 6 \\ 0 & -1 \end{bmatrix}$

$= \begin{bmatrix} 2^{k+1} & 6 \cdot 2^k - 2\{2^k - (-1)^k\} \\ 0 & (-1)^{k+1} \end{bmatrix}$

$= \begin{bmatrix} 2^{k+1} & 2\{2^{k+1} - (-1)^{k+1}\} \\ 0 & (-1)^{k+1} \end{bmatrix}$

よって，$n=k+1$ のときも成立し，推定は正しい．

(2) 行列 A は $A^2 - 6A + 9E = O$ を満たすので

㋒ $A^n = (A^2 - 6A + 9E)Q(A) + pA + qE$

㋓ $x^n = (x^2 - 6x + 9)Q(x) + px + q$

$\quad\quad = (x-3)^2 Q(x) + px + q$ とおくと

㋔ $nx^{n-1} = 2(x-3)Q(x) + (x-3)^2 Q'(x) + p$

これより ㋕ $3p + q = 3^n$，$p = n \cdot 3^{n-1}$

$\therefore \ p = n \cdot 3^{n-1}$，$q = (1-n) 3^n$

よって，求める A^n は

$A^n = pA + qE = n \cdot 3^{n-1} A + (1-n) 3^n E$

$\quad = \begin{bmatrix} (3-n) 3^{n-1} & n \cdot 3^{n-1} \\ -n \cdot 3^{n-1} & (3+n) 3^{n-1} \end{bmatrix}$ ……（答）

㋐ 三角行列の n 乗を推定するときは，本問のようにまずは文字に置き換えて推定するとよい．

㋑ A^n の $(1,2)$ 成分は

$b(a^{n-1} + a^{n-2}d + \cdots + d^{n-1})$

$= b \cdot \dfrac{a^n - d^n}{a - d}$

$= 6 \cdot \dfrac{2^n - (-1)^n}{2 - (-1)}$

$= 2\{2^n - (-1)^n\}$

㋒ ケーリー＝ハミルトンの定理．

㋓ $AE = EA = A$

が成り立つので，整式のように割り算ができる．

㋔ $x^n = (x-3)^2 Q(x) + px + q$

の両辺を x で微分した．

㋕ $x^n = \sim$，$nx^{n-1} = \sim$

の等式はいずれも x の恒等式であるから，$x = 3$ を代入した．

問題 59　行列の階数

次の行列 A の階数を求めよ.

(1) $A = \begin{bmatrix} 4 & 1 & 5 & -1 \\ 9 & 2 & 13 & -1 \\ 9 & 3 & 6 & 1 \end{bmatrix}$

(2) $A = \begin{bmatrix} 1 & 2 & -3 \\ 2 & 1 & 0 \\ -2 & -1 & 3 \\ -1 & 4 & -3 \end{bmatrix}$

(3) $A = \begin{bmatrix} 0 & 2 & 3 & 2 & 3 \\ 1 & 3 & 0 & 1 & 2 \\ 2 & 4 & -3 & 0 & 1 \\ 1 & 1 & -3 & -1 & -1 \end{bmatrix}$

解説

$m \times n$ 行列 A ($\neq O$) について次の操作を**基本変形**という.

(i)　A の 1 つの行(列)を c 倍する. ($c \neq 0$)
(ii)　A の 1 つの行(列)に, 他の行(列)の c 倍を加える.
(iii)　A の 2 つの行(列)を交換する.

このとき, A に有限回の基本変形を行なって, 次の形の行列に変形できる.

$$A \longrightarrow \begin{bmatrix} 1 & & & & & \\ & 1 & & O & & X \\ & & \ddots & & & \\ & O & & 1 & & \\ \hline & & O & & & O \end{bmatrix} = \begin{bmatrix} E_r & X \\ O & O \end{bmatrix}$$

ここに, E_r は r 次の単位行列, X は $r \times (n-r)$ 行列である. E_r は A の基本変形の仕方によらずに一意に決まるが, この r を行列 A の**階数**(**rank**)といい, $\text{rank}\,A$ あるいは $r(A)$ などと表す.

A が $m \times n$ 行列のとき, $0 \leq \text{rank}\,A \leq \min(m, n)$ であり, $\text{rank}\,A = 0$ となるのは $A = O$ のときに限る. なお,

$\begin{bmatrix} 1 & 3 & -7 & 14 \\ -3 & 1 & 1 & 8 \\ -2 & -1 & 4 & -3 \end{bmatrix} \xrightarrow[\text{③+①×2}]{\text{②+①×3}} \begin{bmatrix} 1 & 3 & -7 & 14 \\ 0 & 10 & -20 & 50 \\ 0 & 5 & -10 & 25 \end{bmatrix} \xrightarrow{\text{③-②×}\frac{1}{2}} \begin{bmatrix} ① & 3 & -7 & 14 \\ 0 & ⑩ & -20 & 50 \\ 0 & 0 & 0 & 0 \end{bmatrix}$

$\text{rank}\,A = 2$

ともできるが, 上の最後の形を**階段行列**と呼ぶ. $\bigcirc \neq 0$ に注意.

問題 59 行列の階数

解答

(1) $A \xrightarrow{\boxed{1} \leftrightarrow \boxed{2}} \begin{bmatrix} 1 & 4 & 5 & -1 \\ 2 & 9 & 13 & -1 \\ 3 & 9 & 6 & 1 \end{bmatrix}$

$\xrightarrow[\boxed{3}-\boxed{1}\times 3]{\boxed{2}-\boxed{1}\times 2} \begin{bmatrix} 1 & 4 & 5 & -1 \\ 0 & 1 & 3 & 1 \\ 0 & -3 & -9 & 4 \end{bmatrix}$

$\xrightarrow[(\boxed{3}+\boxed{2}\times 3)\div 7]{\boxed{1}-\boxed{2}\times 4} \begin{bmatrix} 1 & 0 & -7 & -5 \\ 0 & 1 & 3 & 1 \\ 0 & 0 & 0 & 1 \end{bmatrix}$ ⑦

よって,rank $A = 3$ ……(答)

(2) $A \xrightarrow[\substack{\boxed{3}+\boxed{1}\times 2 \\ \boxed{4}+\boxed{1}}]{\boxed{2}-\boxed{1}\times 2} \begin{bmatrix} 1 & 2 & -3 \\ 0 & -3 & 6 \\ 0 & 3 & -3 \\ 0 & 6 & -6 \end{bmatrix} \xrightarrow[\boxed{4}-\boxed{3}\times 2]{\boxed{2}+\boxed{3}} \begin{bmatrix} 1 & 2 & -3 \\ 0 & 0 & 3 \\ 0 & 3 & -3 \\ 0 & 0 & 0 \end{bmatrix}$

$\xrightarrow{\boxed{2} \leftrightarrow \boxed{3}} \begin{bmatrix} 1 & 2 & -3 \\ 0 & 3 & -3 \\ 0 & 0 & 3 \\ 0 & 0 & 0 \end{bmatrix} \xrightarrow[\boxed{3}\div 3]{\boxed{2}\div 3} \begin{bmatrix} 1 & 2 & -3 \\ 0 & 1 & -1 \\ 0 & 0 & 1 \\ 0 & 0 & 0 \end{bmatrix}$ ④

よって,rank $A = 3$ ……(答)

(3) $A \xrightarrow{\boxed{1} \leftrightarrow \boxed{2}} \begin{bmatrix} 1 & 3 & 0 & 1 & 2 \\ 0 & 2 & 3 & 2 & 3 \\ 2 & 4 & -3 & 0 & 1 \\ 1 & 1 & -3 & -1 & -1 \end{bmatrix}$

$\xrightarrow[\boxed{4}-\boxed{1}]{\boxed{3}-\boxed{1}\times 2} \begin{bmatrix} 1 & 3 & 0 & 1 & 2 \\ 0 & 2 & 3 & 2 & 3 \\ 0 & -2 & -3 & -2 & -3 \\ 0 & -2 & -3 & -2 & -3 \end{bmatrix}$

$\xrightarrow[\boxed{4}+\boxed{2}]{\boxed{3}+\boxed{2}} \begin{bmatrix} 1 & 3 & 0 & 1 & 2 \\ 0 & 2 & 3 & 2 & 3 \\ 0 & 0 & 0 & 0 & 0 \\ 0 & 0 & 0 & 0 & 0 \end{bmatrix}$ ⑨

よって,rank $A = 2$ ……(答)

⑦ 階段行列から
rank $A = 3$
$[E_3 \ X]$ の形にすると
$\begin{bmatrix} 1 & 0 & 0 & | & -7 \\ 0 & 1 & 0 & | & 3 \\ 0 & 0 & 1 & | & 0 \end{bmatrix}$

④ 階段行列から
rank $A = 3$
$\begin{bmatrix} E_3 \\ O \end{bmatrix}$ の形にすると
$\begin{bmatrix} 1 & 0 & 0 \\ 0 & 1 & 0 \\ 0 & 0 & 1 \\ \hline 0 & 0 & 0 \end{bmatrix}$

⑨ 階段行列から
rank $A = 2$
$\begin{bmatrix} E_2 & X \\ O & O \end{bmatrix}$ の形にすると,
$\{\boxed{2}-(\boxed{4}+\boxed{5})\}\div(-3)$ から
$\begin{bmatrix} 1 & 0 & | & 0 & 1 & 2 \\ 0 & 1 & | & 3 & 2 & 3 \\ \hline 0 & 0 & | & 0 & 0 & 0 \\ 0 & 0 & | & 0 & 0 & 0 \end{bmatrix}$

問題 60　実ベクトル空間の1次独立・1次従属

(1) ベクトル $\boldsymbol{a}=\begin{bmatrix} a \\ b \\ c \end{bmatrix}$, $\boldsymbol{b}=\begin{bmatrix} c \\ a \\ b \end{bmatrix}$, $\boldsymbol{c}=\begin{bmatrix} b \\ c \\ a \end{bmatrix}$ が1次従属であるための必要十分条件を求めよ．ただし，a, b, c は実数である．

(2) $\boldsymbol{c}=\begin{bmatrix} a \\ b \\ c \\ d \end{bmatrix}$ が $\boldsymbol{a}=\begin{bmatrix} 1 \\ 2 \\ -1 \\ 1 \end{bmatrix}$, $\boldsymbol{b}=\begin{bmatrix} 2 \\ 6 \\ 1 \\ 4 \end{bmatrix}$ の張る空間 U に属するための必要十分条件を求めよ．

解説

実ベクトル空間 V の元 $\boldsymbol{a}_1, \boldsymbol{a}_2, \cdots, \boldsymbol{a}_p$ に対して

$$k_1\boldsymbol{a}_1 + k_2\boldsymbol{a}_2 + \cdots + k_p\boldsymbol{a}_p = 0 \implies k_1 = k_2 = \cdots = k_p = 0 \quad \cdots\cdots ①$$

が成り立つとき，$\boldsymbol{a}_1, \boldsymbol{a}_2, \cdots, \boldsymbol{a}_p$ は**1次独立**（線形独立）であるという．①が成り立たないとき，$\boldsymbol{a}_1, \boldsymbol{a}_2, \cdots, \boldsymbol{a}_p$ は**1次従属**（線形従属）であるという．

$\boldsymbol{a}$ が1次独立なベクトル $\boldsymbol{a}_1, \boldsymbol{a}_2, \cdots, \boldsymbol{a}_p$ によって $\boldsymbol{a} = k_1\boldsymbol{a}_1 + k_2\boldsymbol{a}_2 + \cdots + k_p\boldsymbol{a}_p$ と表されるとき，表し方は一意であるが，$\boldsymbol{a}$ は $\boldsymbol{a}_1, \boldsymbol{a}_2, \cdots, \boldsymbol{a}_p$ の張る空間に属するという．また，p 個のベクトル $\boldsymbol{a}_i \ (1 \leq i \leq p)$ が1次独立かどうかは，

$$\boldsymbol{a}_1 = \begin{bmatrix} a_{11} \\ a_{21} \\ \vdots \\ a_{n1} \end{bmatrix}, \cdots, \boldsymbol{a}_p = \begin{bmatrix} a_{1p} \\ a_{2p} \\ \vdots \\ a_{np} \end{bmatrix} \text{が1次独立} \iff \text{rank}[\boldsymbol{a}_1 \ \cdots \ \boldsymbol{a}_p] = p$$
$$\text{（1次従属）} \qquad\qquad\qquad (<p)$$

とくに，$p = n$ のときは行列式を用いて次のようにしてもよい．

$$\boldsymbol{a}_1, \cdots, \boldsymbol{a}_n \text{ が1次独立（1次従属）} \iff \text{行列式} |\boldsymbol{a}_1 \ \cdots \ \boldsymbol{a}_n| \neq 0 (= 0)$$

(例) $\boldsymbol{a}_1 = \begin{bmatrix} 1 \\ 2 \\ 3 \\ 4 \end{bmatrix}$, $\boldsymbol{a}_2 = \begin{bmatrix} 2 \\ 3 \\ -1 \\ 1 \end{bmatrix}$, $\boldsymbol{a}_3 = \begin{bmatrix} -1 \\ 0 \\ 11 \\ 10 \end{bmatrix}$ は1次独立か従属かを判定しよう．

(解) $A = [\boldsymbol{a}_1 \ \boldsymbol{a}_2 \ \boldsymbol{a}_3] \xrightarrow[\substack{②-①\times 2 \\ ③-①\times 3 \\ ④-①\times 4}]{} \begin{bmatrix} 1 & 2 & -1 \\ 0 & -1 & 2 \\ 0 & -7 & 14 \\ 0 & -7 & 14 \end{bmatrix} \longrightarrow \begin{bmatrix} 1 & 0 & 3 \\ 0 & 1 & -2 \\ 0 & 0 & 0 \\ 0 & 0 & 0 \end{bmatrix}$

よって $\text{rank}\, A = 2 <$ ベクトルの数 3 で，1次従属（実際，$\boldsymbol{a}_3 = 3\boldsymbol{a}_1 - 2\boldsymbol{a}_2$）．

解 答

(1) 与えられた3つのベクトルが1次従属であるための必要十分条件は

㋐ $|A| = |\boldsymbol{a}\ \boldsymbol{b}\ \boldsymbol{c}| = 0$

$$|A| = \begin{vmatrix} a & c & b \\ b & a & c \\ c & b & a \end{vmatrix}$$

$= a^3 + b^3 + c^3 - 3abc$
㋑
$= (a+b+c)(a^2+b^2+c^2-ab-bc-ca)$
㋒
$= \dfrac{1}{2}(a+b+c)\{(a-b)^2+(b-c)^2+(c-a)^2\}$

$= 0$

であるから $a+b+c=0$
または ㋓ $(a-b)^2+(b-c)^2+(c-a)^2=0$
よって,求める必要十分条件は
　　$a+b+c=0$　　または　　$a=b=c$　　……(答)

(2) $A=[\boldsymbol{a}\ \boldsymbol{b}]$ とすると

㋔ $[A\ \boldsymbol{c}] = \begin{bmatrix} 1 & 2 & a \\ 2 & 6 & b \\ -1 & -1 & c \\ 1 & 4 & d \end{bmatrix} \xrightarrow[\substack{②-①\times 2 \\ ③+① \\ ④-①}]{} \begin{bmatrix} 1 & 2 & a \\ 0 & 2 & b-2a \\ 0 & 1 & c+a \\ 0 & 2 & d-a \end{bmatrix}$

$\xrightarrow[\substack{①-③\times 2 \\ ②-③\times 2 \\ ④-③\times 2}]{} \begin{bmatrix} 1 & 0 & -a-2c \\ 0 & 0 & -4a+b-2c \\ 0 & 1 & a+c \\ 0 & 0 & -3a-2c+d \end{bmatrix}$

$\xrightarrow[②\leftrightarrow③]{} \begin{bmatrix} 1 & 0 & -a-2c \\ 0 & 1 & a+c \\ 0 & 0 & -4a+b-2c \\ 0 & 0 & -3a-2c+d \end{bmatrix}$

よって,㋕求める条件は
　　$-4a+b-2c=0$　かつ　$-3a-2c+d=0$
すなわち,$b=4a+2c$　かつ　$d=3a+2c$
　　　　　　　　　　　　　　　　……(答)

㋐ 行列 $A=[\boldsymbol{a}\ \boldsymbol{b}\ \boldsymbol{c}]$ は3次の正方行列だから,行列式で考えることができる.
あるいは,
　$\boldsymbol{a},\ \boldsymbol{b},\ \boldsymbol{c}$ が1次従属
　$\Longleftrightarrow \mathrm{rank}\,A \neq 3$
として考えてもよい.

㋑ 因数分解できる.

㋒ $a^2+b^2+c^2-ab-bc-ca$
$=\dfrac{1}{2}(2a^2+2b^2+2c^2$
　　　$-2ab-2bc-2ca)$
( )内は3つの平方式の和となる.

㋓ (実数)$^2 \geq 0$ だから,本式が成り立つのは
　　$a-b=b-c=c-a=0$
のとき.

㋔ $\boldsymbol{c}=x\boldsymbol{a}+y\boldsymbol{b}$ を満たす実数 $x,\ y$ が存在するための条件を求めればよいから

$[\boldsymbol{a}\ \boldsymbol{b}]\begin{bmatrix} x \\ y \end{bmatrix} = \boldsymbol{c}$　すなわち

連立1次方程式 $A\begin{bmatrix} x \\ y \end{bmatrix} = \boldsymbol{c}$ が解をもつための条件を考えればよい.

㋕ $\mathrm{rank}[A\ \boldsymbol{c}]$
$=\mathrm{rank}\,A = 2$

問題 61 連立 1 次方程式（1）

次の連立 1 次方程式を解け.
$$\begin{cases} x+3y+z-5w=-2 \\ 2x-y-z+5w=6 \\ 3x+y-2z+4w=1 \\ x+4y+2z+w=7 \end{cases}$$

解説

$x_1, x_2, \cdots, x_n$ を未知数とする連立 1 次方程式

$$\begin{cases} a_{11}x_1+a_{12}x_2+\cdots+a_{1n}x_n=b_1 \\ a_{21}x_1+a_{22}x_2+\cdots+a_{2n}x_n=b_2 \\ \cdots\cdots\cdots \\ a_{m1}x_1+a_{m2}x_2+\cdots+a_{mn}x_n=b_m \end{cases} \text{は} \begin{bmatrix} a_{11} & a_{12} & \cdots & a_{1n} \\ a_{21} & a_{22} & \cdots & a_{2n} \\ & & \cdots\cdots & \\ a_{m1} & a_{m2} & \cdots & a_{mn} \end{bmatrix} \begin{bmatrix} x_1 \\ x_2 \\ \vdots \\ x_n \end{bmatrix} = \begin{bmatrix} b_1 \\ b_2 \\ \vdots \\ b_m \end{bmatrix}$$

または, $A=[a_{ij}], \boldsymbol{x}={}^t[x_j], \boldsymbol{b}={}^t[b_i]$ として $A\boldsymbol{x}=\boldsymbol{b}$ と表せる.

連立 1 次方程式 $A\boldsymbol{x}=\boldsymbol{b}$ は, **拡大係数行列** $[A \mid \boldsymbol{b}]$ に行基本変形を施して求めることができる. 一般に, $m=n$ のときは, 拡大係数行列 $[A \mid \boldsymbol{b}]$ が

$$[A \mid \boldsymbol{b}] \longrightarrow [E_n \mid \boldsymbol{d}]$$

と変形できれば, 連立 1 次方程式 $A\boldsymbol{x}=\boldsymbol{b}$ の解は $\boldsymbol{x}=\boldsymbol{d}$ と一意に定まる.

（例） $\begin{cases} x+2y=2 \\ 7x-5y=52 \end{cases}$ を解いてみよう. 拡大係数行列 $\begin{bmatrix} 1 & 2 & \vdots & 2 \\ 7 & -5 & \vdots & 52 \end{bmatrix}$ に対して

$$\begin{bmatrix} 1 & 2 & \vdots & 2 \\ 7 & -5 & \vdots & 52 \end{bmatrix} \xrightarrow{②-①\times 7} \begin{bmatrix} 1 & 2 & \vdots & 2 \\ 0 & -19 & \vdots & 38 \end{bmatrix} \xrightarrow{②\div(-19)} \begin{bmatrix} 1 & 2 & \vdots & 2 \\ 0 & 1 & \vdots & -2 \end{bmatrix}$$

$$\xrightarrow{①-②\times 2} \begin{bmatrix} 1 & 0 & \vdots & 6 \\ 0 & 1 & \vdots & -2 \end{bmatrix} \quad \text{よって,} \begin{bmatrix} x \\ y \end{bmatrix} = \begin{bmatrix} 6 \\ -2 \end{bmatrix}$$

さらに, $\begin{cases} x+3y+2z=2 \\ x+5y+8z=14 \\ 2x+6y+3z=3 \end{cases}$ を解いてみよう. 拡大係数行列に対して

$$\begin{bmatrix} 1 & 3 & 2 & \vdots & 2 \\ 1 & 5 & 8 & \vdots & 14 \\ 2 & 6 & 3 & \vdots & 3 \end{bmatrix} \xrightarrow[③-①\times 2]{②-①} \begin{bmatrix} 1 & 3 & 2 & \vdots & 2 \\ 0 & 2 & 6 & \vdots & 12 \\ 0 & 0 & -1 & \vdots & -1 \end{bmatrix} \xrightarrow[③\times(-1)]{②\div 2} \begin{bmatrix} 1 & 3 & 2 & \vdots & 2 \\ 0 & 1 & 3 & \vdots & 6 \\ 0 & 0 & 1 & \vdots & 1 \end{bmatrix}$$

$$\xrightarrow[②-③\times 3]{①-③\times 2} \begin{bmatrix} 1 & 3 & 0 & \vdots & 0 \\ 0 & 1 & 0 & \vdots & 3 \\ 0 & 0 & 1 & \vdots & 1 \end{bmatrix} \xrightarrow{①-②\times 3} \begin{bmatrix} 1 & 0 & 0 & \vdots & -9 \\ 0 & 1 & 0 & \vdots & 3 \\ 0 & 0 & 1 & \vdots & 1 \end{bmatrix} \quad \therefore \begin{bmatrix} x \\ y \\ z \end{bmatrix} = \begin{bmatrix} -9 \\ 3 \\ 1 \end{bmatrix}$$

問題 61 連立1次方程式（1）

解答 拡大係数行列に行基本変形を行う．

㋐

㋑ $[A \ \boldsymbol{b}] = \begin{bmatrix} 1 & 3 & 1 & -5 & -2 \\ 2 & -1 & -1 & 5 & 6 \\ 3 & 1 & -2 & 4 & 1 \\ 1 & 4 & 2 & 1 & 7 \end{bmatrix}$

$\xrightarrow[\substack{②-①\times 2 \\ ③-①\times 3 \\ ④-①}]{}$ $\begin{bmatrix} 1 & 3 & 1 & -5 & -2 \\ 0 & -7 & -3 & 15 & 10 \\ 0 & -8 & -5 & 19 & 7 \\ 0 & 1 & 1 & 6 & 9 \end{bmatrix}$ ㋒

$\xrightarrow[\substack{①-④\times 3 \\ ②+④\times 7 \\ ③+④\times 8}]{}$ $\begin{bmatrix} 1 & 0 & -2 & -23 & -29 \\ 0 & 0 & 4 & 57 & 73 \\ 0 & 0 & 3 & 67 & 79 \\ 0 & 1 & 1 & 6 & 9 \end{bmatrix}$

$\xrightarrow[②\leftrightarrow④]{}$ $\begin{bmatrix} 1 & 0 & -2 & -23 & -29 \\ 0 & 1 & 1 & 6 & 9 \\ 0 & 0 & 3 & 67 & 79 \\ 0 & 0 & 4 & 57 & 73 \end{bmatrix}$

$\xrightarrow[(③-④)\times(-1)]{}$ $\begin{bmatrix} 1 & 0 & -2 & -23 & -29 \\ 0 & 1 & 1 & 6 & 9 \\ 0 & 0 & 1 & -10 & -6 \\ 0 & 0 & 4 & 57 & 73 \end{bmatrix}$

$\xrightarrow[\substack{①+③\times 2 \\ ②-③ \\ (④-③\times 4)\div 97}]{}$ $\begin{bmatrix} 1 & 0 & 0 & -43 & -41 \\ 0 & 1 & 0 & 16 & 15 \\ 0 & 0 & 1 & -10 & -6 \\ 0 & 0 & 0 & 1 & 1 \end{bmatrix}$

$\xrightarrow[\substack{①+④\times 43 \\ ②-④\times 16 \\ ③+④\times 10}]{}$ $\begin{bmatrix} 1 & 0 & 0 & 0 & 2 \\ 0 & 1 & 0 & 0 & -1 \\ 0 & 0 & 1 & 0 & 4 \\ 0 & 0 & 0 & 1 & 1 \end{bmatrix}$ ㋓

よって，$\begin{bmatrix} x \\ y \\ z \\ w \end{bmatrix} = \begin{bmatrix} 2 \\ -1 \\ 4 \\ 1 \end{bmatrix}$ ……（答）

㋐ 本問の解法は，**掃き出し法**，**ガウスの消去法**などと呼ばれる．

㋑ 与えられた連立1次方程式の係数行列を A とし，右辺の定数を $\begin{bmatrix} -2 \\ 6 \\ 1 \\ 7 \end{bmatrix} = \boldsymbol{b}$ とおいた．

㋒ $[A \ \boldsymbol{b}]$ の $(1,1)$ 成分が 1 であることを利用して，まず拡大係数行列の1列目が

基本ベクトル $\begin{bmatrix} 1 \\ 0 \\ 0 \\ 0 \end{bmatrix}$

になるように，行基本変形を施す．

㋓ $[A \ \boldsymbol{b}] \longrightarrow [E_4 \ \boldsymbol{d}]$ と変形できたので，連立1次方程式の解は，$\boldsymbol{x} = \boldsymbol{d}$ と一意に定まる．

問題 62 連立1次方程式（2）

a と b を実定数とし，x_1，x_2，x_3，x_4 を未知数とする連立1次方程式

$$\begin{cases} x_1 \quad - \quad x_3 \quad = 0 \\ 8x_1 + x_2 - 5x_3 - x_4 = 0 \\ \quad\quad x_2 + 4x_3 - ax_4 = 0 \\ x_1 - x_2 - 3x_3 + 2x_4 = b \end{cases}$$

に関して，次の問いに答えよ．
(1) $a=b=1$ のときに解は存在するか．存在すれば，その解を求めよ．
(2) 解が $x_1 = x_2 = x_3 = x_4 = 0$ のみとなる a と b の条件を求めよ．
(3) 解をもたないときの a と b の条件を求めよ．
(4) 解が無限個存在するときの a と b の条件を求めよ．

解説

x_1，x_2，$\cdots$，x_n を未知数とする連立1次方程式 $A\boldsymbol{x} = \boldsymbol{b}$ は

(1) $\mathrm{rank}(A \mid \boldsymbol{b}) \neq \mathrm{rank}\,A \implies$ 解 $\boldsymbol{x}$ は存在しない（不能）
(2) $\mathrm{rank}(A \mid \boldsymbol{b}) = \mathrm{rank}\,A \implies$ 解 $\boldsymbol{x}$ は存在する
 (i) $\mathrm{rank}\,A = r = n \implies$ 解 $\boldsymbol{x}$ は一意である
 (ii) $\mathrm{rank}\,A = r < n \implies$ 解 $\boldsymbol{x}$ は無数にある（不定）

(ii) において，$n - r = n - \mathrm{rank}\,A$ を $A\boldsymbol{x} = \boldsymbol{b}$ の**自由度**といい，解 $\boldsymbol{x}$ において任意にとれる媒介変数 t_i の個数に一致する．

（例）連立1次方程式 $\begin{cases} x + 3y - 2z = 5 \\ 2x - 5y - 4z = -12 \\ 4x + 3y - 8z = 2 \end{cases}$ を解いてみよう．

（解） $[A \mid \boldsymbol{b}] = \begin{bmatrix} 1 & 3 & -2 & 5 \\ 2 & -5 & -4 & -12 \\ 4 & 3 & -8 & 2 \end{bmatrix} \xrightarrow[(③-①\times 4)\div(-9)]{(②-①\times 2)\div(-11)} \begin{bmatrix} 1 & 3 & -2 & 5 \\ 0 & 1 & 0 & 2 \\ 0 & 1 & 0 & 2 \end{bmatrix}$

$\xrightarrow[③-②]{①-②\times 3} \begin{bmatrix} 1 & 0 & -2 & -1 \\ 0 & 1 & 0 & 2 \\ 0 & 0 & 0 & 0 \end{bmatrix}$

$\therefore \quad \mathrm{rank}(A \mid \boldsymbol{b}) = \mathrm{rank}\,A = 2 < 3$

よって，解 $\boldsymbol{x}$ は無数に存在して，自由度は $3-2=1$ である．

$\begin{cases} x \quad - 2z = -1 \\ \quad y \quad = 2 \end{cases}$ から，$z = t$ として $\boldsymbol{x} = \begin{bmatrix} x \\ y \\ z \end{bmatrix} = \begin{bmatrix} -1 \\ 2 \\ 0 \end{bmatrix} + t \begin{bmatrix} 2 \\ 0 \\ 1 \end{bmatrix}$ （t は任意の実数）

ここで，$x_1, x_2, \cdots\cdots, x_n$ を未知数とする連立1次方程式 $A\boldsymbol{x}=\boldsymbol{b}$ の拡大係数行列 $[A \ \boldsymbol{b}]$ に行基本変形を行って，次の行列が得られたとする．

$$[A \ \boldsymbol{b}] \longrightarrow \begin{bmatrix} E_r & C & \boldsymbol{d}_1 \\ O & O & \boldsymbol{d}_2 \end{bmatrix} = \begin{bmatrix} 1 & & O & c_{1\,r+1} & c_{1\,r+2} & \cdots & c_{1\,n} & d_1 \\ & \ddots & & \vdots & \vdots & & \vdots & \vdots \\ O & & 1 & c_{r\,r+1} & c_{r\,r+2} & \cdots & c_{r\,n} & d_r \\ \hline & & & & & & & d_{r+1} \\ & O & & & O & & & \vdots \\ & & & & & & & d_n \end{bmatrix}$$

このとき，次の定理が成り立つ．

(1) $\mathrm{rank}[A \ \boldsymbol{b}] \neq \mathrm{rank}\, A \Longrightarrow$ 解 $\boldsymbol{x}$ は存在しない（**不能**）

(2) $\mathrm{rank}[A \ \boldsymbol{b}] = \mathrm{rank}\, A \Longrightarrow$ 解 $\boldsymbol{x}$ は存在する（一意または不定）

(ア) $\mathrm{rank}\, A = r = n \Longrightarrow$ 解 $\boldsymbol{x}$ は**一意**で，$\boldsymbol{x} = \begin{bmatrix} d_1 \\ \vdots \\ d_n \end{bmatrix}$

(イ) $\mathrm{rank}\, A = r < n \Longrightarrow$ 解 $\boldsymbol{x}$ は無数にあり（**不定**）

$$\boldsymbol{x} = \begin{bmatrix} x_1 \\ \vdots \\ x_r \\ x_{r+1} \\ x_{r+2} \\ \vdots \\ x_n \end{bmatrix} = \begin{bmatrix} d_1 \\ \vdots \\ d_r \\ 0 \\ 0 \\ \vdots \\ 0 \end{bmatrix} + t_1 \begin{bmatrix} -c_{1\,r+1} \\ \vdots \\ -c_{r\,r+1} \\ 1 \\ 0 \\ \vdots \\ 0 \end{bmatrix} + \cdots + t_{n-r} \begin{bmatrix} -c_{1\,n} \\ \vdots \\ -c_{r\,n} \\ 0 \\ 0 \\ \vdots \\ 1 \end{bmatrix}$$

となる（ただし，$t_1, \cdots, t_{n-r}$ は任意の数）．

(2)における $n-r = n - \mathrm{rank}\, A$ を $A\boldsymbol{x}=\boldsymbol{b}$ の**解の自由度**という．(ア)のとき，自由度は0であるから解は一意に定まる．(イ)のとき，自由度は任意にとれる媒介変数 t_i の個数 $n-r$ に一致する．

また，連立1次方程式 $A\boldsymbol{x}=\boldsymbol{0}$，すなわち

$$\begin{cases} a_{11}x_1 + a_{12}x_2 + \cdots + a_{1n}x_n = 0 \\ a_{21}x_1 + a_{22}x_2 + \cdots + a_{2n}x_n = 0 \\ \quad \cdots \quad \cdots \\ a_{n1}x_1 + a_{n2}x_2 + \cdots + a_{nn}x_n = 0 \end{cases}$$

を**連立1次同次方程式**というが，この方程式は零ベクトル $\boldsymbol{0}$ をつねに解にもつ．この解 $\boldsymbol{0}$ を $A\boldsymbol{x}=\boldsymbol{0}$ の**自明な解**という．

$x_1, x_2, \cdots, x_n$ を未知数とする連立1次同次方程式 $A\boldsymbol{x}=\boldsymbol{0}$ においては，次の定理が成り立つ．

(ア) $\mathrm{rank}\, A = r = n \Longrightarrow$ 解 $\boldsymbol{x}$ は自明な解 $\boldsymbol{x}=\boldsymbol{0}$ のみ

（イ）rank $A = r < n \Longrightarrow$ 解 $\boldsymbol{x}$ は不定となり，自明でない解をもつ

$$A \longrightarrow \begin{bmatrix} 1 & & O & c_{1\,r+1} & c_{1\,r+2} & \cdots & c_{1\,n} \\ & \ddots & & \vdots & & & \vdots \\ O & & 1 & c_{r\,r+1} & c_{r\,r+2} & \cdots & c_{r\,n} \\ \hline & O & & & O & & \end{bmatrix} \text{のときは}$$

$$\boldsymbol{x} = \begin{bmatrix} x_1 \\ \vdots \\ x_r \\ x_{r+1} \\ x_{r+2} \\ \vdots \\ x_n \end{bmatrix} = t_1 \begin{bmatrix} -c_{1\,r+1} \\ \vdots \\ -c_{r\,r+1} \\ 1 \\ 0 \\ \vdots \\ 0 \end{bmatrix} + t_2 \begin{bmatrix} -c_{1\,r+2} \\ \vdots \\ -c_{r\,r+2} \\ 0 \\ 1 \\ \vdots \\ 0 \end{bmatrix} + \cdots + t_{n-r} \begin{bmatrix} -c_{1\,n} \\ \vdots \\ -c_{r\,n} \\ 0 \\ 0 \\ \vdots \\ 1 \end{bmatrix}$$

$$= t_1 \boldsymbol{x}_1 + t_2 \boldsymbol{x}_2 + \cdots + t_{n-r} \boldsymbol{x}_{n-r}$$

となる．このとき，解の組 $\langle \boldsymbol{x}_1, \boldsymbol{x}_2, \cdots, \boldsymbol{x}_{n-r} \rangle$ を $A\boldsymbol{x}=\boldsymbol{0}$ の**基本解**という．基本解を作るベクトルの個数は $A\boldsymbol{x}=\boldsymbol{0}$ の自由度 $n-r = n - \mathrm{rank}\,A$ に等しい．

解答 拡大係数行列を考える．

$$[A \quad \boldsymbol{b}] = \begin{bmatrix} 1 & 0 & -1 & 0 & 0 \\ 8 & 1 & -5 & -1 & 0 \\ 0 & 1 & 4 & -a & 0 \\ 1 & -1 & -3 & 2 & b \end{bmatrix}$$

$$\xrightarrow[\substack{②-①\times 8 \\ ④-①}]{} \begin{bmatrix} 1 & 0 & -1 & 0 & 0 \\ 0 & 1 & 3 & -1 & 0 \\ 0 & 1 & 4 & -a & 0 \\ 0 & -1 & -2 & 2 & b \end{bmatrix}$$

$$\xrightarrow[\substack{③-② \\ ④+②}]{} \begin{bmatrix} 1 & 0 & -1 & 0 & 0 \\ 0 & 1 & 3 & -1 & 0 \\ 0 & 0 & 1 & 1-a & 0 \\ 0 & 0 & 1 & 1 & b \end{bmatrix}$$

$$\xrightarrow[\substack{①+③ \\ ②-③\times 3 \\ ④-③}]{} \begin{bmatrix} 1 & 0 & 0 & 1-a & 0 \\ 0 & 1 & 0 & 3a-4 & 0 \\ 0 & 0 & 1 & 1-a & 0 \\ 0 & 0 & 0 & a & b \end{bmatrix} \quad \cdots\cdots ①$$
　㋐

㋐　ここまで変形してから，(1)〜(4)の設問に答えると流れがつかみやすい．

問題 62　連立 1 次方程式 (2)　　151

(1)　$a=b=1$ のとき，①は

$[A \quad \boldsymbol{b}]$

$\longrightarrow \begin{bmatrix} 1 & 0 & 0 & 0 & 0 \\ 0 & 1 & 0 & -1 & 0 \\ 0 & 0 & 1 & 0 & 0 \\ 0 & 0 & 0 & 1 & 1 \end{bmatrix} \xrightarrow{②+④} \begin{bmatrix} 1 & 0 & 0 & 0 & 0 \\ 0 & 1 & 0 & 0 & 1 \\ 0 & 0 & 1 & 0 & 0 \\ 0 & 0 & 0 & 1 & 1 \end{bmatrix}$

よって，解は存在して $\begin{bmatrix} x_1 \\ x_2 \\ x_3 \\ x_4 \end{bmatrix} = \begin{bmatrix} 0 \\ 1 \\ 0 \\ 1 \end{bmatrix}$　……(答)

(2)　解が $x_i=0$ $(i=1, \cdots, 4)$ のみとなるには $b=0$ が必要で，かつ rank $A=4$ であるべき．①から

$A = \begin{bmatrix} 1 & 0 & 0 & 1-a \\ 0 & 1 & 0 & 3a-4 \\ 0 & 0 & 1 & 1-a \\ 0 & 0 & 0 & a \end{bmatrix}$ だから，求める条件は

　　　$a \neq 0$　かつ　$b=0$　……(答)

(3)　解をもたないのは

　　　rank $[A \quad \boldsymbol{b}] \neq$ rank A

のときである．
よって，求める条件は

　　　$a=0$　かつ　$b \neq 0$　……(答)

(4)　解をもつのは rank $[A \quad \boldsymbol{b}] =$ rank A のときであるが，解が無限個存在する，すなわち解が不定であるためには

　　　rank $[A \quad \boldsymbol{b}] =$ rank $A < 4$

でなければいけない．よって，求める条件は

　　　$a=0$　かつ　$b=0$　……(答)

このとき，解は $\begin{bmatrix} x_1 \\ x_2 \\ x_3 \\ x_4 \end{bmatrix} = k \begin{bmatrix} -1 \\ 4 \\ -1 \\ 1 \end{bmatrix}$　(k は任意)

となる．

㋑　与えられた方程式の第 4 式に $x_1=x_2=x_3=x_4=0$ を代入して　$b=0$．

㋒　方程式は連立 1 次同次方程式であるから，題意は自明な解をもつための条件を求めることである．

㋓　rank $A = \begin{cases} 3 & (a=0) \\ 4 & (a \neq 0) \end{cases}$

㋔　$a \neq 0$ のときは rank $[A \quad \boldsymbol{b}] =$ rank $A=4$ となるので，$a=0$ が必要で，このとき rank $A=3$ だから，rank $[A \quad \boldsymbol{b}]=4$ であるべき．

㋕　rank $[A \quad \boldsymbol{b}] =$ rank $A=3$ であること．

㋖　自由度は
$4-$rank $A=4-3=1$

問題 63 掃き出し法による逆行列の計算

行列の基本変形により，次の行列 A, B の逆行列を求めよ．

(1) $A = \begin{bmatrix} 1 & 2 & 2 \\ 2 & 3 & 2 \\ 5 & 3 & 3 \end{bmatrix}$　　(2) $B = \begin{bmatrix} 0 & 0 & 5 & 1 \\ 3 & 1 & 0 & 0 \\ 0 & 4 & 1 & 0 \\ 1 & 0 & 0 & 0 \end{bmatrix}$

解説

n 次の正方行列 A，n 次の単位行列 E に対して　$AX = XA = E$ を満たす n 次の行列 X が存在するとき，A は**正則**であるという．X は一意に定まるが，X を A の**逆行列**といい，$X = A^{-1}$ で表す．

2次の正方行列 $A = \begin{bmatrix} a & b \\ c & d \end{bmatrix}$ に対しては，$|A| = \det A = ad - bc \neq 0$（問題 64 参照）のとき A^{-1} が存在し，$A^{-1} = \dfrac{1}{|A|}\begin{bmatrix} d & -b \\ -c & a \end{bmatrix} = \dfrac{1}{ad-bc}\begin{bmatrix} d & -b \\ -c & a \end{bmatrix}$ となる．これは $AX = E = \begin{bmatrix} 1 & 0 \\ 0 & 1 \end{bmatrix}$ となる $X = A^{-1}$ を，$X = \begin{bmatrix} x & u \\ y & v \end{bmatrix}$ とおくと $\begin{bmatrix} a & b \\ c & d \end{bmatrix}\begin{bmatrix} x & u \\ y & v \end{bmatrix} = \begin{bmatrix} 1 & 0 \\ 0 & 1 \end{bmatrix}$ を満たすので，2つの連立1次方程式 $A\begin{bmatrix} x \\ y \end{bmatrix} = \begin{bmatrix} 1 \\ 0 \end{bmatrix}$, $A\begin{bmatrix} u \\ v \end{bmatrix} = \begin{bmatrix} 0 \\ 1 \end{bmatrix}$ を解いてその解 $\begin{bmatrix} x \\ y \end{bmatrix}$, $\begin{bmatrix} u \\ v \end{bmatrix}$ を求めることと同値である．したがって，拡大係数行列を用いて行基本変形を行う**掃き出し法**が適用できる．

たとえば，$A = \begin{bmatrix} 3 & -1 \\ 1 & 2 \end{bmatrix}$ の逆行列 A^{-1} を掃き出し法で求めてみよう．

$[A \ E] = \begin{bmatrix} 3 & -1 & \vdots & 1 & 0 \\ 1 & 2 & \vdots & 0 & 1 \end{bmatrix} \xrightarrow{①↔②} \begin{bmatrix} 1 & 2 & \vdots & 0 & 1 \\ 3 & -1 & \vdots & 1 & 0 \end{bmatrix} \xrightarrow{(②-①\times 3)\div(-7)}$

$\begin{bmatrix} 1 & 2 & \vdots & 0 & 1 \\ 0 & 1 & \vdots & -\dfrac{1}{7} & \dfrac{3}{7} \end{bmatrix} \xrightarrow{①-②\times 2} \begin{bmatrix} 1 & 0 & \vdots & \dfrac{2}{7} & \dfrac{1}{7} \\ 0 & 1 & \vdots & -\dfrac{1}{7} & \dfrac{3}{7} \end{bmatrix} = [E \ A^{-1}]$

よって，$A^{-1} = \dfrac{1}{7}\begin{bmatrix} 2 & 1 \\ -1 & 3 \end{bmatrix}$ が得られる．

解答

(1) ⑦ $[A \ E] = \begin{bmatrix} 1 & 2 & 2 & \vdots & 1 & 0 & 0 \\ 2 & 3 & 2 & \vdots & 0 & 1 & 0 \\ 5 & 3 & 3 & \vdots & 0 & 0 & 1 \end{bmatrix}$

⑦ $[A \ E]$ に行基本変形を施して $[E \ X]$ の形に直したとき，$X = A^{-1}$ となる．

問題63 掃き出し法による逆行列の計算

$$\xrightarrow[(③-①\times 5)\times\left(-\frac{1}{7}\right)]{(②-①\times 2)\times(-1)}
\begin{bmatrix} 1 & 2 & 2 & \vdots & 1 & 0 & 0 \\ 0 & 1 & 2 & \vdots & 2 & -1 & 0 \\ 0 & 1 & 1 & \vdots & \frac{5}{7} & 0 & -\frac{1}{7} \end{bmatrix}$$

$$\xrightarrow[(③-②)\times(-1)]{①-②\times 2}
\begin{bmatrix} 1 & 0 & -2 & \vdots & -3 & 2 & 0 \\ 0 & 1 & 2 & \vdots & 2 & -1 & 0 \\ 0 & 0 & 1 & \vdots & \frac{9}{7} & -1 & \frac{1}{7} \end{bmatrix}$$
㋑

$$\xrightarrow[②-③\times 2]{①+③\times 2}
\begin{bmatrix} 1 & 0 & 0 & \vdots & -\frac{3}{7} & 0 & \frac{2}{7} \\ 0 & 1 & 0 & \vdots & -\frac{4}{7} & 1 & -\frac{2}{7} \\ 0 & 0 & 1 & \vdots & \frac{9}{7} & -1 & \frac{1}{7} \end{bmatrix}=[E \quad A^{-1}]$$

よって，$A^{-1}=\dfrac{1}{7}\begin{bmatrix} -3 & 0 & 2 \\ -4 & 7 & -2 \\ 9 & -7 & 1 \end{bmatrix}$ ……(答)

㋑ 連立1次方程式を解く要領と同じで，まず
$$\begin{bmatrix} 1 & & & \vdots & & & \\ 0 & 1 & & \vdots & & & \\ 0 & 0 & 1 & \vdots & & & \end{bmatrix}$$
の形（三角化）を導く．

(2) $[B \quad E]\xrightarrow[㋒]{①\leftrightarrow ④}
\begin{bmatrix} 1 & 0 & 0 & 0 & \vdots & 0 & 0 & 0 & 1 \\ 3 & 1 & 0 & 0 & \vdots & 0 & 1 & 0 & 0 \\ 0 & 4 & 1 & 0 & \vdots & 0 & 0 & 1 & 0 \\ 0 & 0 & 5 & 1 & \vdots & 1 & 0 & 0 & 0 \end{bmatrix}$

$$\xrightarrow{②-①\times 3}
\begin{bmatrix} 1 & 0 & 0 & 0 & \vdots & 0 & 0 & 0 & 1 \\ 0 & 1 & 0 & 0 & \vdots & 0 & 1 & 0 & -3 \\ 0 & 4 & 1 & 0 & \vdots & 0 & 0 & 1 & 0 \\ 0 & 0 & 5 & 1 & \vdots & 1 & 0 & 0 & 0 \end{bmatrix}$$

$$\xrightarrow{㋓}
\begin{bmatrix} 1 & 0 & 0 & 0 & \vdots & 0 & 0 & 0 & 1 \\ 0 & 1 & 0 & 0 & \vdots & 0 & 1 & 0 & -3 \\ 0 & 0 & 1 & 0 & \vdots & 0 & -4 & 1 & 12 \\ 0 & 0 & 0 & 1 & \vdots & 1 & 20 & -5 & -60 \end{bmatrix}$$
$=[E \quad B^{-1}]$

よって，$B^{-1}=\begin{bmatrix} 0 & 0 & 0 & 1 \\ 0 & 1 & 0 & -3 \\ 0 & -4 & 1 & 12 \\ 1 & 20 & -5 & -60 \end{bmatrix}$ ……(答)

㋒ 行列Bの4行目が基本ベクトル $[1 \ 0 \ 0 \ 0]$ であることに着目して，これが1行目になるように変形した．

㋓ ③-②×4=③' とし，さらに④-③'×5

問題 64 行列式とその性質

(1) 次の行列式の値を求めよ.

① $\begin{vmatrix} 3 & 0 & -5 \\ 2 & 1 & -1 \\ 6 & -4 & 0 \end{vmatrix}$

② $\begin{vmatrix} a-b & b-c & c-a \\ b-c & c-a & a-b \\ c-a & a-b & b-c \end{vmatrix}$

③ $\begin{vmatrix} 2a+5b & b & a \\ 2b+5c & c & b \\ 2c+5a & a & c \end{vmatrix}$

④ $\begin{vmatrix} a^2 & b^2 & c^2 \\ bc & ca & ab \\ b^2+c^2 & c^2+a^2 & a^2+b^2 \end{vmatrix}$

(2) 方程式 $\begin{vmatrix} 19-3x & 11 & 10 \\ 7-2x & 17 & 16 \\ 7-x & 14 & 13 \end{vmatrix} = 0$ を解け.

解説 集合 $\{1, 2, \cdots, n\}$ をそれ自身にうつす 1 対 1 の**写像**

$$1 \to \sigma(1), \quad 2 \to \sigma(2), \quad \cdots, \quad n \to \sigma(n) \quad \cdots\cdots ①$$

すなわち, $\sigma(1)$, $\sigma(2)$, $\cdots$, $\sigma(n)$ が $1, 2, \cdots, n$ の順列であるとき, ①を**置換**といい, $\begin{pmatrix} 1 & 2 & \cdots & n \\ \sigma(1) & \sigma(2) & \cdots & \sigma(n) \end{pmatrix}$ のように表す.

順列 $\sigma(1)\sigma(2)\cdots\sigma(n)$ の数の並びで, 大小の関係が上の段と変わっている数の組を**転位**というが,

転位の数が偶数個 $\iff$ **偶置換**, 転位の数が奇数個 $\iff$ **奇置換**

という. ここで, 置換 σ の**符号** $\mathrm{sgn}(\sigma)$ を次のように定義する.

$$\mathrm{sgn}(\sigma) = \begin{cases} 1 & (\sigma \text{ が偶置換}) \\ -1 & (\sigma \text{ が奇置換}) \end{cases} \quad (\mathrm{sgn} \text{ は sign の略})$$

さて, n 次の正方行列 $A = [a_{ij}]$ に対して, 各行から 1 つずつ, 各列から重複なく計 n 個の成分をとってできる積 $a_{1\sigma(1)}a_{2\sigma(2)}\cdots a_{n\sigma(n)}$ に置換の符号 $\mathrm{sgn}(\sigma)$ を掛けて作った総和

$$\sum \mathrm{sgn}(\sigma) a_{1\sigma(1)} a_{2\sigma(2)} \cdots a_{n\sigma(n)} \quad (a_{k\sigma(k)} \text{ は } A \text{ の } (k, \sigma(k)) \text{ 成分})$$

を行列 $A = [a_{ij}]$ の**行列式**という. $\det A$, $|A|$, $D(A)$ などと表す.

2 次の場合は, 問題 16 でも触れたが

$$\begin{vmatrix} a_{11} & a_{12} \\ a_{21} & a_{22} \end{vmatrix} = \underbrace{\mathrm{sgn}\begin{pmatrix} 1 & 2 \\ 1 & 2 \end{pmatrix}}_{\text{転位 0 個}} a_{11}a_{22} + \underbrace{\mathrm{sgn}\begin{pmatrix} 1 & 2 \\ 2 & 1 \end{pmatrix}}_{\text{転位 1 個}} a_{12}a_{21} = a_{11}a_{22} - a_{12}a_{21}$$

のように定義される. また, 3 次の場合は

問題64 行列式とその性質   155

$$\begin{vmatrix} a_{11} & a_{12} & a_{13} \\ a_{21} & a_{22} & a_{23} \\ a_{31} & a_{32} & a_{33} \end{vmatrix} = \underbrace{\mathrm{sgn}\begin{pmatrix} 1 & 2 & 3 \\ 1 & 2 & 3 \end{pmatrix}}_{\text{転位 0 個}} a_{11}a_{22}a_{33} + \underbrace{\mathrm{sgn}\begin{pmatrix} 1 & 2 & 3 \\ 1 & 3 & 2 \end{pmatrix}}_{\text{転位 1 個}} a_{11}a_{23}a_{32}$$

$$+ \underbrace{\mathrm{sgn}\begin{pmatrix} 1 & 2 & 3 \\ 2 & 1 & 3 \end{pmatrix}}_{\text{転位 1 個}} a_{12}a_{21}a_{33} + \underbrace{\mathrm{sgn}\begin{pmatrix} 1 & 2 & 3 \\ 2 & 3 & 1 \end{pmatrix}}_{\text{転位 2 個}} a_{12}a_{23}a_{31}$$

$$+ \underbrace{\mathrm{sgn}\begin{pmatrix} 1 & 2 & 3 \\ 3 & 1 & 2 \end{pmatrix}}_{\text{転位 2 個}} a_{13}a_{21}a_{32} + \underbrace{\mathrm{sgn}\begin{pmatrix} 1 & 2 & 3 \\ 3 & 2 & 1 \end{pmatrix}}_{\text{転位 3 個}} a_{13}a_{22}a_{31}$$

$$= a_{11}a_{22}a_{33} - a_{11}a_{23}a_{32} - a_{12}a_{21}a_{33} + a_{12}a_{23}a_{31} + a_{13}a_{21}a_{32} - a_{13}a_{22}a_{31}$$

$$= a_{11}a_{22}a_{33} + a_{12}a_{23}a_{31} + a_{13}a_{21}a_{32} - a_{11}a_{23}a_{32} - a_{12}a_{21}a_{33} - a_{13}a_{22}a_{31}$$

と定義される．2次，3次の場合は，次のように覚えると便利である．これを**サラスの方法**という．4次以上の場合は成立しないことに注意しよう．

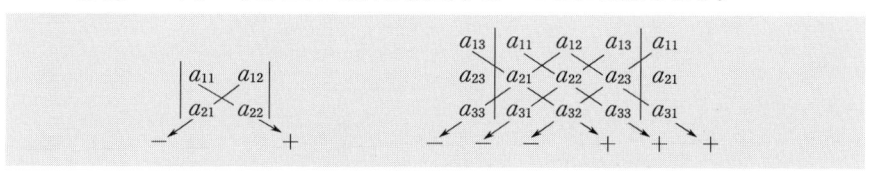

一般には，正方行列 A の行列式 $|A|$ には次のような性質がある．

(1) 行と列を交換，すなわち行列を転置しても行列式の値は不変である．
(2) 2つの行（または列）を交換すると，値は (-1) 倍になる．（**交代性**）
(3) ある行（または列）の共通因数は行列式の外にくくり出してよい．
(4) 2つの行（または列）の対応する成分がそれぞれ等しい，または比例するとき，行列式の値は 0 である．
(5) ある行（または列）のすべての成分が 0 のとき，行列式は 0 である．
(6) ある行（または列）の k 倍を他の行（または列）に加えても，行列式の値は不変である．
(7) ある行（または列）が2つのベクトルの和になっている行列式は，それぞれのベクトルを行（または列）とする2つの行列式の和になる．

（例） $\begin{vmatrix} 2 & 6 & 8 \\ 7 & 8 & 9 \\ 3 & 9 & 12 \end{vmatrix} = 6 \begin{vmatrix} 1 & 3 & 4 \\ 7 & 8 & 9 \\ 1 & 3 & 4 \end{vmatrix} = 0$ （1行目を2，3行目を3でくくった）

$\begin{vmatrix} 2 & 3 & 7 \\ 3 & 4 & 10 \\ 4 & 6 & 14 \end{vmatrix} = \begin{vmatrix} 2 & 1 & 1 \\ 3 & 1 & 1 \\ 4 & 2 & 2 \end{vmatrix} = 0$ （2列−1列，3列−1列×3）

また，(7)はたとえば
$$\begin{vmatrix} a_1+d_1 & b_1 & c_1 \\ a_2+d_2 & b_2 & c_2 \\ a_3+d_3 & b_3 & c_3 \end{vmatrix} = \begin{vmatrix} a_1 & b_1 & c_1 \\ a_2 & b_2 & c_2 \\ a_3 & b_3 & c_3 \end{vmatrix} + \begin{vmatrix} d_1 & b_1 & c_1 \\ d_2 & b_2 & c_2 \\ d_3 & b_3 & c_3 \end{vmatrix}$$

となるが，この性質を行列式の**多重線形性**という．これを用いると

$$\begin{vmatrix} a+b & b+c & c+a \\ b+c & c+a & a+b \\ c+a & a+b & b+c \end{vmatrix} = \begin{vmatrix} a & b & a \\ b & c & a \\ c & a & b \end{vmatrix} + \begin{vmatrix} a & b & a \\ b & c & b \\ c & a & c \end{vmatrix} + \begin{vmatrix} a & c & c \\ b & a & a \\ c & b & b \end{vmatrix} + \begin{vmatrix} a & c & a \\ b & a & b \\ c & b & c \end{vmatrix}$$

$$+ \begin{vmatrix} b & b & c \\ c & c & a \\ a & a & b \end{vmatrix} + \begin{vmatrix} b & b & a \\ c & c & b \\ a & a & c \end{vmatrix} + \begin{vmatrix} b & c & c \\ c & a & a \\ a & b & b \end{vmatrix} + \begin{vmatrix} b & c & a \\ c & a & b \\ a & b & c \end{vmatrix}$$

$$= \begin{vmatrix} a & b & c \\ b & c & a \\ c & a & b \end{vmatrix} + \begin{vmatrix} b & c & a \\ c & a & b \\ a & b & c \end{vmatrix} = 2\begin{vmatrix} a & b & c \\ b & c & a \\ c & a & b \end{vmatrix}$$ が導ける．

なお，特別な行列として次の行列式は公式として覚えておきたい．

$$\begin{vmatrix} a_{11} & & & & * \\ & a_{22} & & & \\ & & a_{33} & & \\ & & & \ddots & \\ O & & & & a_{nn} \end{vmatrix} = a_{11}a_{22}a_{33}\cdots a_{nn} \quad \text{(三角行列式)}$$

$$\begin{vmatrix} a_{11} & \cdots & a_{1n} & c_{11} & \cdots & c_{1m} \\ \vdots & & \vdots & \vdots & & \vdots \\ a_{n1} & \cdots & a_{nn} & c_{n1} & \cdots & c_{nm} \\ & & & b_{11} & \cdots & b_{1m} \\ & O & & \vdots & & \vdots \\ & & & b_{m1} & \cdots & b_{mm} \end{vmatrix} = \begin{vmatrix} a_{11} & \cdots & a_{1n} \\ \vdots & & \vdots \\ a_{n1} & \cdots & a_{nn} \end{vmatrix} \begin{vmatrix} b_{11} & \cdots & b_{1m} \\ \vdots & & \vdots \\ b_{m1} & \cdots & b_{mm} \end{vmatrix} \quad \text{(準三角行列式)}$$

解答

(1) ① サラスの方法を用いる（右図）．

与式 $=(-5)\cdot 2\cdot(-4)+3\cdot 1\cdot 0+0\cdot(-1)\cdot 6$
$\qquad -0\cdot 2\cdot 0-(-5)\cdot 1\cdot 6-3\cdot(-1)\cdot(-4)$
$=40+30-12=58 \qquad$ ……(答)

② $\begin{vmatrix} a-b & b-c & c-a \\ b-c & c-a & a-b \\ c-a & a-b & b-c \end{vmatrix} \underset{\text{⑦}}{=} \begin{vmatrix} 0 & 0 & 0 \\ b-c & c-a & a-b \\ c-a & a-b & b-c \end{vmatrix}$

⑦ 1行+(2行+3行)．

$\qquad\qquad\qquad =0 \qquad$ ……(答)

③ 与式

$$\underset{\text{①}}{=}\begin{vmatrix} 2a & b & a \\ 2b & c & b \\ 2c & a & c \end{vmatrix} + \begin{vmatrix} 5b & b & a \\ 5c & c & b \\ 5a & a & c \end{vmatrix}$$

$$\underset{\text{⑦}}{=} 0+0 = 0 \qquad \cdots\cdots\text{(答)}$$

④ 与式

$$\underset{\text{㋓}}{=} (a^2+b^2+c^2) \begin{vmatrix} a^2 & b^2 & c^2 \\ bc & ca & ab \\ 1 & 1 & 1 \end{vmatrix}$$

$$\underset{\text{㋔}}{=} (a^2+b^2+c^2) \begin{vmatrix} a^2-c^2 & b^2-c^2 & c^2 \\ b(c-a) & a(c-b) & ab \\ 0 & 0 & 1 \end{vmatrix}$$

$$\underset{\text{㋕}}{=} (a^2+b^2+c^2)(a-c)(b-c) \begin{vmatrix} a+c & b+c & c^2 \\ -b & -a & ab \\ 0 & 0 & 1 \end{vmatrix}$$

$$\underset{\text{㋖}}{=} (a-b)(b-c)(c-a)(a+b+c)(a^2+b^2+c^2)$$

$\cdots\cdots$(答)

① 多重線形性.

⑦ 順に, 1列と3列が比例, 1列と2列が比例.

㋓ 3行+1行として, 3行から $a^2+b^2+c^2$ をくくり出す.

㋔ 1列-3列, 2列-3列.

㋕ 1列から $a-c$, 2列から $b-c$ をくくり出す.

㋖ サラスの方法.

(2) 多重線形性を用いて左辺を変形すると

$$\text{左辺} = \begin{vmatrix} 19 & 11 & 10 \\ 7 & 17 & 16 \\ 7 & 14 & 13 \end{vmatrix} + \begin{vmatrix} -3x & 11 & 10 \\ -2x & 17 & 16 \\ -x & 14 & 13 \end{vmatrix}$$

$$\underset{\text{㋗}}{=} \begin{vmatrix} 9 & 1 & 10 \\ -9 & 1 & 16 \\ -6 & 1 & 13 \end{vmatrix} - x \begin{vmatrix} 3 & 1 & 10 \\ 2 & 1 & 16 \\ 1 & 1 & 13 \end{vmatrix}$$

$$\underset{\text{㋘}}{=} \begin{vmatrix} 9 & 1 & 10 \\ -18 & 0 & 6 \\ -15 & 0 & 3 \end{vmatrix} - x \begin{vmatrix} 3 & 1 & 10 \\ -1 & 0 & 6 \\ -2 & 0 & 3 \end{vmatrix}$$

$$= -36 + 9x = 0$$

よって, $x=4$ $\cdots\cdots$(答)

㋗ 第1の行列式は, 1列-3列, 2列-3列. 第2の行列式は, 1列から $-x$ をくくり出し, さらに 2列-3列.

㋘ 2つの行列式において, いずれも2行-1行および 3行-1行.

問題 65 余因子による逆行列

右の行列 A の余因子行列 $\widetilde{A}$ を求めよ。
また，A が正則であれば，
その逆行列 A^{-1} を求めよ。

$$A = \begin{bmatrix} 1 & 0 & -2 & 0 \\ 0 & 2 & 0 & 0 \\ 0 & 0 & 3 & 0 \\ 1 & -1 & 2 & 4 \end{bmatrix}$$

解説

n 次の行列式 $|A|$ から，i 行と j 列をとり除いて得られる $n-1$ 次行列式 D_{ij} を，行列式 $|A|$ の (i, j) 成分の**小行列式**という。また，
$$A_{ij} = (-1)^{i+j} D_{ij}$$
を $|A|$ の (i, j) 成分の**余因子**という。

3 次の行列式 $|A| = |a_{ij}|$ を余因子を用いて求めてみよう。A の 1 列に多重線形性を用いると

$$|A| = \begin{vmatrix} a_{11} & a_{12} & a_{13} \\ a_{21} & a_{22} & a_{23} \\ a_{31} & a_{32} & a_{33} \end{vmatrix} = a_{11} \begin{vmatrix} 1 & a_{12} & a_{13} \\ 0 & a_{22} & a_{23} \\ 0 & a_{32} & a_{33} \end{vmatrix} + a_{21} \begin{vmatrix} 0 & a_{12} & a_{13} \\ 1 & a_{22} & a_{23} \\ 0 & a_{32} & a_{33} \end{vmatrix} + a_{31} \begin{vmatrix} 0 & a_{12} & a_{13} \\ 0 & a_{22} & a_{23} \\ 1 & a_{32} & a_{33} \end{vmatrix}$$

$$= a_{11} \begin{vmatrix} 1 & a_{12} & a_{13} \\ 0 & a_{22} & a_{23} \\ 0 & a_{32} & a_{33} \end{vmatrix} - a_{21} \begin{vmatrix} 1 & a_{22} & a_{23} \\ 0 & a_{12} & a_{13} \\ 0 & a_{32} & a_{33} \end{vmatrix} + (-1)^2 a_{31} \begin{vmatrix} 1 & a_{32} & a_{33} \\ 0 & a_{12} & a_{13} \\ 0 & a_{22} & a_{23} \end{vmatrix}$$

$$= a_{11} \begin{vmatrix} a_{22} & a_{23} \\ a_{32} & a_{33} \end{vmatrix} - a_{21} \begin{vmatrix} a_{12} & a_{13} \\ a_{32} & a_{33} \end{vmatrix} + a_{31} \begin{vmatrix} a_{12} & a_{13} \\ a_{22} & a_{23} \end{vmatrix}$$

$$= a_{11} D_{11} - a_{21} D_{21} + a_{31} D_{31}$$

$$= a_{11} \cdot (-1)^{1+1} D_{11} + a_{21} \cdot (-1)^{2+1} D_{21} + a_{31} \cdot (-1)^{3+1} D_{31}$$

$$= a_{11} A_{11} + a_{21} A_{21} + a_{31} A_{31}$$

となる。この等式を 3 次の行列式 $|A|$ の 1 列に関する**余因子展開**という。

これらのことは他の列についても，また対称性によって行についても成り立つ。さらに，一般に n 次の行列式 $|A| = |a_{ij}|$ においては，次が成り立つ。

$$\begin{cases} |A| = a_{i1} A_{i1} + a_{i2} A_{i2} + \cdots + a_{in} A_{in} & (i \text{ 行による展開}) \\ |A| = a_{1j} A_{1j} + a_{2j} A_{2j} + \cdots + a_{nj} A_{nj} & (j \text{ 列による展開}) \end{cases}$$

ここで，n 次の正方行列 A に対して，(i, j) 成分の余因子を A_{ij} とおくとき，

$$\widetilde{A} = \begin{bmatrix} A_{11} & A_{21} & \cdots & A_{n1} \\ A_{12} & A_{22} & \cdots & A_{n2} \\ \vdots & \vdots & \ddots & \vdots \\ A_{1n} & A_{2n} & \cdots & A_{nn} \end{bmatrix}$$
を行列 A の**余因子行列**という。

問題65 余因子による逆行列　159

$A\tilde{A} = \tilde{A}A = |A|E$ となるので，$|A| \neq 0$ のとき $A\left(\dfrac{1}{|A|}\tilde{A}\right) = \left(\dfrac{1}{|A|}\tilde{A}\right)A = E$
となり，A は逆行列をもつことがわかる．一般に

$\begin{cases} |A| \neq 0 \text{ のとき，} A \text{ は正則で逆行列 } A^{-1} \text{ をもち，} A^{-1} = \dfrac{1}{|A|}\tilde{A} \\ |A| = 0 \text{ のとき，} A^{-1} \text{ は存在しない} \end{cases}$

解答

行列 A の (i, j) 成分の余因子を ㋐ A_{ij} とおくと

$A_{11} = \begin{vmatrix} 2 & 0 & 0 \\ 0 & 3 & 0 \\ -1 & 2 & 4 \end{vmatrix} = 24, \quad A_{21} = -\begin{vmatrix} 0 & -2 & 0 \\ 0 & 3 & 0 \\ -1 & 2 & 4 \end{vmatrix} = 0$

$A_{31} = \begin{vmatrix} 0 & -2 & 0 \\ 2 & 0 & 0 \\ -1 & 2 & 4 \end{vmatrix} = 16, \quad A_{41} = -\begin{vmatrix} 0 & -2 & 0 \\ 2 & 0 & 0 \\ 0 & 3 & 0 \end{vmatrix} = 0$

同様にして

$A_{12} = 0, \ A_{22} = 12, \ A_{32} = 0, \ A_{42} = 0$

$A_{13} = 0, \ A_{23} = 0, \ A_{33} = 8, \ A_{43} = 0$

$A_{14} = -6, \ A_{24} = 3, \ A_{34} = -8, \ A_{44} = 6$

したがって，A の余因子行列 $\tilde{A}$ は

㋑ $\tilde{A} = \begin{bmatrix} 24 & 0 & 16 & 0 \\ 0 & 12 & 0 & 0 \\ 0 & 0 & 8 & 0 \\ -6 & 3 & -8 & 6 \end{bmatrix}$ ……(答)

また，$|A| = $ ㋒ $4 \cdot (-1)^{4+4} \begin{vmatrix} 1 & 0 & -2 \\ 0 & 2 & 0 \\ 0 & 0 & 3 \end{vmatrix} = 24 \neq 0$

よって，A は正則であり，逆行列は存在する．

㋓ $A^{-1} = \dfrac{1}{|A|}\tilde{A}$

$= \dfrac{1}{24}\begin{bmatrix} 24 & 0 & 16 & 0 \\ 0 & 12 & 0 & 0 \\ 0 & 0 & 8 & 0 \\ -6 & 3 & -8 & 6 \end{bmatrix}$ ……(答)

㋐ $A_{ij} = (-1)^{i+j}D_{ij}$

㋑ $\tilde{A} = (A_{ji}) = {}^t(A_{ij})$
$= \begin{bmatrix} A_{11} & A_{21} & A_{31} & A_{41} \\ \cdots & \cdots & & \\ \cdots & \cdots & & \\ A_{14} & A_{24} & A_{34} & A_{44} \end{bmatrix}$

㋒ A を4列で展開する．

㋓ $|A| \neq 0$ のとき，A^{-1} は
$A^{-1} = \dfrac{1}{|A|}\tilde{A}$

問題 66　クラメールの公式

次の連立1次方程式をクラメールの公式を用いて解け.

(1) $\begin{cases} x-2y+2z=1 \\ 3x+y-2z=2 \\ 5x+3y-4z=3 \end{cases}$

(2) $\begin{cases} x-2y-z-w=-2 \\ 3x-y+2z-w=5 \\ x+3y+z+2w=6 \\ 2x+y+3z-2w=1 \end{cases}$

解説　未知数と方程式の個数が等しい連立1次方程式

$$\begin{cases} a_{11}x_1+a_{12}x_2+\cdots+a_{1n}x_n=b_1 \\ a_{21}x_1+a_{22}x_2+\cdots+a_{2n}x_n=b_2 \\ \quad\cdots\cdots\cdots \\ a_{n1}x_1+a_{n2}x_2+\cdots+a_{nn}x_n=b_n \end{cases} \iff A\boldsymbol{x}=\boldsymbol{b}$$

の解 $\boldsymbol{x}$ は，n 次の行列 $A=(a_{ij})$ が $|A|\neq 0$ であれば，$\boldsymbol{x}=A^{-1}\boldsymbol{b}=\dfrac{1}{|A|}\widetilde{A}\boldsymbol{b}$ と

なるので，$x_j = \dfrac{\begin{vmatrix} a_{11} & \cdots & b_1 & \cdots & a_{1n} \\ a_{21} & \cdots & b_2 & \cdots & a_{2n} \\ & & \cdots\cdots\cdots & & \\ a_{n1} & \cdots & b_n & \cdots & a_{nn} \end{vmatrix}}{\begin{vmatrix} a_{11} & \cdots & a_{1j} & \cdots & a_{1n} \\ a_{21} & \cdots & a_{2j} & \cdots & a_{2n} \\ & & \cdots\cdots\cdots & & \\ a_{n1} & \cdots & a_{nj} & \cdots & a_{nn} \end{vmatrix}}$ (j 列)　　$(j=1,2,\cdots,n)$

となる. この解法を**クラメールの公式**という.

(例)　連立1次方程式 $\begin{cases} 3x-2y=4 \\ x+y=1 \end{cases}$ を解いてみよう.

(解)　$A=\begin{bmatrix} 3 & -2 \\ 1 & 1 \end{bmatrix}$ とおくと，$|A|=\begin{vmatrix} 3 & -2 \\ 1 & 1 \end{vmatrix}=3\cdot 1-(-2)\cdot 1=5\neq 0$ だから

$$x=\dfrac{\begin{vmatrix} 4 & -2 \\ 1 & 1 \end{vmatrix}}{\begin{vmatrix} 3 & -2 \\ 1 & 1 \end{vmatrix}}=\dfrac{6}{5},\quad y=\dfrac{\begin{vmatrix} 3 & 4 \\ 1 & 1 \end{vmatrix}}{\begin{vmatrix} 3 & -2 \\ 1 & 1 \end{vmatrix}}=\dfrac{-1}{5}=-\dfrac{1}{5}$$

解 答 未知数の係数を作る行列を A とおく.

(1) $|A| = \begin{vmatrix} 1 & -2 & 2 \\ 3 & 1 & -2 \\ 5 & 3 & -4 \end{vmatrix} = \begin{vmatrix} 1 & -2 & 2 \\ 0 & 7 & -8 \\ 0 & 13 & -14 \end{vmatrix} = 6 \neq 0$

㋐ $|A| \neq 0$ より,解は一意に定まる.

$D_1 = \begin{vmatrix} 1 & -2 & 2 \\ 2 & 1 & -2 \\ 3 & 3 & -4 \end{vmatrix} = \begin{vmatrix} 1 & -2 & 2 \\ 0 & 5 & -6 \\ 0 & 9 & -10 \end{vmatrix} = 4$

㋑ $|A|$ の1列を定数項のベクトルで置き換える.

$D_2 = \begin{vmatrix} 1 & 1 & 2 \\ 3 & 2 & -2 \\ 5 & 3 & -4 \end{vmatrix} = \begin{vmatrix} 1 & 1 & 2 \\ 0 & -1 & -8 \\ 0 & -2 & -14 \end{vmatrix} = -2$

㋒ $|A|$ の2列を定数項のベクトルで置き換える.

$D_3 = \begin{vmatrix} 1 & -2 & 1 \\ 3 & 1 & 2 \\ 5 & 3 & 3 \end{vmatrix} = \begin{vmatrix} 1 & -2 & 1 \\ 0 & 7 & -1 \\ 0 & 13 & -2 \end{vmatrix} = -1$

㋓ $|A|$ の3列を定数項のベクトルで置き換える.

$\therefore \quad (x, y, z) = \left(\dfrac{D_1}{|A|}, \dfrac{D_2}{|A|}, \dfrac{D_3}{|A|}\right) = \left(\dfrac{2}{3}, -\dfrac{1}{3}, -\dfrac{1}{6}\right)$

……(答)

(2) ㋔ $|A| = \begin{vmatrix} 1 & -2 & -1 & -1 \\ 3 & -1 & 2 & -1 \\ 1 & 3 & 1 & 2 \\ 2 & 1 & 3 & -2 \end{vmatrix} = 30 \neq 0$

(1) と同様に計算して

$D_1 = \begin{vmatrix} -2 & -2 & -1 & -1 \\ 5 & -1 & 2 & -1 \\ 6 & 3 & 1 & 2 \\ 1 & 1 & 3 & -2 \end{vmatrix} = 30,$

$D_2 = \begin{vmatrix} 1 & -2 & -1 & -1 \\ 3 & 5 & 2 & -1 \\ 1 & 6 & 1 & 2 \\ 2 & 1 & 3 & -2 \end{vmatrix} = -30, \quad D_3 = 60$

㋔ $|A|$
$= \begin{vmatrix} 1 & 0 & 0 & 0 \\ 3 & 5 & 5 & 2 \\ 1 & 5 & 2 & 3 \\ 2 & 5 & 5 & 0 \end{vmatrix}$
$= 5 \begin{vmatrix} 1 & 5 & 2 \\ 1 & 2 & 3 \\ 1 & 5 & 0 \end{vmatrix}$
$= 5 \begin{vmatrix} 1 & 5 & 2 \\ 0 & -3 & 1 \\ 0 & 0 & -2 \end{vmatrix} = 30$

D_i についても計算してみよ.

$\therefore \quad (x, y, z) = \left(\dfrac{D_1}{|A|}, \dfrac{D_2}{|A|}, \dfrac{D_3}{|A|}\right) = (1, -1, 2)$

x, y, z の値を第1式に代入して $w = 3$

よって, $(x, y, z, w) = (1, -1, 2, 3)$ ……(答)

問題 67　線形変換

行列 $A = \begin{bmatrix} a & b \\ c & d \end{bmatrix}$ で表される平面上の1次変換を f, 直線 $y = mx \ (m \neq 0)$ を l とし, f は次の2条件を満たすものとする.

(i) f は l の各点を動かさない.
(ii) f は点 P $(1, 0)$ を, この点 P を通り l に平行な直線上に移す.

(1) $ad - bc$ の値を求めよ.
(2) f により平面上の任意の点 Q は, Q を通り l に平行な直線上に移ることを示せ.

解説

線形変換（1次変換）は, 線形写像 $f: V \to W$ で $W = V$ のときであるが, とくに, $f: \mathbf{R}^2 \to \mathbf{R}^2, \ \boldsymbol{x} \to A\boldsymbol{x}$ のときは

$$f: \begin{cases} x' = ax + by \\ y' = cx + dy \end{cases} \iff \begin{bmatrix} x' \\ y' \end{bmatrix} = \begin{bmatrix} a & b \\ c & d \end{bmatrix} \begin{bmatrix} x \\ y \end{bmatrix}$$

と表せる. 行列 $A = \begin{bmatrix} a & b \\ c & d \end{bmatrix}$ を**1次変換 f の行列**といい, $\boldsymbol{x}' = f(\boldsymbol{x}) = A\boldsymbol{x}$ を1次変換 f によるベクトル $\boldsymbol{x}$ の**像**, $\boldsymbol{x}$ を $\boldsymbol{x}'$ の**原像**という.

一般に, 平面上の1次変換 f では, 1次独立な2つのベクトルの像が定まると f も一意に定まる. 2つのベクトル $\boldsymbol{p}, \boldsymbol{q}$ が1次独立で $\boldsymbol{p}' = f(\boldsymbol{p}), \ \boldsymbol{q}' = f(\boldsymbol{q})$ のとき, $A[\boldsymbol{p} \ \boldsymbol{q}] = [\boldsymbol{p}' \ \boldsymbol{q}']$ から $A = [\boldsymbol{p}' \ \boldsymbol{q}'][\boldsymbol{p} \ \boldsymbol{q}]^{-1}$ となる. とくに,

> 1次変換 f による基本ベクトル $\boldsymbol{e}_1 = \begin{bmatrix} 1 \\ 0 \end{bmatrix}, \ \boldsymbol{e}_2 = \begin{bmatrix} 0 \\ 1 \end{bmatrix}$ の像が $\boldsymbol{e}_1' = \begin{bmatrix} a \\ c \end{bmatrix}$,
> $\boldsymbol{e}_2' = \begin{bmatrix} b \\ d \end{bmatrix}$ であるとき, f を表す行列は $A = \begin{bmatrix} a & b \\ c & d \end{bmatrix}$ である.

さて, 平面上の異なる2点 A$(\boldsymbol{a})$, B$(\boldsymbol{b})$ の1次変換 f による像を A$'(\boldsymbol{a}')$, B$'(\boldsymbol{b}')$ とすると, 直線 AB のベクトル方程式は $\boldsymbol{x} = (1-t)\boldsymbol{a} + t\boldsymbol{b}$ と表されるから, $f: \boldsymbol{x}' = A\boldsymbol{x}$ による直線の像は

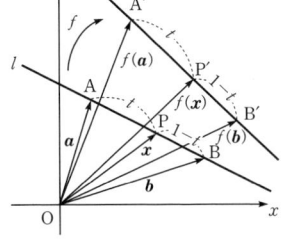

$$\begin{aligned} \boldsymbol{x}' = f(\boldsymbol{x}) &= f((1-t)\boldsymbol{a} + t\boldsymbol{b}) \\ &= (1-t)f(\boldsymbol{a}) + tf(\boldsymbol{b}) \quad (\because \ 線形性) \\ &= (1-t)\boldsymbol{a}' + t\boldsymbol{b}' \end{aligned}$$

したがって, A$' \neq B'$ $(\boldsymbol{a}' \neq \boldsymbol{b}')$ ならば, 直線 AB の f による像は直線 A$'$B$'$ で, 分点の比はそのまま保存される. また, A$' = B'$ $(\boldsymbol{a}' = \boldsymbol{b}')$ ならば, $\boldsymbol{x}' = \boldsymbol{a}'$ より直線 AB 上のすべての点は点 A$'$ に移される.

解 答

(1) 直線 l 上の点は $\begin{bmatrix} x \\ y \end{bmatrix} = t \begin{bmatrix} 1 \\ m \end{bmatrix}$ とおけるから,

条件 (i) から $A \begin{bmatrix} 1 \\ m \end{bmatrix} = \begin{bmatrix} 1 \\ m \end{bmatrix}$ ㋐

また, 条件 (ii) から ㋑

$$A \begin{bmatrix} 1 \\ 0 \end{bmatrix} = \begin{bmatrix} 1 \\ 0 \end{bmatrix} + k \begin{bmatrix} 1 \\ m \end{bmatrix} \quad k \in \mathbf{R}$$

と表される. これより

$$A \begin{bmatrix} 1 \\ 0 \end{bmatrix} = \begin{bmatrix} 1+k \\ km \end{bmatrix}, \quad A \begin{bmatrix} 1 \\ m \end{bmatrix} = \begin{bmatrix} 1 \\ m \end{bmatrix}$$

$$\therefore \quad A \begin{bmatrix} 1 & 1 \\ 0 & m \end{bmatrix} = \begin{bmatrix} 1+k & 1 \\ km & m \end{bmatrix}$$

両辺の行列式をとると ㋒

$$|A| \begin{vmatrix} 1 & 1 \\ 0 & m \end{vmatrix} = \begin{vmatrix} 1+k & 1 \\ km & m \end{vmatrix}$$

$$(ad-bc)m = (1+k)m - km = m$$

$m \neq 0$ から $ad - bc = 1$ ……(答)

(2) $\begin{bmatrix} 1 \\ 0 \end{bmatrix} \not\parallel \begin{bmatrix} 1 \\ m \end{bmatrix}$ だから, $\overrightarrow{OQ} = \alpha \begin{bmatrix} 1 \\ 0 \end{bmatrix} + \beta \begin{bmatrix} 1 \\ m \end{bmatrix}$ ㋓

と表される. Q の像は, 線形性により

$$A\overrightarrow{OQ} = \alpha A \begin{bmatrix} 1 \\ 0 \end{bmatrix} + \beta A \begin{bmatrix} 1 \\ m \end{bmatrix}$$

$$= \alpha \left(\begin{bmatrix} 1 \\ 0 \end{bmatrix} + k \begin{bmatrix} 1 \\ m \end{bmatrix} \right) + \beta \begin{bmatrix} 1 \\ m \end{bmatrix}$$

$$= \alpha \begin{bmatrix} 1 \\ 0 \end{bmatrix} + \alpha k \begin{bmatrix} 1 \\ m \end{bmatrix} + \beta \begin{bmatrix} 1 \\ m \end{bmatrix} = \overrightarrow{OQ} + \alpha k \begin{bmatrix} 1 \\ m \end{bmatrix}$$

よって, 任意の点 Q は, Q を通り l に平行な直線上に移る.

(注) (1) は, $A \begin{bmatrix} 1 \\ m \end{bmatrix} = \begin{bmatrix} 1 \\ m \end{bmatrix}$, $A \begin{bmatrix} 1 \\ 0 \end{bmatrix} = \begin{bmatrix} 1+k \\ km \end{bmatrix}$ から $a+bm=1$, $c+dm=m$, $a=1+k$, $c=km$ として $a=1+k$, $b=-\dfrac{k}{m}$, $c=km$, $d=1-k$ を求めて, $ad-bc=1$ を導いてもよい.

㋐ 直線 l 上の点はすべて不動点である.

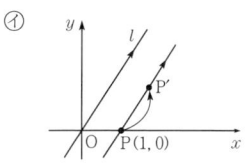

㋑

㋒ 一般には
$\det(AB) = \det A \cdot \det B$
が成り立つ.

㋓ $\begin{bmatrix} 1 \\ 0 \end{bmatrix}$, $\begin{bmatrix} 1 \\ m \end{bmatrix}$ は1次独立だから, 平面上の任意の点は $\begin{bmatrix} 1 \\ 0 \end{bmatrix}$ と $\begin{bmatrix} 1 \\ m \end{bmatrix}$ の1次結合で表される.

問題 68 部分空間の基底・次元

(1) $a_1 = \begin{bmatrix} 1 \\ 1 \\ -1 \end{bmatrix}$, $a_2 = \begin{bmatrix} 1 \\ 2 \\ 1 \end{bmatrix}$, $a_3 = \begin{bmatrix} 3 \\ 1 \\ -2 \end{bmatrix}$, $a_4 = \begin{bmatrix} 4 \\ 0 \\ -7 \end{bmatrix}$ を考える。a_1, a_2, a_3 は R^3 の基底であることを示し、a_4 を a_1, a_2, a_3 の1次結合として表せ。

(2) $a_1 = \begin{bmatrix} 1 \\ 1 \\ 4 \\ 2 \end{bmatrix}$, $a_2 = \begin{bmatrix} 2 \\ 3 \\ 10 \\ 3 \end{bmatrix}$, $a_3 = \begin{bmatrix} 6 \\ 7 \\ 26 \\ 6 \end{bmatrix}$, $a_4 = \begin{bmatrix} 2 \\ 0 \\ 4 \\ 1 \end{bmatrix}$ によって生成される部分空間を W とする。このとき W の次元とその1組の基底を求めよ。

解説

ベクトル空間 V の部分空間 $W(\neq \{0\})$ に対して、$a_1, a_2, \cdots, a_r \in W$ が次の性質をもつとき、ベクトルの組 $\langle a_1, a_2, \cdots, a_r \rangle$ を W の **基底(基)** という。

(1) $a_1, a_2, \cdots, a_r$ は W の**生成系**である
(2) $a_1, a_2, \cdots, a_r$ は **1次独立**である

すなわち、W の任意の元 b が1次独立な $a_1, a_2, \cdots, a_r$ の1次結合として、$b = k_1 a_1 + k_2 a_2 + \cdots + k_r a_r$ で表されるとき、ベクトルの組 $\langle a_1, a_2, \cdots, a_r \rangle$ を W の基底という。このとき、r すなわち、基底を形成するベクトルの個数を W の**次元**といい、$\dim W = r$ と表す。たとえば、

$a_1 = \begin{bmatrix} 1 \\ 2 \\ 4 \end{bmatrix}$, $a_2 = \begin{bmatrix} 2 \\ 5 \\ 10 \end{bmatrix}$, $a_3 = \begin{bmatrix} 1 \\ 3 \\ 7 \end{bmatrix}$ は $\begin{bmatrix} 1 & 2 & 1 \\ 2 & 5 & 3 \\ 4 & 10 & 7 \end{bmatrix} \to \begin{bmatrix} 1 & 2 & 1 \\ 0 & 1 & 1 \\ 0 & 2 & 3 \end{bmatrix} \to \begin{bmatrix} 1 & 0 & -1 \\ 0 & 1 & 1 \\ 0 & 0 & 1 \end{bmatrix}$

から、$\text{rank}[a_1 \ a_2 \ a_3] = 3$ となるので、a_1, a_2, a_3 は1次独立すなわち、R^3 の基底である。よって、a_1, a_2, a_3 の1次結合で R^3 のすべてが表せる。

また、$a_1 = \begin{bmatrix} 1 \\ 1 \\ 2 \end{bmatrix}$, $a_2 = \begin{bmatrix} 2 \\ -3 \\ 1 \end{bmatrix}$, $a_3 = \begin{bmatrix} 3 \\ 8 \\ 9 \end{bmatrix}$ の生成する R^3 の部分空間 W の次元と基底は

$A = [a_1 \ a_2 \ a_3] = \begin{bmatrix} 1 & 2 & 3 \\ 1 & -3 & 8 \\ 2 & 1 & 9 \end{bmatrix} \to \begin{bmatrix} 1 & 2 & 3 \\ 0 & -5 & 5 \\ 0 & -3 & 3 \end{bmatrix} \to \begin{bmatrix} 1 & 2 & 3 \\ 0 & 1 & -1 \\ 0 & 1 & -1 \end{bmatrix} \to \begin{bmatrix} 1 & 0 & 5 \\ 0 & 1 & -1 \\ 0 & 0 & 0 \end{bmatrix}$

$\dim W = \text{rank} A = 2$、基底は $a_3 = 5a_1 - a_2$ から $\langle a_1, a_2 \rangle$
なお、基底は a_1, a_2, a_3 のうちどの2つをとってもよい。

解 答

(1) $A = [\boldsymbol{a}_1\ \boldsymbol{a}_2\ \boldsymbol{a}_3]$ とすると

$$\underset{\text{⑦}}{[A\ \boldsymbol{a}_4]} = \begin{bmatrix} 1 & 1 & 3 & 4 \\ 1 & 2 & 1 & 0 \\ -1 & 1 & -2 & 7 \end{bmatrix} \underset{\text{④}}{\to} \begin{bmatrix} 1 & 1 & 3 & 4 \\ 0 & 1 & -2 & -4 \\ 0 & 2 & 1 & 11 \end{bmatrix}$$

$$\underset{\text{⑨}}{\to} \begin{bmatrix} 1 & 0 & 5 & 8 \\ 0 & 1 & -2 & -4 \\ 0 & 0 & 1 & \dfrac{19}{5} \end{bmatrix} \underset{\text{㊤}}{\to} \begin{bmatrix} 1 & 0 & 0 & -11 \\ 0 & 1 & 0 & \dfrac{18}{5} \\ 0 & 0 & 1 & \dfrac{19}{5} \end{bmatrix}$$

したがって，$\operatorname{rank} A = 3$ となるので，$\boldsymbol{a}_1,\ \boldsymbol{a}_2,\ \boldsymbol{a}_3$ は1次独立すなわち，$\boldsymbol{R}^3$ の基底である．

また，$\boldsymbol{a}_4$ は $\boldsymbol{a}_1,\ \boldsymbol{a}_2,\ \boldsymbol{a}_3$ の1次結合として

$$\boldsymbol{a}_4 = -11\,\boldsymbol{a}_1 + \dfrac{18}{5}\boldsymbol{a}_2 + \dfrac{19}{5}\boldsymbol{a}_3 \qquad \cdots\cdots\text{(答)}$$

と表される．

(2) $\underset{\text{㊥}}{W = \langle \boldsymbol{a}_1,\ \boldsymbol{a}_2,\ \boldsymbol{a}_3,\ \boldsymbol{a}_4 \rangle}$

$$A = \begin{bmatrix} 1 & 2 & 6 & 2 \\ 1 & 3 & 7 & 0 \\ 4 & 10 & 26 & 4 \\ 2 & 3 & 6 & 1 \end{bmatrix} \underset{\text{㊤}}{\to} \begin{bmatrix} 1 & 2 & 6 & 2 \\ 0 & 1 & 1 & -2 \\ 0 & 2 & 2 & -4 \\ 0 & -1 & -6 & -3 \end{bmatrix}$$

$$\underset{\text{㊥}}{\to} \begin{bmatrix} 1 & 0 & 4 & 6 \\ 0 & 1 & 1 & -2 \\ 0 & 0 & 0 & 0 \\ 0 & 0 & 1 & 1 \end{bmatrix} \underset{\text{㊦}}{\to} \begin{bmatrix} 1 & 0 & 0 & 2 \\ 0 & 1 & 0 & -3 \\ 0 & 0 & 0 & 0 \\ 0 & 0 & 1 & 1 \end{bmatrix}$$

$$\underset{\text{㊨}}{\to} \begin{bmatrix} 1 & 0 & 0 & 2 \\ 0 & 1 & 0 & -3 \\ 0 & 0 & 1 & 1 \\ 0 & 0 & 0 & 0 \end{bmatrix}$$

したがって $\operatorname{rank} A = 3$

よって，$\dim W = \operatorname{rank} A = 3$ ……(答)

この基本変形から

$$\boldsymbol{a}_4 = 2\boldsymbol{a}_1 - 3\boldsymbol{a}_2 + \boldsymbol{a}_3$$

となるので，1組の基底は $\langle \boldsymbol{a}_1,\ \boldsymbol{a}_2,\ \boldsymbol{a}_3 \rangle$ ……(答)

---

⑦ $\boldsymbol{a}_1,\ \boldsymbol{a}_2,\ \boldsymbol{a}_3$ が $\boldsymbol{R}^3$ の基底であることを示すだけなら，$|A| = |\boldsymbol{a}_1\ \boldsymbol{a}_2\ \boldsymbol{a}_3| \neq 0$ を導けばよいが，$\boldsymbol{a}_4$ を $\boldsymbol{a}_1,\ \boldsymbol{a}_2,\ \boldsymbol{a}_3$ の1次結合で表せとあるので，行基本変形を考えるほうが得策である．

④ ②−①, ③+①

⑨ ①−②, (③−②×2)÷5

㊤ ①−③×5, ②+③×2

㊥ $\boldsymbol{a}_1\sim\boldsymbol{a}_4$ の中で1次独立なベクトルの個数を求める．すなわち，$\operatorname{rank} A$ を求める．

㊤ ②−①, ③−①×4, ④−①×2

㊥ ①−②×2, ③−②×2, (④+②)÷(−5)

㊦ ①−④×4, ②−④

㊨ ③↔④

㋚ 基底は $\boldsymbol{a}_1\sim\boldsymbol{a}_4$ のうちのどの3つをとってもよい．

問題 69 和空間・交空間の基底・次元

R^4 において，次のベクトルを考える．

$$a_1 = \begin{bmatrix} 1 \\ -1 \\ 2 \\ -3 \end{bmatrix}, \quad a_2 = \begin{bmatrix} 1 \\ 3 \\ 2 \\ 0 \end{bmatrix}, \quad a_3 = \begin{bmatrix} 3 \\ 1 \\ 6 \\ -6 \end{bmatrix}, \quad b_1 = \begin{bmatrix} 0 \\ -4 \\ 0 \\ -3 \end{bmatrix}, \quad b_2 = \begin{bmatrix} 1 \\ 3 \\ 1 \\ 0 \end{bmatrix}$$

a_1, a_2, a_3 および b_1, b_2 の生成する R^4 の部分空間をそれぞれ W_a, W_b とおく．このとき，次を求めよ．

(1) $W_a + W_b$ の基底と次元   (2) $W_a \cap W_b$ の基底と次元

解説

ベクトル空間 V における和空間と交空間について学ぶ．

(1) **和空間** $W_1, W_2, \cdots, W_p, \cdots$ が V の部分空間であるとき，これらの和集合 $\bigcup_{i \in I} W_i$ の生成する部分空間 $L(\bigcup_{i \in I} W_i)$ を $\{W_i \mid i \in I\}$ の**和空間**と呼び，$\sum_{i \in I} W_i$ と表す．本問の $W_a + W_b$ については，W_a と W_b の生成元が $W_a = L(a_1, a_2, a_3)$, $W_b = L(b_1, b_2)$ だから，$W_a + W_b = L(a_1, a_2, a_3, b_1, b_2)$ となる．したがって，$\dim(W_a + W_b)$ は

$$c_1 a_1 + c_2 a_2 + c_3 a_3 + c_4 b_1 + c_5 b_2 = 0$$

とおいて，a_1, a_2, a_3, b_1, b_2 の中の1次独立なベクトルの個数である．つまり

$$\begin{bmatrix} a_1 & a_2 & a_3 & b_1 & b_2 \end{bmatrix} \begin{bmatrix} c_1 \\ c_2 \\ c_3 \\ c_4 \\ c_5 \end{bmatrix} = [A \vdots B] \begin{bmatrix} c_1 \\ c_2 \\ c_3 \\ c_4 \\ c_5 \end{bmatrix} = 0$$

として，$[A \vdots B]$ に行基本変形を施せばよい．

ここでは $\dim(W_a + W_b) = \text{rank}(A \vdots B)$

が成り立つ．基底は基本変形で求めた1次独立なベクトルを選べばよい．

(2) **交空間** $W_1, W_2, \cdots, W_p, \cdots$ が V の部分空間ならば，これらの共通部分 $\bigcap_{i \in I} W_i = W_1 \cap W_2 \cap \cdots \cap W_p \cap \cdots$ は V の部分空間になるが，これを $\{W_i \mid i \in I\}$ の**交空間**（交わり）と呼ぶ．交空間 $W_a \cap W_b$ は $x \in W_a$, $y \in W_b$ で，$x = y$ となるようなベクトルの集合である．$W_a \cap W_b$ の次元については，公式

$$\dim(W_a \cap W_b) = \dim W_a + \dim W_b - \dim(W_a + W_b)$$

を利用するのが原則である．基底は基本変形の結果が利用できる．

解 答

(1) 行列 $A=[\boldsymbol{a}_1\ \boldsymbol{a}_2\ \boldsymbol{a}_3]$, $B=[\boldsymbol{b}_1\ \boldsymbol{b}_2]$ とおく．
$[A\,\vdots\,B]$ を基本変形して

$$\begin{bmatrix} 1 & 1 & 3 & \vdots & 0 & 1 \\ -1 & 3 & 1 & \vdots & -4 & 3 \\ 2 & 2 & 6 & \vdots & 0 & 0 \\ -3 & 0 & -6 & \vdots & -3 & 1 \end{bmatrix} \begin{matrix} \cdots\cdots① \\ \cdots\cdots② \\ \cdots\cdots③ \\ \cdots\cdots④ \end{matrix}$$

$\xrightarrow{\text{㋐}} \begin{bmatrix} 1 & 1 & 3 & \vdots & 0 & 1 \\ 0 & 1 & 1 & \vdots & -1 & 1 \\ 0 & 0 & 0 & \vdots & 0 & 1 \\ 0 & 3 & 3 & \vdots & -3 & 4 \end{bmatrix}$

$\xrightarrow{\text{㋑}} \begin{bmatrix} 1 & 0 & 2 & \vdots & 1 & 0 \\ 0 & 1 & 1 & \vdots & -1 & 1 \\ 0 & 0 & 0 & \vdots & 0 & 1 \\ 0 & 0 & 0 & \vdots & 0 & 0 \end{bmatrix}$

$\xrightarrow{\text{㋒}} \begin{bmatrix} 1 & 0 & 2 & \vdots & 1 & 0 \\ 0 & 1 & 1 & \vdots & -1 & 0 \\ 0 & 0 & 0 & \vdots & 0 & 1 \\ 0 & 0 & 0 & \vdots & 0 & 0 \end{bmatrix}$

よって，$\dim(W_a+W_b)=\mathrm{rank}(A\,\vdots\,B)=3$ ……(答)

基底は ㋓ $\langle \boldsymbol{a}_1,\ \boldsymbol{a}_2,\ \boldsymbol{b}_2 \rangle$ ……(答)

(2) $A \longrightarrow \begin{bmatrix} 1 & 0 & 2 \\ 0 & 1 & 1 \\ 0 & 0 & 0 \\ 0 & 0 & 0 \end{bmatrix}$, $B \longrightarrow \begin{bmatrix} 1 & 0 \\ 0 & 1 \\ 0 & 0 \\ 0 & 0 \end{bmatrix}$ より

$\dim W_a = \mathrm{rank}\,A = 2$, $\dim W_b = \mathrm{rank}\,B = 2$

よって ㋔ $\dim(W_a \cap W_b)$
$= \dim W_a + \dim W_b - \dim(W_a+W_b)$
$= 2+2-3 = 1$ ……(答)

㋕ (1)の基本変形から，$\boldsymbol{b}_1 = \boldsymbol{a}_1 - \boldsymbol{a}_2$ だから
$\boldsymbol{b}_1 \in W_a$ かつ $\boldsymbol{b}_1 \in W_b$

よって，$\boldsymbol{b}_1 \in W_a \cap W_b$ であるから，$W_a \cap W_b$ の基底は $\langle \boldsymbol{b}_1 \rangle$ ……(答)

㋐ (②+①)÷4→②
(③−①×2)÷(−2)→③
④+①×3→④

㋑ ①−②→①
④−(②×3+③)→④

㋒ ②−③→②

㋓ ここでは基本変形の結果，単位行列をなすベクトルを選んだ．他に
$\langle \boldsymbol{a}_1,\ \boldsymbol{a}_3,\ \boldsymbol{b}_2 \rangle$,
$\langle \boldsymbol{a}_1,\ \boldsymbol{b}_1,\ \boldsymbol{b}_2 \rangle$
なども基底である．

㋔ 公式である．

㋕ $\boldsymbol{a}_3 = 2\boldsymbol{a}_1 + \boldsymbol{a}_2$
$\boldsymbol{b}_1 = \boldsymbol{a}_1 - \boldsymbol{a}_2$

㋖ $\boldsymbol{b}_1$ は $\boldsymbol{a}_1,\ \boldsymbol{a}_2$ の1次結合で表されるので，$\boldsymbol{b}_1$ は W_a の元である．

問題 70 像と核

線形写像 $f: \mathbf{R}^3 \to \mathbf{R}^3$ が $f\begin{bmatrix} x \\ y \\ z \end{bmatrix} = A\begin{bmatrix} x \\ y \\ z \end{bmatrix}$, $A = \begin{bmatrix} 2 & 3 & -1 \\ 3 & 2 & 1 \\ -1 & 1 & -2 \end{bmatrix}$ で与えられるとき，次の問いに答えよ．

(1) 線形写像 f の像 $\mathrm{Im}\,f$ と核 $\mathrm{Ker}\,f$ の次元および基底を求めよ．

(2) $\mathbf{R}^3$ の部分空間 W を，$W = \left\{ \boldsymbol{x} = \begin{bmatrix} x \\ y \\ z \end{bmatrix} \in \mathbf{R}^3 \,\middle|\, 3x+5y-2z=0 \right\}$ で定義するとき，W の線形写像 f による像 $f(W)$ の次元と基底を求めよ．

解説

V, W をベクトル空間とし，$f: V \to W$ を線形写像とする．このとき
$$\mathrm{Im}\,f = f(V) = \{f(\boldsymbol{x}) \mid \boldsymbol{x} \in V\}$$
を V の f による**像**（**Image**）といい，
$$\mathrm{Ker}\,f = f^{-1}(\boldsymbol{0}) = \{\boldsymbol{x} \mid f(\boldsymbol{x}) = \boldsymbol{0}\}$$
を f の**核**（**Kernel**）という．

とくに，標準基底に関する線形写像 $f: \mathbf{R}^n \to \mathbf{R}^m$ の行列を A とおくと

$\mathrm{Im}\,f = \{A \text{ の列ベクトルで生成する空間}\}$

$\mathrm{Ker}\,f = \{\text{連立 1 次方程式 } A\boldsymbol{x} = \boldsymbol{0} \text{ の解空間}\}$

である．$\mathrm{Im}\,f$ は W の部分空間，$\mathrm{Ker}\,f$ は V の部分空間である．

線形写像 $f: V \to W$ の次元について，次の定理が成り立つ．

次元定理
$$\begin{cases} \dim(\mathrm{Im}\,f) = \mathrm{rank}\,A \\ \dim V = \dim(\mathrm{Im}\,f) + \dim(\mathrm{Ker}\,f) \end{cases}$$

本問の (1) はこの次元定理を用いて解く．(2) は W が $\mathbf{R}^3$ の部分空間であるから，$f(W)$ の次元は (1) の $\dim(\mathrm{Im}\,f)$ と等しいとは限らないことに注意．

解答

(1) $A \xrightarrow{\text{㋐}} \begin{bmatrix} 1 & 4 & -3 \\ 0 & 1 & -1 \\ -1 & 1 & -2 \end{bmatrix} \xrightarrow{\text{㋑}} \begin{bmatrix} 1 & 4 & -3 \\ 0 & 1 & -1 \\ 0 & 1 & -1 \end{bmatrix}$

$\xrightarrow{\text{㋒}} \begin{bmatrix} 1 & 0 & 1 \\ 0 & 1 & -1 \\ 0 & 0 & 0 \end{bmatrix}$

㋐ ①+③
 (②+③×3)÷5

㋑ (③+①)÷5

㋒ ①-②×4
 ③-②

したがって，rank $A=2$
∴ $\dim(\mathrm{Im}\,f) = \mathrm{rank}\,A = 2$ ……(答)

$\mathrm{Im}\,f$ の基底は，㋓ $\left\langle \begin{bmatrix} 2 \\ 3 \\ -1 \end{bmatrix}, \begin{bmatrix} 3 \\ 2 \\ 1 \end{bmatrix} \right\rangle$ ……(答)

また，次元定理から
$\dim(\mathrm{Ker}\,f) = 3 - \dim(\mathrm{Im}\,f)$
$= 3 - 2 = 1$ ……(答)

$A\boldsymbol{x} = \boldsymbol{0}$ を解いて，$\boldsymbol{x} = \begin{bmatrix} x_1 \\ x_2 \\ x_3 \end{bmatrix}$ は $\begin{cases} x_1 + x_3 = 0 \\ x_2 - x_3 = 0 \end{cases}$

∴ $\boldsymbol{x} = k \begin{bmatrix} 1 \\ -1 \\ -1 \end{bmatrix}$ $(k \in \boldsymbol{R})$

よって，$\mathrm{Ker}\,f$ の基底は $\left\langle \begin{bmatrix} 1 \\ -1 \\ -1 \end{bmatrix} \right\rangle$ ……(答)

(2) 部分空間 W は原点を通る平面㋔ $3x + 5y - 2z = 0$ であるから

$$z = \frac{3}{2}x + \frac{5}{2}y$$

したがって，W の元 $\boldsymbol{x} = \begin{bmatrix} x \\ y \\ z \end{bmatrix} = \begin{bmatrix} 2s \\ 2t \\ 3s + 5t \end{bmatrix}$

$(s, t \in \boldsymbol{R})$ とおいて，$\boldsymbol{x}$ の f による像は

$f(\boldsymbol{x}) = \begin{bmatrix} 2 & 3 & -1 \\ 3 & 2 & 1 \\ -1 & 1 & -2 \end{bmatrix} \begin{bmatrix} 2s \\ 2t \\ 3s + 5t \end{bmatrix} = (s+t) \begin{bmatrix} 1 \\ 9 \\ -8 \end{bmatrix}$

よって，$f(W)$ の次元は 1 ……(答)

基底は $\left\langle \begin{bmatrix} 1 \\ 9 \\ -8 \end{bmatrix} \right\rangle$ ……(答)

㋓ $\begin{bmatrix} 1 \\ 0 \\ 0 \end{bmatrix}, \begin{bmatrix} 0 \\ 1 \\ 0 \end{bmatrix}$ は1次独立だから $\begin{bmatrix} 2 \\ 3 \\ -1 \end{bmatrix}, \begin{bmatrix} 3 \\ 2 \\ 1 \end{bmatrix}$ も1次独立である．$\mathrm{Im}\,f$ は

$\begin{bmatrix} X \\ Y \\ Z \end{bmatrix} = A \begin{bmatrix} x \\ y \\ z \end{bmatrix}$

$= x \begin{bmatrix} 2 \\ 3 \\ -1 \end{bmatrix} + y \begin{bmatrix} 3 \\ 2 \\ 1 \end{bmatrix} + z \begin{bmatrix} -1 \\ 1 \\ -2 \end{bmatrix}$

$= (x+z) \begin{bmatrix} 2 \\ 3 \\ -1 \end{bmatrix} + (y-z) \begin{bmatrix} 3 \\ 2 \\ 1 \end{bmatrix}$

であるから，2つのベクトル $\begin{bmatrix} 2 \\ 3 \\ -1 \end{bmatrix}, \begin{bmatrix} 3 \\ 2 \\ 1 \end{bmatrix}$ で定まる原点を通る平面である．この2つのベクトルが $\mathrm{Im}\,f$ の基底となる．この平面の方程式は $x - y - z = 0$ である．

㋔ xy 平面および xz 平面との交線上の点を考えて

$\boldsymbol{x} = p \begin{bmatrix} 5 \\ -3 \\ 0 \end{bmatrix} + q \begin{bmatrix} 2 \\ 0 \\ 3 \end{bmatrix}$

とおいてもよい．

問題 71 シュミットの直交化法

次のベクトルによって生成されるベクトル空間の正規直交基底$\langle e_1, e_2 \rangle$, $\langle e_1, e_2, e_3 \rangle$をそれぞれ求めよ．

(1) $a_1 = \begin{bmatrix} 2 \\ 1 \\ -2 \end{bmatrix}$, $a_2 = \begin{bmatrix} 1 \\ 2 \\ -1 \end{bmatrix}$

(2) $a_1 = \begin{bmatrix} 1 \\ 2 \\ 1 \end{bmatrix}$, $a_2 = \begin{bmatrix} 2 \\ 1 \\ 2 \end{bmatrix}$, $a_3 = \begin{bmatrix} 3 \\ 1 \\ 1 \end{bmatrix}$

解説 1次独立なベクトルa_1, a_2, $\cdots$, a_rが与えられたとき，これらの1次結合により**正規直交基底**（ベクトル空間Vにおいて，互いに直交するr個の単位ベクトル）$\langle e_1, e_2, \cdots, e_r \rangle$を作る方法を**シュミットの直交化法**という．

まず，$b_1 = a_1$とおき，$e_1 = \dfrac{b_1}{|b_1|}$とする．

次に，$b_2 = a_2 + pe_1$とおいて$b_2 \perp e_1$となるようにpを定める．

$b_2 \cdot e_1 = (a_2 + pe_1) \cdot e_1 = a_2 \cdot e_1 + pe_1 \cdot e_1$
$= a_2 \cdot e_1 + p = 0 \quad (\because |e_1| = 1)$

$p = -a_2 \cdot e_1 \qquad \therefore \quad b_2 = a_2 - (a_2 \cdot e_1) e_1$

これより，$e_2 = \dfrac{b_2}{|b_2|}$とする．

さらに，$b_3 = a_3 + qe_1 + re_2$とおいて$b_3 \perp e_1$，$b_3 \perp e_2$となるようにq, rを定める．

$b_3 \cdot e_1 = (a_3 + qe_1 + re_2) \cdot e_1 = 0$
$b_3 \cdot e_2 = (a_3 + qe_1 + re_2) \cdot e_2 = 0$

ここで，$e_1 \cdot e_2 = 0 \quad (\because b_1 \perp b_2)$だから

$a_3 \cdot e_1 + q = 0$, $a_3 \cdot e_2 + r = 0$ となり $q = -a_3 \cdot e_1$, $r = -a_3 \cdot e_2$

$\therefore \quad b_3 = a_3 - (a_3 \cdot e_1) e_1 - (a_3 \cdot e_2) e_2 \qquad$これより，$e_3 = \dfrac{b_3}{|b_3|}$とする．

この方法をくり返すことによりb_1, b_2, $\cdots$, b_rが得られ，$b_1 = a_1$，

$b_k = a_k - (a_k \cdot e_1) e_1 - (a_k \cdot e_2) e_2 - \cdots - (a_k \cdot e_{k-1}) e_{k-1} \quad (k = 2, 3, \cdots, r)$

となる．これより，$e_k = \dfrac{b_k}{|b_k|} \quad (k = 1, 2, \cdots, r)$とすると，$|e_k| = 1$かつ$e_i \perp e_j$ $(1 \leq i < j \leq k)$が成り立つので，$\langle e_1, e_2, \cdots, e_r \rangle$は正規直交基底となる．

解 答

(1) $b_1 = a_1 = \begin{bmatrix} 2 \\ 1 \\ -2 \end{bmatrix}$ から, $e_1 = \dfrac{b_1}{|b_1|} = \dfrac{1}{3}\begin{bmatrix} 2 \\ 1 \\ -2 \end{bmatrix}$

$b_2 = a_2 \underbrace{- (a_2 \cdot e_1)}_{\text{⑦}} e_1$

$= \begin{bmatrix} 1 \\ 2 \\ -1 \end{bmatrix} - 2 \cdot \dfrac{1}{3}\begin{bmatrix} 2 \\ 1 \\ -2 \end{bmatrix} = \dfrac{1}{3}\begin{bmatrix} -1 \\ 4 \\ 1 \end{bmatrix} /\!/ \begin{bmatrix} -1 \\ 4 \\ 1 \end{bmatrix}$

$e_2 = \dfrac{b_2}{|b_2|} = \dfrac{1}{3\sqrt{2}}\begin{bmatrix} -1 \\ 4 \\ 1 \end{bmatrix}$

よって，上記の $\underbrace{\langle e_1, e_2 \rangle}_{\text{④}}$ ……(答)

(2) $b_1 = a_1 = \begin{bmatrix} 1 \\ 2 \\ 1 \end{bmatrix}$ から $e_1 = \dfrac{b_1}{|b_1|} = \dfrac{1}{\sqrt{6}}\begin{bmatrix} 1 \\ 2 \\ 1 \end{bmatrix}$

$b_2 = a_2 - (a_2 \cdot e_1) e_1$

$= \begin{bmatrix} 2 \\ 1 \\ 2 \end{bmatrix} - \dfrac{6}{\sqrt{6}} \cdot \dfrac{1}{\sqrt{6}}\begin{bmatrix} 1 \\ 2 \\ 1 \end{bmatrix} = \begin{bmatrix} 2 \\ 1 \\ 2 \end{bmatrix} - \begin{bmatrix} 1 \\ 2 \\ 1 \end{bmatrix} = \begin{bmatrix} 1 \\ -1 \\ 1 \end{bmatrix}$

$e_2 = \dfrac{b_2}{|b_2|} = \dfrac{1}{\sqrt{3}}\begin{bmatrix} 1 \\ -1 \\ 1 \end{bmatrix}$

$\underbrace{b_3 = a_3 - (a_3 \cdot e_1) e_1 - (a_3 \cdot e_2) e_2}_{\text{⑨}}$

$= \begin{bmatrix} 3 \\ 1 \\ 1 \end{bmatrix} - \dfrac{6}{\sqrt{6}} \cdot \dfrac{1}{\sqrt{6}}\begin{bmatrix} 1 \\ 2 \\ 1 \end{bmatrix} - \dfrac{3}{\sqrt{3}} \cdot \dfrac{1}{\sqrt{3}}\begin{bmatrix} 1 \\ -1 \\ 1 \end{bmatrix}$

$= \begin{bmatrix} 3 \\ 1 \\ 1 \end{bmatrix} - \begin{bmatrix} 1 \\ 2 \\ 1 \end{bmatrix} - \begin{bmatrix} 1 \\ -1 \\ 1 \end{bmatrix} = \begin{bmatrix} 1 \\ 0 \\ -1 \end{bmatrix}$

$e_3 = \dfrac{b_3}{|b_3|} = \dfrac{1}{\sqrt{2}}\begin{bmatrix} 1 \\ 0 \\ -1 \end{bmatrix}$

よって，上記の $\underbrace{\langle e_1, e_2, e_3 \rangle}_{\text{㊤}}$ ……(答)

---

⑦ $a_2 \cdot e_1$
$= \dfrac{1}{3}\{1 \cdot 2 + 2 \cdot 1 + (-1) \cdot (-2)\}$
$= \dfrac{6}{3} = 2$

④ a_1, a_2 で定まる平面上における正規直交基底．

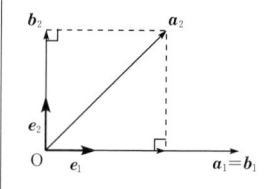

⑨ 正射影ベクトルの表現を覚えて，左頁の図形を頭に入れておくこと．

㊤ e_3 は e_1 と e_2 の外積から求めることができる．

e_3
$= e_1 \times e_2$
$= \dfrac{1}{\sqrt{6}}\begin{bmatrix} 1 \\ 2 \\ 1 \end{bmatrix} \times \dfrac{1}{\sqrt{3}}\begin{bmatrix} 1 \\ -1 \\ 1 \end{bmatrix}$
$= \dfrac{1}{3\sqrt{2}}\begin{bmatrix} 3 \\ 0 \\ -3 \end{bmatrix} = \dfrac{1}{\sqrt{2}}\begin{bmatrix} 1 \\ 0 \\ -1 \end{bmatrix}$

$\begin{array}{c} \overset{2}{-1} \times \overset{1}{1} \times \overset{1}{1} \times \overset{2}{-1} \\ 3 \quad\ 0 \quad -3 \end{array}$

問題 72 固有値・固有ベクトル

(1) 行列 $A=\begin{bmatrix} 1 & 2 & 2 \\ 1 & 2 & -1 \\ 3 & -3 & 0 \end{bmatrix}$ の固有値および固有ベクトルを求めよ．

(2) 3次の正方行列 A について，$\begin{bmatrix} 1 \\ 0 \\ -1 \end{bmatrix}, \begin{bmatrix} 1 \\ -1 \\ 0 \end{bmatrix}, \begin{bmatrix} 2 \\ 0 \\ 1 \end{bmatrix}$ はそれぞれ行列 A の固有値 $1, -1, 0$ の固有ベクトルである．このとき，A を求めよ．

解説 n 次正方行列 A によって定まる線形変換 $f: \boldsymbol{C}^n \to \boldsymbol{C}^n$（$\boldsymbol{C}^n$ は複素 n 次元ベクトル空間）において，以下を満たす λ を A の**固有値**，$\boldsymbol{x}$ を**固有ベクトル**という．

$$A\boldsymbol{x}=\lambda\boldsymbol{x} \quad \text{すなわち} \quad (A-\lambda E)\boldsymbol{x}=\boldsymbol{0} \quad (\text{ただし } \boldsymbol{x}\neq\boldsymbol{0})$$

λ を求めるには，固有方程式 $|A-\lambda E|=0$ すなわち

$$|A-\lambda E|=\begin{vmatrix} a_{11}-\lambda & a_{12} & \cdots & a_{1n} \\ a_{21} & a_{22}-\lambda & \cdots & a_{2n} \\ & & \cdots\cdots\cdots & \\ a_{n1} & a_{n2} & \cdots & a_{nn}-\lambda \end{vmatrix}=0$$

を解けばよい．それぞれの λ に対して，連立 1 次同次方程式

$$\begin{cases} (a_{11}-\lambda)x_1+a_{12}x_2+\cdots+a_{1n}x_n=0 \\ a_{21}x_1+(a_{22}-\lambda)x_2+\cdots+a_{2n}x_n=0 \\ \cdots\cdots\cdots\cdots \\ a_{n1}x_1+a_{n2}x_2+\cdots+(a_{nn}-\lambda)x_n=0 \end{cases}$$

の自明でない解（$\boldsymbol{0}$ でない解）が，λ に属する固有ベクトルである．

なお，異なる固有値に属する A の固有ベクトルは 1 次独立である．

(例) 行列 $A=\begin{bmatrix} 2 & 1 \\ -1 & 4 \end{bmatrix}$ の固有値および固有ベクトルを求めてみよう．

(解) $|A-\lambda E|=\begin{vmatrix} 2-\lambda & 1 \\ -1 & 4-\lambda \end{vmatrix}=(2-\lambda)(4-\lambda)-1\cdot(-1)=0$ から

$\lambda^2-6\lambda+9=0 \quad (\lambda-3)^2=0 \qquad$ よって，固有値は $\lambda=3$

このとき，$A-3E=\begin{bmatrix} -1 & 1 \\ -1 & 1 \end{bmatrix} \to \begin{bmatrix} -1 & 1 \\ 0 & 0 \end{bmatrix}$ から固有ベクトル $\boldsymbol{x}=\begin{bmatrix} x \\ y \end{bmatrix}$ は

$\begin{bmatrix} -1 & 1 \\ 0 & 0 \end{bmatrix}\begin{bmatrix} x \\ y \end{bmatrix}=\begin{bmatrix} -x+y \\ 0 \end{bmatrix}=\begin{bmatrix} 0 \\ 0 \end{bmatrix} \qquad$ よって，$\boldsymbol{x}=c\begin{bmatrix} 1 \\ 1 \end{bmatrix}, c\neq 0$

解答

(1) 固有方程式は $|A-\lambda E| = \begin{vmatrix} 1-\lambda & 2 & 2 \\ 1 & 2-\lambda & -1 \\ 3 & -3 & -\lambda \end{vmatrix} = 0$

㋐ $\boxed{1}+\boxed{3}$, $\boxed{2}-\boxed{3}$

$\begin{vmatrix} 3-\lambda & 0 & 2 \\ 0 & 3-\lambda & -1 \\ 3-\lambda & \lambda-3 & -\lambda \end{vmatrix} = (3-\lambda)^2 \begin{vmatrix} 1 & 0 & 2 \\ 0 & 1 & -1 \\ 1 & -1 & -\lambda \end{vmatrix}$

$= -(\lambda-3)^2(\lambda+3) = 0$

固有値は $\lambda = 3$ (2重解), -3 ……(答)

㋑ $\lambda=3$ のとき

$\lambda = 3$ のとき

$A - 3E = \begin{bmatrix} -2 & 2 & 2 \\ 1 & -1 & -1 \\ 3 & -3 & -3 \end{bmatrix} \xrightarrow{㋒} \begin{bmatrix} 1 & -1 & -1 \\ 0 & 0 & 0 \\ 0 & 0 & 0 \end{bmatrix}$

$\lambda=3$ のときの固有ベクトル $\boldsymbol{x} = \begin{bmatrix} x_1 \\ x_2 \\ x_3 \end{bmatrix}$ は

より

$(A-3E)\boldsymbol{x} = (A-3E)\begin{bmatrix} x_1 \\ x_2 \\ x_3 \end{bmatrix} = \begin{bmatrix} 0 \\ 0 \\ 0 \end{bmatrix}$

㋓ 固有ベクトルは $c_1 \begin{bmatrix} 1 \\ 1 \\ 0 \end{bmatrix} + c_2 \begin{bmatrix} 1 \\ 0 \\ 1 \end{bmatrix}$ ……(答)

㋒ 行基本変形.

同様に, $\lambda = -3$ のとき $c_3 \begin{bmatrix} -2 \\ 1 \\ 3 \end{bmatrix}$ ……(答)

㋓ $x_1 - x_2 - x_3 = 0$ から
$x_1 = x_2 + x_3$

$\therefore \boldsymbol{x} = \begin{bmatrix} c_1 + c_2 \\ c_1 \\ c_2 \end{bmatrix}$

$(c_1, c_2, c_3 \neq 0)$

(2) 条件から

$A \begin{bmatrix} 1 \\ 0 \\ -1 \end{bmatrix} = \begin{bmatrix} 1 \\ 0 \\ -1 \end{bmatrix}$, $A \begin{bmatrix} 1 \\ -1 \\ 0 \end{bmatrix} = -\begin{bmatrix} 1 \\ -1 \\ 0 \end{bmatrix}$, $A \begin{bmatrix} 2 \\ 0 \\ 1 \end{bmatrix} = 0 \begin{bmatrix} 2 \\ 0 \\ 1 \end{bmatrix}$

㋔ $A + 3E$
$= \begin{bmatrix} 4 & 2 & 2 \\ 1 & 5 & -1 \\ 3 & -3 & 3 \end{bmatrix}$

であるから $A \begin{bmatrix} 1 & 1 & 2 \\ 0 & -1 & 0 \\ -1 & 0 & 1 \end{bmatrix} = \begin{bmatrix} 1 & -1 & 0 \\ 0 & 1 & 0 \\ -1 & 0 & 0 \end{bmatrix}$

$\longrightarrow \begin{bmatrix} 3 & 0 & 2 \\ 0 & 3 & -1 \\ 0 & 0 & 0 \end{bmatrix}$

$\therefore A = \begin{bmatrix} 1 & -1 & 0 \\ 0 & 1 & 0 \\ -1 & 0 & 0 \end{bmatrix} \begin{bmatrix} 1 & 1 & 2 \\ 0 & -1 & 0 \\ -1 & 0 & 1 \end{bmatrix}^{-1}$

㋕ これより

$A \begin{bmatrix} 1 \\ 0 \\ 0 \end{bmatrix}$, $A \begin{bmatrix} 0 \\ 1 \\ 0 \end{bmatrix}$, $A \begin{bmatrix} 0 \\ 0 \\ 1 \end{bmatrix}$

$= \dfrac{1}{3} \begin{bmatrix} 1 & 4 & -2 \\ 0 & -3 & 0 \\ -1 & -1 & 2 \end{bmatrix}$ ……(答)

を求めて, A を決定してもよい.

問題 73　正則行列による対角化

次の行列 A を対角化せよ．
$$A = \begin{bmatrix} 1 & 2 & -3 \\ -1 & 0 & 1 \\ -1 & 2 & -1 \end{bmatrix}$$

解説　n 次の正方行列 A に対して，適当な正則行列 P により $P^{-1}AP$ を対角行列，すなわち $P^{-1}AP = \begin{bmatrix} \lambda_1 & & O \\ & \ddots & \\ O & & \lambda_n \end{bmatrix}$ とすることができるとき，A は P で**対角化可能**であるという．一般に，n 次の正方行列 A が対角化可能であるための必要十分条件は，次のようである．

(1) A の固有値がすべて異なる．
(2) A の固有値が重解 λ_i をもつときは，その重複度を m_i，λ_i に属する固有空間を $W(\lambda_i)$ とするとき
$$\dim W(\lambda_i) = n - \mathrm{rank}(A - \lambda_i E) = \text{重複度 } m_i$$
が成り立つ．

さて，問題 72 の (1) の行列 $A = \begin{bmatrix} 1 & 2 & 2 \\ 1 & 2 & -1 \\ 3 & -3 & 0 \end{bmatrix}$ について調べてみよう．

固有値は $\lambda = 3$（2 重解），-3 であるが，3 に属する固有空間 $W(3)$ は
$$\dim W(3) = 3 - \mathrm{rank}(A - 3E) = 3 - 1 = 2 = \text{重複度}$$
であるから，対角化可能である．

固有ベクトルを $\boldsymbol{p}_1 = \begin{bmatrix} 1 \\ 1 \\ 0 \end{bmatrix}$, $\boldsymbol{p}_2 = \begin{bmatrix} 1 \\ 0 \\ 1 \end{bmatrix}$, $\boldsymbol{p}_3 = \begin{bmatrix} -2 \\ 1 \\ 3 \end{bmatrix}$ とおくと
$A\boldsymbol{p}_1 = 3\boldsymbol{p}_1$, $A\boldsymbol{p}_2 = 3\boldsymbol{p}_2$, $A\boldsymbol{p}_3 = -3\boldsymbol{p}_3$ から
$$A[\boldsymbol{p}_1 \ \ \boldsymbol{p}_2 \ \ \boldsymbol{p}_3] = [A\boldsymbol{p}_1 \ \ A\boldsymbol{p}_2 \ \ A\boldsymbol{p}_3] = [3\boldsymbol{p}_1 \ \ 3\boldsymbol{p}_2 \ \ -3\boldsymbol{p}_3]$$
$$= [\boldsymbol{p}_1 \ \ \boldsymbol{p}_2 \ \ \boldsymbol{p}_3] \begin{bmatrix} 3 & 0 & 0 \\ 0 & 3 & 0 \\ 0 & 0 & -3 \end{bmatrix}$$

$[\boldsymbol{p}_1 \ \ \boldsymbol{p}_2 \ \ \boldsymbol{p}_3] = P$ とおくと，$AP = P \begin{bmatrix} 3 & 0 & 0 \\ 0 & 3 & 0 \\ 0 & 0 & -3 \end{bmatrix}$

ここに，p_1, p_2, p_3 は1次独立なベクトルであるから，P^{-1} が存在し，
$P^{-1}AP = \begin{bmatrix} 3 & 0 & 0 \\ 0 & 3 & 0 \\ 0 & 0 & -3 \end{bmatrix}$ となって，A は確かに対角化される．

解答

$|A-\lambda E| = \begin{vmatrix} 1-\lambda & 2 & -3 \\ -1 & -\lambda & 1 \\ -1 & 2 & -1-\lambda \end{vmatrix} = 0$ から
⑦

$-\lambda(\lambda-2)(\lambda+2) = 0 \qquad \therefore \quad \lambda = 0, \pm 2$

$\lambda = 0$ のとき

$A = \begin{bmatrix} 1 & 2 & -3 \\ -1 & 0 & 1 \\ -1 & 2 & -1 \end{bmatrix} \longrightarrow \begin{bmatrix} 1 & 0 & -1 \\ 0 & 1 & -1 \\ 0 & 0 & 0 \end{bmatrix}$ から

固有ベクトルの1つは $p_1 = \begin{bmatrix} 1 \\ 1 \\ 1 \end{bmatrix}$

同様に，$\lambda = 2$, $\lambda = -2$ のとき
④

$p_2 = \begin{bmatrix} 1 \\ -1 \\ -1 \end{bmatrix}$, $p_3 = \begin{bmatrix} 1 \\ 0 \\ 1 \end{bmatrix}$

$Ap_1 = 0 \, p_1$, $Ap_2 = 2 \, p_2$, $Ap_3 = -2 \, p_3$ から

$A[p_1 \quad p_2 \quad p_3] = [Ap_1 \quad Ap_2 \quad Ap_3]$
$= [0p_1 \quad 2p_2 \quad -2p_3]$
$= [p_1 \quad p_2 \quad p_3] \begin{bmatrix} 0 & 0 & 0 \\ 0 & 2 & 0 \\ 0 & 0 & -2 \end{bmatrix}$

$[p_1 \quad p_2 \quad p_3] = P$ とおくと $AP = P \begin{bmatrix} 0 & 0 & 0 \\ 0 & 2 & 0 \\ 0 & 0 & -2 \end{bmatrix}$
⑨

よって，$P^{-1}AP = \begin{bmatrix} 0 & 0 & 0 \\ 0 & 2 & 0 \\ 0 & 0 & -2 \end{bmatrix}$

となり，行列 A は対角化できた．

---

⑦ $|A-\lambda E|$
$= \begin{vmatrix} 2-\lambda & 0 & \lambda-2 \\ 0 & -\lambda-2 & \lambda+2 \\ -1 & 2 & -1-\lambda \end{vmatrix}$
$= (2-\lambda)(\lambda+2)$
$\times \begin{vmatrix} 1 & 0 & -1 \\ 0 & -1 & 1 \\ -1 & 2 & -1-\lambda \end{vmatrix}$
$= -\lambda(\lambda-2)(\lambda+2)$

④ $A-2E$
$\longrightarrow \begin{bmatrix} 1 & 0 & -1 \\ 0 & 1 & -1 \\ 0 & 0 & 0 \end{bmatrix}$
$A+2E$
$\longrightarrow \begin{bmatrix} 1 & 0 & -1 \\ 0 & 1 & 0 \\ 0 & 0 & 0 \end{bmatrix}$

⑨ 3つのベクトル p_1, p_2, p_3 は方向が異なるので1次独立であり，P^{-1} は存在する．

問題 74　対角化による行列の n 乗

行列 $A = \dfrac{1}{4}\begin{bmatrix} -1 & 0 & 2 \\ 0 & -1 & 1 \\ 2 & 1 & 3 \end{bmatrix}$ について，次の問いに答えよ．

(1) A の固有値と固有ベクトルを求めよ．
(2) $\displaystyle\lim_{n\to\infty} A^n$ を求めよ．

解説

正方行列 A が正則行列 P により $P^{-1}AP = B$ のように表されるとき，A^n は次のように求めることができる．

$P^{-1}AP = B$ の両辺を n 乗して　$(P^{-1}AP)^n = B^n$
左辺 $= (P^{-1}AP)^n = P^{-1}A^n P$　（数学的帰納法から示される）となるので
$$P^{-1}A^n P = B^n$$
これより，左から P，右から P^{-1} を掛けて　$P(P^{-1}A^n P)P^{-1} = PB^n P^{-1}$
よって，$A^n = PB^n P^{-1}$ となる．

問題 73 で扱った $A = \begin{bmatrix} 1 & 2 & -3 \\ -1 & 0 & 1 \\ -1 & 2 & -1 \end{bmatrix}$ について A^n を求めてみよう．

$P = \begin{bmatrix} 1 & 1 & 1 \\ 1 & -1 & 0 \\ 1 & -1 & 1 \end{bmatrix}$ とおくことにより，$P^{-1}AP = \begin{bmatrix} 0 & 0 & 0 \\ 0 & 2 & 0 \\ 0 & 0 & -2 \end{bmatrix}$ となるので

$(P^{-1}AP)^n = \begin{bmatrix} 0 & 0 & 0 \\ 0 & 2 & 0 \\ 0 & 0 & -2 \end{bmatrix}^n$ から　$P^{-1}A^n P = \begin{bmatrix} 0 & 0 & 0 \\ 0 & 2^n & 0 \\ 0 & 0 & (-2)^n \end{bmatrix}$

よって，$A^n = P\begin{bmatrix} 0 & 0 & 0 \\ 0 & 2^n & 0 \\ 0 & 0 & (-2)^n \end{bmatrix} P^{-1}$

$= \begin{bmatrix} 1 & 1 & 1 \\ 1 & -1 & 0 \\ 1 & -1 & 1 \end{bmatrix} \begin{bmatrix} 0 & 0 & 0 \\ 0 & 2^n & 0 \\ 0 & 0 & (-2)^n \end{bmatrix} \dfrac{1}{-2}\begin{bmatrix} -1 & -2 & 1 \\ -1 & 0 & 1 \\ 0 & 2 & -2 \end{bmatrix}$

$= \dfrac{1}{2}\begin{bmatrix} 0 & 2^n & (-2)^n \\ 0 & -2^n & 0 \\ 0 & -2^n & (-2)^n \end{bmatrix} \begin{bmatrix} 1 & 2 & -1 \\ 1 & 0 & -1 \\ 0 & -2 & 2 \end{bmatrix}$

$= \begin{bmatrix} 2^{n-1} & -(-2)^n & -2^{n-1}+(-2)^n \\ -2^{n-1} & 0 & 2^{n-1} \\ -2^{n-1} & -(-2)^n & 2^{n-1}+(-2)^n \end{bmatrix}$

が得られる．

解答

(1) $4A$ の固有値を求める．

$$|4A-\lambda E| = \begin{vmatrix} -1-\lambda & 0 & -2 \\ 0 & -1-\lambda & 1 \\ 2 & 1 & 3-\lambda \end{vmatrix} = 0$$

$$(-1-\lambda)^2(3-\lambda) - 4(-1-\lambda) - (-1-\lambda) = 0$$

$(\lambda+1)(\lambda+2)(\lambda-4) = 0$ から $\lambda = -1, -2, 4$

よって，固有値 $\dfrac{\lambda}{4}$ は $-\dfrac{1}{4}, -\dfrac{1}{2}, 1$ ……(答)

固有ベクトルは $4A$ に属する固有ベクトルと同じで，λ の値の順に

$$c_1 \begin{bmatrix} 1 \\ -2 \\ 0 \end{bmatrix}, \quad c_2 \begin{bmatrix} 2 \\ 1 \\ -1 \end{bmatrix}, \quad c_3 \begin{bmatrix} 2 \\ 1 \\ 5 \end{bmatrix} \quad (c_1, c_2, c_3 \neq 0)$$

……(答)

(2) A の単位固有ベクトルは固有値 $-\dfrac{1}{4}, -\dfrac{1}{2}, 1$ の順に $\boldsymbol{p}_1 = \dfrac{1}{\sqrt{5}} \begin{bmatrix} 1 \\ -2 \\ 0 \end{bmatrix}$, $\boldsymbol{p}_2 = \dfrac{1}{\sqrt{6}} \begin{bmatrix} 2 \\ 1 \\ -1 \end{bmatrix}$, $\boldsymbol{p}_3 = \dfrac{1}{\sqrt{30}} \begin{bmatrix} 2 \\ 1 \\ 5 \end{bmatrix}$

A は実対称行列だから，$P = [\boldsymbol{p}_1 \ \boldsymbol{p}_2 \ \boldsymbol{p}_3]$ は直交行列である．

$${}^tPAP = \begin{bmatrix} -\dfrac{1}{4} & 0 & 0 \\ 0 & -\dfrac{1}{2} & 0 \\ 0 & 0 & 1 \end{bmatrix} \text{ だから}$$

$$A^n = P \begin{bmatrix} \left(-\dfrac{1}{4}\right)^n & 0 & 0 \\ 0 & \left(-\dfrac{1}{2}\right)^n & 0 \\ 0 & 0 & 1 \end{bmatrix} {}^tP$$

よって，

$$\lim_{n \to \infty} A^n = P \begin{bmatrix} 0 & 0 & 0 \\ 0 & 0 & 0 \\ 0 & 0 & 1 \end{bmatrix} {}^tP = \dfrac{1}{30} \begin{bmatrix} 4 & 2 & 10 \\ 2 & 1 & 5 \\ 10 & 5 & 25 \end{bmatrix}$$

……(答)

---

⑦ A の固有値を求めようとすると，分数計算が面倒であるから $4A$ を考える．ただし，$|4A - \lambda E| = 0$ のとき，$\left|A - \dfrac{\lambda}{4}E\right| = 0$ だから，A の固有値は $\dfrac{\lambda}{4}$ である．

④ $(4A - \lambda E)\boldsymbol{x} = \boldsymbol{0}$ と $\left(A - \dfrac{\lambda}{4}\right)\boldsymbol{x} = \boldsymbol{0}$ は同値だから固有ベクトルは同じ．

⑨ P は直交行列だから ${}^tP = P^{-1}$ であり，${}^tPAP$ により A は対角化される．

㊀ $\displaystyle\lim_{n \to \infty}\left(-\dfrac{1}{4}\right)^n$
$= \displaystyle\lim_{n \to \infty}\left(-\dfrac{1}{2}\right)^n = 0$ である．

$P \begin{bmatrix} 0 & 0 & 0 \\ 0 & 0 & 0 \\ 0 & 0 & 1 \end{bmatrix} {}^tP$

$= \dfrac{1}{\sqrt{30}} \begin{bmatrix} 0 & 0 & 2 \\ 0 & 0 & 1 \\ 0 & 0 & 5 \end{bmatrix}$

$\times \begin{bmatrix} \dfrac{1}{\sqrt{5}} & -\dfrac{2}{\sqrt{5}} & 0 \\ \dfrac{2}{\sqrt{6}} & \dfrac{1}{\sqrt{6}} & -\dfrac{1}{\sqrt{6}} \\ \dfrac{2}{\sqrt{30}} & \dfrac{1}{\sqrt{30}} & \dfrac{5}{\sqrt{30}} \end{bmatrix}$

問題 75　直交行列による対角化

次の対称行列 A を直交行列 P により対角化せよ．
$$A = \begin{bmatrix} 4 & 2 & -1 \\ 2 & 1 & 2 \\ -1 & 2 & 4 \end{bmatrix}$$

解説　実正方行列 P が $P\,{}^tP = {}^tPP = E$ を満たすとき，P を**直交行列**という．このとき，${}^tP = P^{-1}$ である．とくに，P が 2 次の実正方行列のときは

$P = \begin{bmatrix} a & b \\ c & d \end{bmatrix}$ とおくと，$\begin{bmatrix} a & b \\ c & d \end{bmatrix}\begin{bmatrix} a & c \\ b & d \end{bmatrix} = \begin{bmatrix} a & c \\ b & d \end{bmatrix}\begin{bmatrix} a & b \\ c & d \end{bmatrix} = \begin{bmatrix} 1 & 0 \\ 0 & 1 \end{bmatrix}$ から

$$\begin{cases} a^2 + b^2 = c^2 + d^2 = a^2 + c^2 = b^2 + d^2 = 1 \\ ac + bd = ab + cd = 0 \end{cases}$$

となり，P の行ベクトルおよび列ベクトルはそれぞれ正規直交系をなす．

列ベクトルを $\boldsymbol{a}_1 = \begin{bmatrix} a \\ c \end{bmatrix}$，$\boldsymbol{a}_2 = \begin{bmatrix} b \\ d \end{bmatrix}$ とおくと，右図のようになり，$\boldsymbol{a}_1 = \begin{bmatrix} \cos\theta \\ \sin\theta \end{bmatrix}$ とおくと

$\boldsymbol{a}_2 = \begin{bmatrix} \cos\left(\theta + \dfrac{\pi}{2}\right) \\ \sin\left(\theta + \dfrac{\pi}{2}\right) \end{bmatrix} = \begin{bmatrix} -\sin\theta \\ \cos\theta \end{bmatrix}$　または　$\boldsymbol{a}_2 = \begin{bmatrix} \cos\left(\theta - \dfrac{\pi}{2}\right) \\ \sin\left(\theta - \dfrac{\pi}{2}\right) \end{bmatrix} = \begin{bmatrix} \sin\theta \\ -\cos\theta \end{bmatrix}$　と

なり，2 次の直交行列 P は $\begin{bmatrix} \cos\theta & -\sin\theta \\ \sin\theta & \cos\theta \end{bmatrix}$，$\begin{bmatrix} \cos\theta & \sin\theta \\ \sin\theta & -\cos\theta \end{bmatrix}$ のいずれかである．

さて，**実対称行列**の固有値はすべて実数であるが，

> 実正方行列 A が直交行列 P で対角化可能 $\iff$ A が実対称行列

が成り立つ．このとき，${}^tPAP$ は対角行列になる．

一般に，A の固有値がすべて異なるときは，それぞれに属する単位固有ベクトルを並べて作った行列が直交行列 P となるが，固有方程式が重解をもつときは，固有ベクトルの求め方に注意が必要である．

解 答

$|A-\lambda E| = \begin{vmatrix} 4-\lambda & 2 & -1 \\ 2 & 1-\lambda & 2 \\ -1 & 2 & 4-\lambda \end{vmatrix} = 0$
　　　　㋐

$(5-\lambda)^2 \begin{vmatrix} 1 & 0 & -1 \\ 0 & 1 & 2 \\ -1 & 2 & 4-\lambda \end{vmatrix} = 0$

$-(\lambda-5)^2(\lambda+1) = 0$ 　　∴ $\lambda = 5$（2 重解），-1

$\lambda = -1$ のとき

$A+E = \begin{bmatrix} 5 & 2 & -1 \\ 2 & 2 & 2 \\ -1 & 2 & 5 \end{bmatrix} \longrightarrow \begin{bmatrix} 1 & 0 & -1 \\ 0 & 1 & 2 \\ 0 & 0 & 0 \end{bmatrix}$ から

単位固有ベクトルは $\boldsymbol{p}_1 = \dfrac{1}{\sqrt{6}} \begin{bmatrix} 1 \\ -2 \\ 1 \end{bmatrix}$
　　　　　　　　　　　　　　㋑

また，$\lambda = 5$ のとき

$A-5E = \begin{bmatrix} -1 & 2 & -1 \\ 2 & -4 & 2 \\ -1 & 2 & -1 \end{bmatrix} \longrightarrow \begin{bmatrix} 1 & -2 & 1 \\ 0 & 0 & 0 \\ 0 & 0 & 0 \end{bmatrix}$ から

固有ベクトル $\boldsymbol{x} = \begin{bmatrix} x \\ y \\ z \end{bmatrix}$ は，$x-2y+z = 0$ を満たす．

この平面上に $\boldsymbol{p}_1$ と正規直交基底をなす $\boldsymbol{p}_2$，$\boldsymbol{p}_3$ を選
　　　　　　　　　　　　　　　　　　　　　　㋒
ぶ．$\boldsymbol{p}_2 = \dfrac{1}{\sqrt{5}} \begin{bmatrix} 2 \\ 1 \\ 0 \end{bmatrix}$ とおくと，$|\boldsymbol{p}_2| = 1$ かつ

$\boldsymbol{p}_1 \perp \boldsymbol{p}_2$ を満たすので，$\boldsymbol{p}_3$ は $\boldsymbol{p}_3 = \boldsymbol{p}_1 \times \boldsymbol{p}_2$
　　　　　　　　　　　　　　　　㋓
すなわち，$\boldsymbol{p}_3 = \dfrac{1}{\sqrt{30}} \begin{bmatrix} -1 \\ 2 \\ 5 \end{bmatrix}$ を選べばよい．

よって，$P = [\boldsymbol{p}_1 \ \boldsymbol{p}_2 \ \boldsymbol{p}_3]$ は直交行列で

${}^t\!PAP = \begin{bmatrix} -1 & 0 & 0 \\ 0 & 5 & 0 \\ 0 & 0 & 5 \end{bmatrix}$ となり，A は対角化される．

㋐　①$-$③，②$+$③$\times 2$ から
$|A-\lambda E|$
$= \begin{vmatrix} 5-\lambda & 0 & \lambda-5 \\ 0 & 5-\lambda & 10-2\lambda \\ -1 & 2 & 4-\lambda \end{vmatrix}$

㋑　固有ベクトルの 1 つは $\begin{bmatrix} 1 \\ -2 \\ 1 \end{bmatrix}$ であるから，大きさ $\sqrt{1^2+(-2)^2+1^2} = \sqrt{6}$ で割る．

㋒

平面 $x-2y+z=0$

$\boldsymbol{p}_1$，$\boldsymbol{p}_2$，$\boldsymbol{p}_3$ は互いに直交する単位ベクトルだから，$\boldsymbol{p}_2$ を $|\boldsymbol{p}_2| = 1$，$\boldsymbol{p}_1 \perp \boldsymbol{p}_2$ を満たすように定めて，さらに $\boldsymbol{p}_3$ は $\boldsymbol{p}_1$ と $\boldsymbol{p}_2$ の外積とすればよい．$\boldsymbol{p}_1$ と $\boldsymbol{p}_2$ で作られる平行四辺形は 1 辺が 1 の正方形であるから，$|\boldsymbol{p}_3| = 1$ を満たす．

㋓　$\boldsymbol{p}_3 = \dfrac{1}{\sqrt{30}} {}^t\!\left[\begin{vmatrix} -2 & 1 \\ 1 & 0 \end{vmatrix} \right.$

$\left. \begin{vmatrix} 1 & 1 \\ 0 & 2 \end{vmatrix} \ \begin{vmatrix} 1 & -2 \\ 2 & 1 \end{vmatrix} \right]$

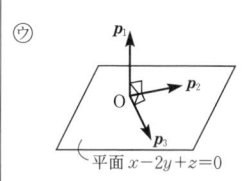

問題 76　2次形式の最大・最小

実数 x, y, z が $x^2+y^2+z^2=1$ を満たすとき，x, y, z の関数
$f(x,y,z)=4x^2+5y^2+3z^2+4xy+4xz$ の最大値，最小値およびそのときの
x, y, z の値を求めよ．

解説

行列 $A=[a_{ij}]$ を n 次の実対称行列とし，$\boldsymbol{x}={}^t[x_1\ x_2\ \cdots\ x_n]$ を n 次元実ベクトルとするとき，変数 x_1, x_2, $\cdots$, x_n に関する 2 次の同次式

$$Q={}^t\boldsymbol{x}A\boldsymbol{x}=[x_1\ x_2\ \cdots\ x_n]\begin{bmatrix} a_{11} & a_{12} & \cdots & a_{1n} \\ a_{21} & a_{22} & \cdots & a_{2n} \\ & \cdots\cdots\cdots & \\ a_{n1} & a_{n2} & \cdots & a_{nn} \end{bmatrix}\begin{bmatrix} x_1 \\ x_2 \\ \vdots \\ x_n \end{bmatrix}=\sum_{i,j=1}^{n}a_{ij}x_ix_j$$

を **2 次形式** といい，A を 2 次形式 Q の **係数行列**，$\operatorname{rank}A$ を Q の **階数** という．

$Q=c_1x_1{}^2+2c_2x_1x_2+c_3x_2{}^2$ は $Q=[x_1\ x_2]\begin{bmatrix} c_1 & c_2 \\ c_2 & c_3 \end{bmatrix}\begin{bmatrix} x_1 \\ x_2 \end{bmatrix}$

$Q=c_1x_1{}^2+c_2x_2{}^2+c_3x_3{}^2+2c_4x_1x_2+2c_5x_1x_3+2c_6x_2x_3$ は

$$Q=[x_1\ x_2\ x_3]\begin{bmatrix} c_1 & c_4 & c_5 \\ c_4 & c_2 & c_6 \\ c_5 & c_6 & c_3 \end{bmatrix}\begin{bmatrix} x_1 \\ x_2 \\ x_3 \end{bmatrix}$$

と表すことができる．また，

$x_1{}^2+x_2{}^2+\cdots+x_n{}^2=1$ のとき，2 次形式 Q の最大値・最小値はそれぞれ行列
$A=[a_{ij}]$ の固有値の最大値 α，最小値 β と等しい．

（例）　$2x^2-4xy+5y^2=1$ のとき，$f(x,y)=x^2+y^2$ の最大値，最小値を求めよう．

（解）　$2x^2-4xy+5y^2=1$ は，$(\sqrt{2}\,x-\sqrt{2}\,y)^2+(\sqrt{3}\,y)^2=1$ と変形できるので，

$\sqrt{2}\,x-\sqrt{2}\,y=X$, $\sqrt{3}\,y=Y$ とおくと　$x=\dfrac{\sqrt{3}\,X+\sqrt{2}\,Y}{\sqrt{6}}$, $y=\dfrac{Y}{\sqrt{3}}$

$\therefore\ f=x^2+y^2=\left(\dfrac{\sqrt{3}\,X+\sqrt{2}\,Y}{\sqrt{6}}\right)^2+\left(\dfrac{Y}{\sqrt{3}}\right)^2=\dfrac{X^2}{2}+\dfrac{2}{\sqrt{6}}XY+\dfrac{2}{3}Y^2$

$=[X\ Y]\begin{bmatrix} \dfrac{1}{2} & \dfrac{1}{\sqrt{6}} \\ \dfrac{1}{\sqrt{6}} & \dfrac{2}{3} \end{bmatrix}\begin{bmatrix} X \\ Y \end{bmatrix}=[X\ Y]A\begin{bmatrix} X \\ Y \end{bmatrix}$

ここで，A の固有方程式は $|A-\lambda E|=\lambda^2-\dfrac{7}{6}\lambda+\dfrac{1}{6}=0$ となるので

$(\lambda-1)\left(\lambda-\dfrac{1}{6}\right)=0 \qquad \lambda=1,\ \dfrac{1}{6}$

よって，f の最大値は 1，最小値は $\dfrac{1}{6}$

解 答

$$f(x,y,z)=\begin{bmatrix} x & y & z \end{bmatrix}\begin{bmatrix} 4 & 2 & 2 \\ 2 & 5 & 0 \\ 2 & 0 & 3 \end{bmatrix}\begin{bmatrix} x \\ y \\ z \end{bmatrix}$$

$$={}^t\boldsymbol{x}A\boldsymbol{x}$$

$|A-\lambda E|=\begin{vmatrix} 4-\lambda & 2 & 2 \\ 2 & 5-\lambda & 0 \\ 2 & 0 & 3-\lambda \end{vmatrix}=0$ から

$(\lambda-7)(\lambda-4)(\lambda-1)=0$

$\therefore\ \lambda=7,\ 4,\ 1$

よって，求める最大値は 7 ……(答)

このときの $x,\ y,\ z$ は

$A-7E=\begin{bmatrix} -3 & 2 & 2 \\ 2 & -2 & 0 \\ 2 & 0 & -4 \end{bmatrix} \to \begin{bmatrix} 1 & 0 & -2 \\ 0 & 1 & -2 \\ 0 & 0 & 0 \end{bmatrix}$ より

単位固有ベクトル $\begin{bmatrix} x \\ y \\ z \end{bmatrix}=\pm\dfrac{1}{3}\begin{bmatrix} 2 \\ 2 \\ 1 \end{bmatrix}$ ……(答)

また，最小値は 1 ……(答)

このときの $x,\ y,\ z$ は

$A-E=\begin{bmatrix} 3 & 2 & 2 \\ 2 & 4 & 0 \\ 2 & 0 & 2 \end{bmatrix} \to \begin{bmatrix} 1 & 0 & 1 \\ 0 & 2 & -1 \\ 0 & 0 & 0 \end{bmatrix}$ より

単位固有ベクトル $\begin{bmatrix} x \\ y \\ z \end{bmatrix}=\pm\dfrac{1}{3}\begin{bmatrix} 2 \\ -1 \\ -2 \end{bmatrix}$ ……(答)

⑦ サラスの方法で展開．
$(4-\lambda)(5-\lambda)(3-\lambda)$
$\quad -4(5-\lambda)-4(3-\lambda)$
$=(4-\lambda)(5-\lambda)(3-\lambda)$
$\quad -8(4-\lambda)$
$=(4-\lambda)\{(5-\lambda)(3-\lambda)-8\}$
$=(4-\lambda)(1-\lambda)(7-\lambda)$

④ 固有ベクトルの1つは
$\begin{cases} x-2z=0 \\ y-2z=0 \end{cases}$ から $\begin{bmatrix} 2 \\ 2 \\ 1 \end{bmatrix}$

㊥ $\lambda=4$ に属する単位固有ベクトルは $\pm\dfrac{1}{3}\begin{bmatrix} 1 \\ -2 \\ 2 \end{bmatrix}$

よって，直交行列 P は
$P=\dfrac{1}{3}\begin{bmatrix} 2 & 1 & 2 \\ 2 & -2 & -1 \\ 1 & 2 & -2 \end{bmatrix}$

Tea Time .... フロベニウスの定理

$A = \begin{bmatrix} 1 & 0 & -2 \\ 0 & 1 & -1 \\ -2 & -1 & -3 \end{bmatrix}$ のとき，$A^3 + 3A^2 - 3A + 2E$ の固有値を求めよ．

●——行列の固有値の1つの性質として，**フロベニウスの定理**がある．

> n 次行列 A のすべての固有値を $\lambda_1, \lambda_2, \cdots, \lambda_n$ とし，$f(x)$ を x の任意の多項式とする．このとき，行列多項式 $f(A)$ のすべての固有値は，$f(\lambda_1), f(\lambda_2), \cdots, f(\lambda_n)$ で与えられる．

[証明] 正方行列 A は適当な正則行列 P により，下のような形で三角化できる．

$$P^{-1}AP = \begin{bmatrix} \lambda_1 & & & * \\ & \lambda_2 & & \\ & & \ddots & \\ O & & & \lambda_n \end{bmatrix}$$

多項式 $f(x) = c_0 x^m + c_1 x^{m-1} + \cdots + c_m$ とおくと，

$P^{-1}f(A)P = P^{-1}(c_0 A^m + c_1 A^{m-1} + \cdots + c_m E)P$

$= c_0(P^{-1}A^m P) + c_1(P^{-1}A^{m-1}P) + \cdots + c_m E$

$= c_0 \begin{bmatrix} \lambda_1^m & & & * \\ & \lambda_2^m & & \\ & & \ddots & \\ O & & & \lambda_n^m \end{bmatrix} + c_1 \begin{bmatrix} \lambda_1^{m-1} & & & * \\ & \lambda_2^{m-1} & & \\ & & \ddots & \\ O & & & \lambda_n^{m-1} \end{bmatrix}$

$+ c_m \begin{bmatrix} 1 & & & * \\ & 1 & & \\ & & \ddots & \\ O & & & 1 \end{bmatrix} = \begin{bmatrix} f(\lambda_1) & & & * \\ & f(\lambda_2) & & \\ & & \ddots & \\ O & & & f(\lambda_n) \end{bmatrix}$

よって，$f(A)$ の固有値は $f(\lambda_1), f(\lambda_2), \cdots, f(\lambda_n)$ で与えられる．

[解答] A の固有方程式は

$$|A - \lambda E| = \begin{vmatrix} 1-\lambda & 0 & -2 \\ 0 & 1-\lambda & -1 \\ -2 & -1 & -3-\lambda \end{vmatrix} = -(\lambda-1)(\lambda-2)(\lambda+4) = 0$$

∴ $\lambda = 1, 2, -4$

よって，$f(x) = x^3 + 3x^2 - 3x + 2$ とおくと，フロベニウスの定理より，求める $f(A)$ の固有値は，$f(1) = 3, f(2) = 16, f(-4) = -2$

Chapter 5

微分方程式

問題 77　変数分離形

次の微分方程式を解け．

(1) $\dfrac{dy}{dx} = \dfrac{y}{x(y+1)}$

(2) $(1-x)y + (1+y)x\dfrac{dy}{dx} = 0$

(3) $\dfrac{dy}{dx} = (x+y)^2$

解説

$$\dfrac{dy}{dx} = P(x)Q(y) \qquad \cdots\cdots ①$$

の形の微分方程式 (differential equation) を**変数分離形**という．

$Q(y) \neq 0$ ($Q(y)$ が恒等的には 0 でない) ときは，①の両辺を $Q(y)$ で割って

$$\dfrac{1}{Q(y)} \dfrac{dy}{dx} = P(x)$$

この両辺を x で積分すると

$$\int \dfrac{1}{Q(y)} \dfrac{dy}{dx} dx = \int \dfrac{1}{Q(y)} dy = \int P(x)\,dx + C \qquad \cdots\cdots ②$$

となるが，②が①の**一般解**である．また，$Q(y)=0$ ($Q(y)$ が恒等的に 0) を満たす y が存在するときは，そのような y は①を満たすことになるが，この場合の解は②で得られた一般解に含まれる**特殊解**である．

また，①は (x のみの関数) $dx +$ (y のみの関数) $dy = 0$ と変形して

$$f(x)\,dx + g(y)\,dy = 0 \Longrightarrow \int f(x)\,dx + \int g(y)\,dy = C$$

として解くこともできる．

(例)　微分方程式 $\dfrac{dy}{dx} = 3x^2 y$ を解いてみよう．

(解)　$y \neq 0$ (恒等的には 0 でない) のとき $\dfrac{dy}{y} = 3x^2\,dx$

$$\int \dfrac{dy}{y} = \int 3x^2\,dx \qquad \log|y| = x^3 + C_1 \qquad |y| = e^{x^3+C_1} = e^{C_1} e^{x^3}$$

$$\therefore \quad y = \pm e^{C_1} e^{x^3} = C e^{x^3} \quad (C = \pm e^{C_1}) \qquad \cdots\cdots ③$$

$y = 0$ (恒等的に $y = 0$) は与式を満たすので解である (③で $C = 0$ のとき)．

よって，求める一般解は　$y = Ce^{x^3}$

なお，$\dfrac{dy}{dx} = f(ax+by+c)$ $(a \neq 0, b \neq 0)$ は，$u = ax+by+c$ とおくことにより，変数分離形に帰着させるのが原則である．

解 答

(1) $\dfrac{dy}{dx} = \dfrac{y}{x(y+1)}$

$y \neq 0$ のとき $\dfrac{y+1}{y} dy = \dfrac{1}{x} dx$

$\displaystyle\int \left(1 + \dfrac{1}{y}\right) dy = \int \dfrac{1}{x} dx$ から

$y + \log|y| = \log|x| + C_1$

$\log|ye^y| = \log|e^{C_1} x|$

∴ $ye^y = Cx$ $(C = \pm e^{C_1})$ ㋐

また, $y = 0$ も解であるから, まとめて ㋑

$ye^y = Cx$ ……(答)

(2) $(1-x)y + (1+y)x\dfrac{dy}{dx} = 0$

$x \neq 0, y \neq 0$ のとき $\dfrac{1-x}{x} dx + \dfrac{1+y}{y} dy = 0$

$\displaystyle\int \left(\dfrac{1}{x} - 1\right) dx + \int \left(\dfrac{1}{y} + 1\right) dy = C_1$ から

$\log|x| - x + \log|y| + y = C_1$

$\log|xye^{y-x}| = C_1$

∴ $xye^{y-x} = \pm e^{C_1} = C$

$x = 0$ または $y = 0$ も解であるが, $C = 0$ のときの解 ㋒
である. よって, $xye^{y-x} = C$ ……(答)

(3) $u = x + y$ とおくと, ㋓

$\dfrac{du}{dx} = 1 + \dfrac{dy}{dx}$ から $\dfrac{dy}{dx} = \dfrac{du}{dx} - 1$

与式に代入すると,

$\dfrac{du}{dx} - 1 = u^2$ $\dfrac{1}{1+u^2} du = dx$ ㋔

$\displaystyle\int \dfrac{1}{1+u^2} du = \int dx$ から $\tan^{-1} u = x + C$ ㋕

∴ $u = \tan(x + C)$

よって, $y = \tan(x + C) - x$ ……(答)

㋐ ここでの C は $C \neq 0$.
㋑ $ye^y = Cx$ で $C = 0$ のときの解である.

㋒ y を x の関数と考えると $x = 0$ は解とはいえないが, x を y の関数とも見なせるので, $x = 0$ も解として扱う.

㋓ $\dfrac{dy}{dx} = f(ax + by + c)$ のタイプの微分方程式であるから, x と y の1次式 $x + y$ を u とおく. u を x の関数と考える.

㋔ x と u についての変数分離形に帰着した.

㋕ $\tan(\tan^{-1} u) = \tan(x + C)$
$f(f^{-1}(u)) = u$ を用いる.

問題 78 同次形（1階）の微分方程式

次の微分方程式を解け．

(1) $(7x+4y)\dfrac{dy}{dx} = -8x-5y$

(2) $\left(y\sin\dfrac{y}{x} - x\cos\dfrac{y}{x}\right)x\dfrac{dy}{dx} = \left(x\cos\dfrac{y}{x} + y\sin\dfrac{y}{x}\right)y$

解説

微分方程式 $\dfrac{dy}{dx}=f(x,y)$ の右辺が $\dfrac{y}{x}$（または $\dfrac{x}{y}$）の関数になっているとき，すなわち

$$\dfrac{dy}{dx}=f\left(\dfrac{y}{x}\right) \quad \cdots\cdots ①$$

の形の微分方程式を**同次形**あるいは**同次方程式**という．x と y の次数が同じという意味である．これは変数分離形に帰着させて解くのが原則である．

$\dfrac{y}{x}=z$ とおくと $y=xz$ （y は x の関数だから z も x の関数）．
この両辺を x で微分すると

$$\dfrac{dy}{dx} = \dfrac{d}{dx}(xz) = \dfrac{d}{dx}(x)\cdot z + x\dfrac{d}{dx}(z) = z + x\dfrac{dz}{dx}$$

これを①に代入して

$$z + x\dfrac{dz}{dx} = f(z) \qquad \therefore \quad \dfrac{dz}{dx} = \dfrac{f(z)-z}{x}$$

これは x と z についての変数分離形である．

（例）微分方程式 $\dfrac{dy}{dx}=\dfrac{x^2+y^2}{xy}$ を $x=1$ のとき $y=2$ のもとで解いてみよう．

（解） $\dfrac{dy}{dx}=\dfrac{x}{y}+\dfrac{y}{x}$ となり同次形だから，$\dfrac{y}{x}=z$ とおくと $y=xz$

$\dfrac{dy}{dx}=z+x\dfrac{dz}{dx}$ を与式に代入して $z+x\dfrac{dz}{dx}=\dfrac{1}{z}+z$

$$zdz = \dfrac{1}{x}dx \qquad \int zdz = \int \dfrac{1}{x}dx \text{ から} \quad \dfrac{z^2}{2}=\log x + C$$

$$z^2 = \left(\dfrac{y}{x}\right)^2 = 2(\log x + C) \qquad \therefore \quad y^2 = 2x^2(\log x + C)$$

$x=1$ のとき $y=2$ だから $\quad 4=2C \qquad \therefore \quad C=2$

$$y^2 = 2x^2(\log x + 2) \qquad \text{よって，} \quad y = x\sqrt{2(\log x + 2)}$$

解答

(1) $x=0$ は与式を満たさないので，両辺を x で割ると $\left(7+\dfrac{4y}{x}\right)\dfrac{dy}{dx}=-8-\dfrac{5y}{x}$ ……①
　㋐

$\dfrac{y}{x}=z$ とおくと $\dfrac{dy}{dx}=\dfrac{d}{dx}(xz)=z+x\dfrac{dz}{dx}$

①は $(7+4z)\left(z+x\dfrac{dz}{dx}\right)=-8-5z$
　　　　　　㋑

$\dfrac{4z+7}{z^2+3z+2}dz=-\dfrac{4}{x}dx$
　㋒

$\displaystyle\int\left(\dfrac{3}{z+1}+\dfrac{1}{z+2}\right)dz=\int\left(-\dfrac{4}{x}\right)dx$

$\log|(z+1)^3(z+2)|=-4\log|x|+C_1$

$\therefore\ (z+1)^3(z+2)=\dfrac{e^{C_1}}{x^4}=\dfrac{C}{x^4}$
　　　　　　　㋓

よって，$(y+x)^3(y+2x)=C$ ……(答)

(2) $x=0$ は定義されないから，両辺を $x^2(\neq 0)$ で割ると

$\left(\dfrac{y}{x}\sin\dfrac{y}{x}-\cos\dfrac{y}{x}\right)\dfrac{dy}{dx}=\left(\cos\dfrac{y}{x}+\dfrac{y}{x}\sin\dfrac{y}{x}\right)\dfrac{y}{x}$

$\dfrac{y}{x}=z$ とおくと $\dfrac{dy}{dx}=z+x\dfrac{dz}{dx}$ だから

$(z\sin z-\cos z)\left(z+x\dfrac{dz}{dx}\right)=(\cos z+z\sin z)z$

$(z\sin z-\cos z)x\dfrac{dz}{dx}=2z\cos z$
　　　㋔

$\therefore\ \dfrac{2}{x}dx+\left(\dfrac{1}{z}-\tan z\right)dz=0$

$\displaystyle\int\dfrac{2}{x}dx+\int\left(\dfrac{1}{z}-\tan z\right)dz=C_1$ から

$2\log|x|+\log|z|+\log|\cos z|=C_1$

$\therefore\ x^2 z\cos z=\pm e^{C_1}=C$

よって，$xy\cos\dfrac{y}{x}=C$ ……(答)

㋐ 同次方程式だから，$\dfrac{y}{x}=z$ とおく．

㋑ $(7+4z)x\dfrac{dz}{dx}=-4(z^2+3z+2)$

㋒ 部分分数に分解する．
$\dfrac{4z+7}{z^2+3z+2}=\dfrac{a}{z+1}+\dfrac{b}{z+2}$

㋓ 両辺に x^4 を掛ける．
$(xz+x)^3(xz+2x)=C$
として $xz=y$ を用いる．

㋔ x と z の変数分離形．

問題 79　1階線形微分方程式

次の微分方程式を解け．

(1) $\dfrac{dy}{dx} - 3y = x^2 e^{2x}$　　　(2) $(x^2 + a^2)\dfrac{dy}{dx} + xy = 1$　$(a > 0)$

(3) $\dfrac{dy}{dx} + 2y \tan x = \sin x$

解説

$P(x)$，$Q(x)$ が x のみの関数または定数のとき，

$$\dfrac{dy}{dx} + P(x)y = Q(x) \qquad \cdots\cdots ①$$

の形の微分方程式を **1階線形微分方程式** という．

ここで，「線形」とは「1次」の意味で，この場合は y，y' について1次ということである．①で，$Q(x) = 0$ すなわち

$$\dfrac{dy}{dx} + P(x)y = 0 \qquad \cdots\cdots ②$$

のとき，①は**同次形**といい，$Q(x) \neq 0$ のとき①は**非同次形**という．

②は変数分離形であり，一般解は容易である．

$Q(x) \neq 0$ のとき，①の両辺に $e^{\int P(x)dx}$ を掛けて

$$e^{\int P(x)dx} \cdot \dfrac{dy}{dx} + P(x)e^{\int P(x)dx} \cdot y = Q(x) e^{\int P(x)dx}$$

左辺 $= \dfrac{d}{dx}\left(y e^{\int P(x)dx}\right)$ であるから　$\dfrac{d}{dx}\left(y e^{\int P(x)dx}\right) = Q(x) e^{\int P(x)dx}$

これより　$y e^{\int P(x)dx} = \displaystyle\int Q(x) e^{\int P(x)dx} dx + C$

よって，$y = e^{-\int P(x)dx}\left(\displaystyle\int Q(x) e^{\int P(x)dx} dx + C\right)$　（C は任意定数）　$\cdots\cdots ③$

となる．③は公式であるが，①の両辺に $e^{\int P(x)dx}$ を掛けることをおぼえておいて，公式を導くつもりで式変形をするのが望ましい．

なお，$P(x)$ が定数すなわち $\dfrac{dy}{dx} + py = Q(x)$ のタイプは，両辺に e^{px} を掛けて，$e^{px}\dfrac{dy}{dx} + pe^{px}y = (ye^{px})' = Q(x)e^{px}$ と変形すればよい．

たとえば，$y' + 2y = e^x$ は両辺に e^{2x} を掛けて　$e^{2x}y' + 2e^{2x}y = e^x e^{2x}$

$(ye^{2x})' = e^{3x}$　　　$ye^{2x} = \displaystyle\int e^{3x}dx = \dfrac{1}{3}e^{3x} + C$　　$\therefore$　$y = \dfrac{1}{3}e^{3x} + Ce^{-2x}$

問題 79　1 階線形微分方程式　189

解　答

(1) 与式の両辺に e^{-3x} を掛けて

$$e^{-3x}\frac{dy}{dx} - 3e^{-3x}y = x^2 e^{2x} \cdot e^{-3x} = x^2 e^{-x}$$

$$\frac{d}{dx}(ye^{-3x}) = x^2 e^{-x}$$

∴ $ye^{-3x} = \int x^2 e^{-x} dx$

$= -(x^2 + 2x + 2)e^{-x} + C$

よって，$y = -(x^2 + 2x + 2)e^{2x} + Ce^{3x}$ ……(答)

(2) 与式の両辺を $x^2 + a^2$ で割って

$$\frac{dy}{dx} + \frac{x}{x^2 + a^2} y = \frac{1}{x^2 + a^2} \quad \cdots\cdots ①$$

①の両辺に $e^{\int \frac{x}{x^2+a^2}dx} = e^{\frac{1}{2}\log(x^2+a^2)} = \sqrt{x^2+a^2}$
を掛けると

$$\sqrt{x^2+a^2}\frac{dy}{dx} + \frac{x}{\sqrt{x^2+a^2}} y = \frac{1}{\sqrt{x^2+a^2}}$$

$$\frac{d}{dx}(y\sqrt{x^2+a^2}) = \frac{1}{\sqrt{x^2+a^2}}$$

∴ $y\sqrt{x^2+a^2} = \int \frac{1}{\sqrt{x^2+a^2}} dx$

$= \log(x + \sqrt{x^2+a^2}) + C$

よって，$y = \frac{1}{\sqrt{x^2+a^2}}\{\log(x + \sqrt{x^2+a^2}) + C\}$

……(答)

(3) $y = e^{-\int 2\tan x dx}\left(\int \sin x \cdot e^{\int 2\tan x dx} dx + C\right)$

$= e^{2\log|\cos x|}\left(\int \sin x \cdot e^{-2\log|\cos x|} dx + C\right)$

$= \cos^2 x \left(\int \frac{\sin x}{\cos^2 x} dx + C\right)$

$= \cos^2 x \left(\frac{1}{\cos x} + C\right) = \cos x + C\cos^2 x$

……(答)

㋐ $e^{\int(-3)dx} = e^{-3x}$ より．

㋑ y が x の整式のとき
$\int y e^{-x} dx$
$= -(y + y' + y'' + \cdots)e^{-x}$
$+ C$

㋒ $a > 0$，$a \neq 1$ のとき
$a^{\log_a x} = x$
とくに　$e^{\log_e x} = x$

㋓ 公式
$\int \frac{1}{\sqrt{x^2+a}} dx$
$= \log|x + \sqrt{x^2+a}| + C$

㋔ 公式を直接用いた．

㋕ ㋒を参照のこと．

㋖ $\int \frac{\sin x}{\cos^2 x} dx$
$= -\int \frac{(\cos x)'}{\cos^2 x} dx$
$= \frac{1}{\cos x} + C$

問題 80 ベルヌーイの微分方程式

次の微分方程式を解け.

(1) $x\dfrac{dy}{dx}+y=y^2\log x$ 　　(2) $x^2(1+x^2)\dfrac{dy}{dx}-x^3y=y^3$

解説

微分方程式 $\dfrac{dy}{dx}+P(x)y=Q(x)y^k$ （k は定数で $k\neq 0,1$）　……①

を**ベルヌーイの微分方程式**という.

$z=y^{1-k}$ とおくことにより1階線形微分方程式に帰着させることができる.

$$\dfrac{dz}{dx}=\dfrac{dz}{dy}\dfrac{dy}{dx}=\dfrac{d}{dy}(y^{1-k})\cdot\dfrac{dy}{dx}=(1-k)y^{-k}\dfrac{dy}{dx}$$

となるので，①の両辺に $(1-k)y^{-k}$ を掛けることにより

$$(1-k)y^{-k}\dfrac{dy}{dx}+(1-k)y^{-k}P(x)y=(1-k)y^{-k}Q(x)y^k$$

$$\therefore\ \dfrac{dz}{dx}+(1-k)P(x)z=(1-k)Q(x) \quad \text{（1階線形微分方程式）}$$

よって，$z=e^{-(1-k)\int P(x)dx}\left\{(1-k)\int Q(x)e^{(1-k)\int P(x)dx}dx+C\right\}$ として，$z=y^{1-k}$

を求めることができる.

(例) $\dfrac{dy}{dx}-\dfrac{x}{1-x^2}y=\dfrac{x}{1-x^2}y^2$ （$|x|<1$）を解いてみよう.

(解) ベルヌーイの微分方程式で $k=2$ のときだから，$z=y^{1-2}=y^{-1}$ とおくと

$$\dfrac{dz}{dx}=\dfrac{dz}{dy}\dfrac{dy}{dx}=-y^{-2}\dfrac{dy}{dx}$$

与式の両辺に $-y^{-2}$ を掛けて　　$-y^{-2}\dfrac{dy}{dx}+\dfrac{x}{1-x^2}y^{-1}=-\dfrac{x}{1-x^2}$

$$\therefore\ \dfrac{dz}{dx}+\dfrac{x}{1-x^2}z=-\dfrac{x}{1-x^2}$$

したがって

$$z=e^{-\int\frac{x}{1-x^2}dx}\left\{\int\left(-\dfrac{x}{1-x^2}\right)e^{\int\frac{x}{1-x^2}dx}dx+C\right\}$$

$$=e^{\frac{1}{2}\log(1-x^2)}\left\{\int\left(-\dfrac{x}{1-x^2}\right)e^{-\frac{1}{2}\log(1-x^2)}dx+C\right\}$$

$$z=\sqrt{1-x^2}\left\{C-\int\dfrac{x}{(1-x^2)^{\frac{3}{2}}}dx\right\}=\sqrt{1-x^2}\left(C-\dfrac{1}{\sqrt{1-x^2}}\right)\quad (\because\ e^{\log M}=M)$$

よって，$\dfrac{1}{y}=C\sqrt{1-x^2}-1$　　（$|x|<1$）.　すなわち，$y=\dfrac{1}{C\sqrt{1-x^2}-1}$

解 答

(1) 与式は $\dfrac{dy}{dx} + \dfrac{y}{x} = \dfrac{\log x}{x} y^2$ ……①   ㋐ ベルヌーイの微分方程式で，$k=2$ のときである．

$z = y^{1-2} = y^{-1}$ とおくと

$$\dfrac{dz}{dx} = \dfrac{dz}{dy}\dfrac{dy}{dx} = -y^{-2}\dfrac{dy}{dx}$$

①の両辺に $-y^{-2}$ を掛けて

$$-y^{-2}\dfrac{dy}{dx} - \dfrac{1}{x}y^{-1} = -\dfrac{\log x}{x}$$

$\therefore\ \dfrac{dz}{dx} - \dfrac{1}{x}z = -\dfrac{\log x}{x}$ ㋑ 1階線形微分方程式．

$z = e^{\int \frac{1}{x}dx} \left\{ \int \left(-\dfrac{\log x}{x}\right) e^{\int \left(-\frac{1}{x}\right)dx} dx + C \right\}$

$= e^{\log x}\left\{\int \left(-\dfrac{\log x}{x}\right)\cdot e^{-\log x}dx + C\right\}$

$= x\left(C - \int \dfrac{\log x}{x^2}dx\right)$

$= x\left(C + \dfrac{1}{x}\log x + \dfrac{1}{x}\right) = Cx + \log x + 1$

よって，$\dfrac{1}{y} = Cx + \log x + 1$ ……(答)

㋒ $\displaystyle\int \dfrac{\log x}{x^2}dx$

$= \displaystyle\int \left(-\dfrac{1}{x}\right)' \log x\, dx$

$= -\dfrac{1}{x}\log x - \displaystyle\int \left(-\dfrac{1}{x}\right)\cdot \dfrac{1}{x}dx$

$= -\dfrac{1}{x}\log x - \dfrac{1}{x} + C$

㋓ $y = \dfrac{1}{Cx + \log x + 1}$

と答えてもよい．
$y=0$ は明らかに与式を満たすので解であるが，これは $C=\infty$ に対応する．

(2) 与式は $\dfrac{dy}{dx} - \dfrac{x}{x^2+1}y = \dfrac{1}{x^2(x^2+1)}y^3$ ……②   ㋔ ベルヌーイの微分方程式で，$k=3$ のときである．

$z = y^{1-3} = y^{-2}$ とおくと

$$\dfrac{dz}{dx} = \dfrac{dz}{dy}\dfrac{dy}{dx} = -2y^{-3}\dfrac{dy}{dx}$$

②の両辺に $-2y^{-3}$ を掛けて

$$-2y^{-3}\dfrac{dy}{dx} + \dfrac{2x}{x^2+1}y^{-2} = -\dfrac{2}{x^2(x^2+1)}$$

$\therefore\ \dfrac{dz}{dx} + \dfrac{2x}{x^2+1}z = -\dfrac{2}{x^2(x^2+1)}$

$z = e^{-\int \frac{2x}{x^2+1}dx}\left\{\int \dfrac{-2}{x^2(x^2+1)} e^{\int \frac{2x}{x^2+1}dx}dx + C\right\}$

$= \dfrac{1}{x^2+1}\left\{\int\left(-\dfrac{2}{x^2}\right)dx + C\right\} = \dfrac{1}{x^2+1}\left(\dfrac{2}{x} + C\right)$

よって，$\dfrac{1}{y^2} = \dfrac{1}{x^2+1}\left(\dfrac{2}{x} + C\right)$ ……(答)

㋕ $e^{-\int \frac{2x}{x^2+1}dx}$

$= e^{-\log(x^2+1)} = \dfrac{1}{x^2+1}$

問題 81　完全微分方程式

次の微分方程式を解け．
(1)　$(3x^2 + \cos y)\,dx + (2y - x\sin y)\,dy = 0$
(2)　$(y + \log x)\,dx + x\log x\,dy = 0$

解説

微分方程式 $P(x,y)\,dx + Q(x,y)\,dy = 0$ ……①

の左辺がある関数 $z = f(x,y)$ の全微分となっているとき，すなわち

$$P(x,y)\,dx + Q(x,y)\,dy = \frac{\partial f}{\partial x}dx + \frac{\partial f}{\partial y}dy = df(x,y)$$

が成り立つとき，①を**完全微分方程式**という．このとき，①の一般解は

$$f(x,y) = C \quad (C は任意定数)$$

となる．①が完全微分方程式であるための必要十分条件は，次式である．

$$\frac{\partial P}{\partial y} = \frac{\partial Q}{\partial x}$$

(例)　$(2x+y)\,dx + (x-2y)\,dy = 0$ を解いてみよう．

(解)　$P = 2x + y$, $Q = x - 2y$ とおくと

$\dfrac{\partial P}{\partial y} = \dfrac{\partial Q}{\partial x} = 1$ だから，微分方程式は完全微分方程式である．

$\int P\,dx = \int (2x+y)\,dx = x^2 + xy$ から，$f(x,y) = x^2 + xy + g(y)$ とおいて

$$\frac{\partial f}{\partial y} = x + g'(y) = Q = x - 2y \qquad \therefore \quad g'(y) = -2y$$

これより　$g(y) = \int (-2y)\,dy = -y^2$，よって一般解は　$x^2 + xy - y^2 = C$　となる．

次に，①が完全微分形でない場合を考えてみよう．
このときは，①の両辺に**積分因数**と呼ばれる関数 $\lambda(x,y)$ を掛けて

$$\lambda(x,y)P(x,y)\,dx + \lambda(x,y)Q(x,y)\,dy = 0$$

が完全微分方程式になるようにすればよい．
一般には，積分因数 $\lambda(x,y)$ を求めるのは面倒であるが，$\lambda(x,y)$ が x のみ，あるいは y のみの関数であるときは容易である．

$\dfrac{Q_x - P_y}{Q}$ が x のみの関数であるときは，$\lambda(x) = e^{\int \frac{P_y - Q_x}{Q}dx}$

$\dfrac{Q_x - P_y}{P}$ が y のみの関数であるときは，$\lambda(y) = e^{\int \frac{Q_x - P_y}{P}dy}$

として，積分因数を求めることができる．

解 答

(1) $P = 3x^2 + \cos y$, $Q = 2y - x\sin y$ とおくと

$\dfrac{\partial P}{\partial y} = \dfrac{\partial Q}{\partial x} = -\sin y$ から，完全微分方程式である．㋐

$\displaystyle\int P\,dx = \int (3x^2 + \cos y)\,dx = x^3 + x\cos y$ から ㋑

$f(x, y) = x^3 + x\cos y + g(y)$ とおいて

$\dfrac{\partial f}{\partial y} = -x\sin y + g'(y)$ から

$\underbrace{-x\sin y + g'(y) = Q = 2y - x\sin y}_{㋒}$

$\therefore\ g'(y) = 2y$

これより $g(y) = \displaystyle\int 2y\,dy = y^2$

よって，求める一般解は

$\qquad x^3 + x\cos y + y^2 = C \qquad$ ……(答)

(2) $P = y + \log x$, $Q = x\log x$ とおくと

$\dfrac{\partial P}{\partial y} = 1$, $\dfrac{\partial Q}{\partial x} = \log x + x\cdot\dfrac{1}{x} = \log x + 1$

$\dfrac{\partial P}{\partial y} \neq \dfrac{\partial Q}{\partial x}$ だから，完全微分形ではない．

$\underbrace{\dfrac{Q_x - P_y}{Q}}_{㋓} = \dfrac{\log x}{x\log x} = \dfrac{1}{x}$ （x のみの関数）

したがって，積分因子は

$\lambda(x) = e^{\int\left(-\frac{1}{x}\right)dx} = e^{-\log x} = \dfrac{1}{x}$

これより $\underbrace{\left(\dfrac{y}{x} + \dfrac{\log x}{x}\right)dx + \log x\,dy = 0}_{㋔}$

$\displaystyle\int\left(\dfrac{y}{x} + \dfrac{\log x}{x}\right)dx = y\log x + \dfrac{1}{2}(\log x)^2$ から

$f(x, y) = y\log x + \dfrac{1}{2}(\log x)^2 + g(y)$ とおいて

$\dfrac{\partial f}{\partial y} = \log x + g'(y) = \log x$, $\therefore\ g'(y) = 0$

すなわち，$\underbrace{g(y) = 0}_{㋕}$

よって，求める一般解は

$\qquad y\log x + \dfrac{1}{2}(\log x)^2 = C \qquad$ ……(答)

㋐ $\dfrac{\partial P}{\partial y} = \dfrac{\partial Q}{\partial x}$ が成り立つとき，$P\,dx + Q\,dy = 0$ は完全微分方程式である．

㋑ $P = 3x^2 + \cos y$ において，y を定数と見なして x についてのみ積分する．

㋒ $\dfrac{\partial f}{\partial y} = Q$

㋓ $Q_x - P_y = \log x + 1 - 1 = \log x$

かつ $Q = x\log x$ は x のみの関数だから，積分因子として x のみの関数 $\lambda(x)$ を考えることができる．

㋔ $\dfrac{\partial}{\partial y}\left(\dfrac{y}{x} + \dfrac{\log x}{x}\right) = \dfrac{1}{x}$,

$\dfrac{\partial}{\partial x}(\log x) = \dfrac{1}{x}$

となり，確かに完全微分方程式である．

㋕ $g'(y) = 0$ のとき，$g(y) = C_1$ であるが，この任意定数 C_1 は一般解 $f(x, y) = C$ の C に吸収させればよいので，$g(y) = 0$ としてよい．

問題 82　定数係数の2階同次線形微分方程式

次の微分方程式を与えられた初期条件のもとで解け．
(1) $y''-2y'-15y=0$ （$x=0$ のとき $y=7$, $y'=3$）
(2) $y''-6y'+9y=0$ （$x=0$ のとき $y=3$, $y'=14$）
(3) $y''+2y'+5y=0$ （$x=0$ のとき $y=2$, $y'=1$）

解 説

微分方程式 $\dfrac{d^2y}{dx^2}+P(x)\dfrac{dy}{dx}+Q(x)y=0$ ……①

を **2階同次線形微分方程式** という．とくに，$P(x)$ と $Q(x)$ が定数である

$$\frac{d^2y}{dx^2}+a\frac{dy}{dx}+by=0 \quad (a,\ b\text{ は実定数}) \qquad\cdots\cdots②$$

の一般解 $y(x)$ は次のようになる．

特性方程式 $\lambda^2+a\lambda+b=0$ ……③　の判別式を $D=a^2-4b$ とする．
(i) $D>0$ のとき，③ の2実解を $\lambda=\lambda_1,\ \lambda_2$ （$\lambda_1\neq\lambda_2$）とすると
$$y(x)=C_1 e^{\lambda_1 x}+C_2 e^{\lambda_2 x} \quad (C_1,\ C_2 \text{ は任意定数})$$
(ii) $D=0$ のとき；重解を $\lambda=\lambda_1$ とすると
$$y(x)=(C_1+C_2 x)e^{\lambda_1 x} \quad (C_1,\ C_2 \text{ は任意定数})$$
(iii) $D<0$ のとき；共役な解を $\lambda=p\pm qi$ （$p,\ q$ は実数）とすると
$$y(x)=e^{px}(C_1\cos qx+C_2\sin qx) \quad (C_1,\ C_2 \text{ は任意定数})$$

となる．(iii) では，$\lambda_1=p+qi$, $\lambda_2=p-qi$ とおくと，(i) により

$$\begin{aligned}
y(x) &= C_1 e^{\lambda_1 x}+C_2 e^{\lambda_2 x}=C_1 e^{(p+qi)x}+C_2 e^{(p-qi)x}\\
&= C_1 e^{px}e^{i(qx)}+C_2 e^{px}e^{i(-qx)}\\
&= C_1 e^{px}(\cos qx+i\sin qx)\\
&\quad +C_2 e^{px}\{\cos(-qx)+i\sin(-qx)\}\\
&= (C_1+C_2)e^{px}\cos qx+i(C_1-C_2)e^{px}\sin qx
\end{aligned}$$

C_1+C_2, $i(C_1-C_2)$ を改めて C_1, C_2 で表して，上の公式のようになる．
(例)　微分方程式 $y''-4y'-21y=0$, $y''-y'+2y=0$ を解いてみよう．
(解)　$\lambda^2-4\lambda-21=0$ を解くと　$(\lambda+3)(\lambda-7)=0$　　$\lambda=-3,\ 7$
よって，$y''-4y'-21y=0$ の一般解は
$$y(x)=C_1 e^{-3x}+C_2 e^{7x} \quad (C_1,\ C_2 \text{ は任意定数})$$

また，$\lambda^2-\lambda+2=0$ を解くと　$\lambda=\dfrac{1\pm\sqrt{1^2-4\cdot1\cdot2}}{2}=\dfrac{1}{2}\pm\dfrac{\sqrt{7}}{2}i$

よって，$y''-y'+2y=0$ の一般解は

$$y(x) = e^{\frac{x}{2}}\left(C_1 \cos\frac{\sqrt{7}}{2}x + C_2 \sin\frac{\sqrt{7}}{2}x\right) \quad (C_1,\ C_2\ \text{は任意定数})$$

解答

(1) 特性方程式は，$\lambda^2 - 2\lambda - 15 = 0$
$(\lambda + 3)(\lambda - 5) = 0 \quad \underline{\underline{\lambda = -3,\ 5}}_{\ ⑦}$
したがって，一般解は
$$y = C_1 e^{-3x} + C_2 e^{5x}$$
このとき $y' = -3C_1 e^{-3x} + 5C_2 e^{5x}$
初期条件から $C_1 + C_2 = 7,\ -3C_1 + 5C_2 = 3$
$\therefore\ C_1 = 4,\ C_2 = 3$
よって，$\underline{\text{求める解}}_{\ ④}$は
$$y = 4e^{-3x} + 3e^{5x} \quad \cdots\cdots(\text{答})$$

(2) 特性方程式は $\lambda^2 - 6\lambda + 9 = 0$
$(\lambda - 3)^2 = 0 \quad \underline{\underline{\lambda = 3\ (2\text{重解})}}_{\ ⑦}$
したがって，一般解は
$$y = (C_1 + C_2 x) e^{3x}$$
このとき $y' = (C_2 + 3C_1 + 3C_2 x) e^{3x}$
初期条件から $C_1 = 3,\ C_2 + 3C_1 = 14$
$\therefore\ C_1 = 3,\ C_2 = 5$
よって，求める解は
$$y = (3 + 5x) e^{3x} \quad \cdots\cdots(\text{答})$$

(3) 特性方程式は $\lambda^2 + 2\lambda + 5 = 0$
$\underline{\underline{\lambda = -1 \pm \sqrt{1^2 - 1\cdot 5} = -1 \pm 2i}}_{\ ⑨}$
したがって，一般解は
$$y = e^{-x}(C_1 \cos 2x + C_2 \sin 2x)$$
このとき
$y' = -e^{-x}(C_1 \cos 2x + C_2 \sin 2x)$
$\quad + e^{-x}(-2C_1 \sin 2x + 2C_2 \cos 2x)$
初期条件から $C_1 = 2,\ -C_1 + 2C_2 = 1$
$\therefore\ C_1 = 2,\ C_2 = \dfrac{3}{2}$
よって，求める解は
$$y = e^{-x}\left(2\cos 2x + \frac{3}{2}\sin 2x\right) \quad \cdots\cdots(\text{答})$$

⑦ 特性方程式が異なる2つの実数解 λ_1, λ_2 をもつとき，一般解は $e^{\lambda_1 x}$ と $e^{\lambda_2 x}$ の1次結合で
$$y = C_1 e^{\lambda_1 x} + C_2 e^{\lambda_2 x}$$
となる．

④ 特殊解という．

⑨ 特性方程式が重解 λ_1 をもつとき，一般解は $e^{\lambda_1 x}$ と $xe^{\lambda_1 x}$ の1次結合で
$y = C_1 e^{\lambda_1 x} + C_2 x e^{\lambda_1 x}$
$\quad = (C_1 + C_2 x) e^{\lambda_1 x}$
となる．

⑤ 特性方程式が共役な虚数解 $p \pm qi$ をもつとき，一般解は $e^{px}\cos qx$ と $e^{px}\sin qx$ の1次結合で
$y = C_1 e^{px}\cos qx + C_2 e^{px}\sin qx$
$\quad = e^{px}(C_1 \cos qx + C_2 \sin qx)$
となる．

問題 83 非同次線形微分方程式と未定係数法

次の微分方程式を解け．
(1) $y'' - 3y' - 10y = x^2 + e^{3x}$
(2) $y'' - 3y' - 10y = e^{-2x}$
(3) $y'' - 2y' + y = (x^2 + x + 1)e^x$
(4) $y'' - 2y' + y = x \sin x$

解説

$R(x) \neq 0$ のとき，微分方程式

$$\frac{d^2y}{dx^2} + P(x)\frac{dy}{dx} + Q(x)y = R(x) \qquad \cdots\cdots ①$$

を**2階非同次線形微分方程式**という．①に対応する同次線形微分方程式 $\frac{d^2y}{dx^2} + P(x)\frac{dy}{dx} + Q(x)y = 0$ の一般解（**余関数**）を $y_C(x)$ とし，①を満たす特殊解を $Y(x)$ とすると，①の一般解 $y(x)$ は

$$y(x) = y_C(x) + Y(x)$$

となる．とくに，$P(x)$ と $Q(x)$ が定数であるときは，余関数 $y_C(x)$ は前問（問題82）の考え方により容易に求めることができるので，特殊解 $Y(x)$ を求めることができれば①の一般解 $y(x)$ は得られる．

特殊解 $Y(x)$ を求めるには，**未定係数法**と呼ばれる方法があるが，$R(x)$ の形に合わせて，その特殊解を準備することになる．代表的なタイプをいくつか挙げよう．特殊方程式 $\lambda^2 + p\lambda + q = 0$ の解を λ とする．

$R(x)$ が m 次の多項式（ただし，$\lambda \neq 0$）$\implies Y(x) = A_m x^m + \cdots + A_1 x + A_0$

$R(x)$ が指数関数 e^{ax}（ただし，$\lambda \neq a$）$\implies Y(x) A e^{ax}$

$R(x)$ が $x^m e^{ax}$（ただし $\lambda \neq a$）$\implies Y(x) = e^{ax}(A_m x^m + \cdots + A_1 x + A_0)$

$R(x)$ が三角関数 $\cos\beta x$, $\sin\beta x$（ただし，$\lambda \neq \pm\beta i$）
$\implies Y(x) = A\cos\beta x + B\sin\beta x$

$R(x)$ が $e^{\alpha x}\cos\beta x$, $e^{\alpha x}\sin\beta x$（ただし，$\lambda \neq \alpha \pm \beta i$）
$\implies Y(x) = e^{\alpha x}(A\cos\beta x + B\sin\beta x)$

(例) 微分方程式 $y'' - 3y' + 2y = e^{-x}$ を解いてみよう．

(解) 同次方程式の特性方程式は $\lambda^2 - 3\lambda + 2 = 0$ $(\lambda - 1)(\lambda - 2) = 0$
$\lambda = 1, 2$ $\therefore y_C(x) = C_1 e^x + C_2 e^{2x}$
特殊解 $Y(x) = Ae^{-x}$ とおくと $Y' = -Ae^{-x}$, $Y'' = Ae^{-x}$
与えられた微分方程式に代入して $Ae^{-x} - 3\cdot(-Ae^{-x}) + 2Ae^{-x} = e^{-x}$
$6Ae^{-x} = e^{-x}$ $6A = 1$ から $A = \dfrac{1}{6}$ $\therefore Y(x) = \dfrac{1}{6}e^{-x}$

よって，一般解 $y(x)$ は $\quad y(x) = y_c(x) + Y(x) = C_1 e^x + C_2 e^{2x} + \dfrac{1}{6} e^{-x}$

次に，$y'' - y' - 6y = e^{3x}$ の特殊解として，$Y(x) = A e^{3x}$ とおいてもうまくいかない．$Y' = 3Ae^{3x}$，$Y'' = 9Ae^{3x}$ となるので
$$Y'' - Y' - 6Y = 9Ae^{3x} - 3Ae^{3x} - 6Ae^{3x} = 0 \neq e^{3x}$$
となってしまう．これは，余関数 $y_c(x) = C_1 e^{3x} + C_2^{-2x}$ の中に $R(x) = e^{3x}$ が現れるからである．ここでは，$\lambda = 3$ が単解であることに着目して
$$Y(x) = Axe^{3x}$$
とおくとよい．$Y' = A(3x+1)e^{3x}$，$Y'' = A(9x+6)e^{3x}$ から
$$A(9x+6)e^{3x} - A(3x+1)e^{3x} - 6Axe^{3x} = e^{3x}$$
$\quad 5Ae^{3x} = e^{3x} \qquad \therefore \ A = \dfrac{1}{5} \qquad$ よって，$Y(x) = \dfrac{1}{5}xe^{3x}$

を得る．さらに $y'' - 6y' + 9y = e^{3x}$ の特殊解は余関数が $y_c(x) = (C_1 + C_2 x)e^{3x}$ となり，上と同様に $y_c'(x)$ の中に $R(x) = e^{3x}$ が現れるが，$\lambda = 3$ が 2 重解であることに着目して，$Y(x) = Ax^2 e^{3x}$ とおくとよい．一般に，定数係数の 2 階非同次微分方程式 $y'' + ay' + by = R(x)$ の特殊解 $Y(x)$ を未定係数法で求める場合は次のことに注意する．

余関数 $y_c(x)$ の任意定数 C_1，C_2 に適当な数値を代入して $R(x)$ と一致することがあるときは，前頁で説明した $Y(x)$ に λ の重複度に応じて，x あるいは x^2 を掛けなければいけない．

代表的なタイプをいくつか挙げよう．特性方程式の解を λ とする．

$R(x)$ が m 次の多項式で
$$\begin{cases} \lambda = 0 \text{ が 1 重解} \implies Y(x) = x(A_m x^m + A_{m-1} x^{m-1} + \cdots + A_1 x + A_0) \\ \lambda = 0 \text{ が 2 重解} \implies Y(x) = x^2(A_m x^m + A_{m-1} x^{m-1} + \cdots + A_1 x + A_0) \end{cases}$$

$R(x)$ が指数関数 $e^{\alpha x}$ で
$$\begin{cases} \lambda = \alpha \text{ が 1 重解} \implies Y(x) = Axe^{\alpha x} \\ \lambda = \alpha \text{ が 2 重解} \implies Y(x) = Ax^2 e^{\alpha x} \end{cases}$$

$R(x)$ が $x^m e^{\alpha x}$ で
$$\begin{cases} \lambda = \alpha \text{ が 1 重解} \implies Y(x) = xe^{\alpha x}(A_m x^m + \cdots + A_1 x + A_0) \\ \lambda = \alpha \text{ が 2 重解} \implies Y(x) = x^2 e^{\alpha x}(A_m x^m + \cdots + A_1 x + A_0) \end{cases}$$

$R(x)$ が $\cos \beta x$，$\sin \beta x$ で $\lambda = \pm \beta i \implies Y(x) = x(A \cos \beta x + B \sin \beta x)$

$R(x)$ が $e^{\alpha x} \cos \beta x$，$e^{\alpha x} \sin \beta x$ で $\lambda = \alpha \pm \beta i$
$$\implies Y(x) = xe^{\alpha x}(A \cos \beta x + B \sin \beta x)$$

これらは問題を解きながら覚えていこう．

解答

(1) 対応する同次方程式の特性方程式は
$$\lambda^2 - 3\lambda - 10 = 0 \qquad (\lambda+2)(\lambda-5) = 0$$
$$\therefore \quad \lambda = -2, 5$$
したがって，余関数は $y_C(x) = C_1 e^{-2x} + C_2 e^{5x}$

特殊解を $Y(x) = Ax^2 + Bx + C + De^{3x}$ とおくと ㋐
$$Y' = 2Ax + B + 3De^{3x}, \quad Y'' = 2A + 9De^{3x}$$
与えられた微分方程式に代入して
$$2A + 9De^{3x} - 3(2Ax + B + 3De^{3x})$$
$$-10(Ax^2 + Bx + C + De^{3x}) = x^2 + e^{3x}$$
$$\underline{-10Ax^2 - (6A+10B)x + 2A - 3B - 10C - 10De^{3x}}_{㋑}$$
$$= \underline{x^2 + e^{3x}}$$
$$\therefore \quad -10A = 1, \quad 6A + 10B = 0,$$
$$2A - 3B - 10C = 0, \quad -10D = 1$$
これらを解いて
$$A = -\frac{1}{10}, \quad B = \frac{3}{50}, \quad C = -\frac{19}{500}, \quad D = -\frac{1}{10}$$
よって，求める一般解は ㋒
$$y = C_1 e^{-2x} + C_2 e^{5x} - \frac{1}{10} e^{3x} - \frac{1}{10} x^2 + \frac{3}{50} x - \frac{19}{500}$$
$$\cdots\cdots (答)$$

(2) 余関数は $y_C(x) = C_1 e^{-2x} + C_2 e^{5x}$

特殊解を $Y(x) = Axe^{-2x}$ とおくと ㋓
$$Y' = A(1-2x)e^{-2x}, \quad Y'' = A(4x-4)e^{-2x}$$
与えられた微分方程式に代入して
$$A(4x-4)e^{-2x} - 3A(1-2x)e^{-2x} - 10Axe^{-2x} = e^{-2x}$$
$$-7Ae^{-2x} = e^{-2x} \qquad \therefore \quad A = -\frac{1}{7}$$
よって，求める一般解は
$$y = C_1 e^{-2x} + C_2 e^{5x} - \frac{1}{7} xe^{-2x}$$
$$= \left(C_1 - \frac{x}{7}\right)e^{-2x} + C_2 e^{5x} \qquad \cdots\cdots (答)$$

(3) 対応する同次方程式の特性方程式は
$$\lambda^2 - 2\lambda + 1 = 0 \qquad (\lambda-1)^2 = 0$$

㋐ $y_C(x)$ の基本解 e^{-2x} および e^{5x} と x^2, e^{3x} は1次独立であるから，x^2 の特殊解は2次関数 $Ax^2 + Bx + C$, e^{3x} の特殊解は De^{3x} とおいて考える。

㋑ すべての x で成り立つ恒等式だから，両辺の対応する係数を比較する。

㋒ 一般解は
$$y = y_C(x) + Y(x)$$

㋓ $y_C(x)$ の基本解の1つ e^{-2x} と $R(x) = e^{-2x}$ は1次従属であり，$\lambda = -2$ は単解であるから，
$$Y(x) = Axe^{-2x}$$
とおく。

$\therefore \lambda = 1$ （2重解）

したがって $y_c(x) = (C_1 + C_2 x) e^x$

特殊解を $Y(x) = x^2 (Ax^2 + Bx + C) e^x$ とおくと㋐

$Y' = \{Ax^4 + (4A+B) x^3 + (3B+C) x^2 + 2Cx\} e^x$

$Y'' = \{Ax^4 + (8A+B) x^3 + (12A+6B+C) x^2 + (6B+4C) x + 2C\} e^x$

これらを与式に代入して整理すると

$(12Ax^2 + 6Bx + 2C) e^x = (x^2 + x + 1) e^x$

$12Ax^2 + 6Bx + 2C = x^2 + x + 1$

$12A = 1, \ 6B = 1, \ 2C = 1$

$\therefore A = \dfrac{1}{12}, \ B = \dfrac{1}{6}, \ C = \dfrac{1}{2}$

よって，求める一般解は

$y = (C_1 + C_2 x) e^x + x^2 \left(\dfrac{1}{12} x^2 + \dfrac{1}{6} x + \dfrac{1}{2} \right) e^x$

$= \left(C_1 + C_2 x + \dfrac{x^2}{2} + \dfrac{x^3}{6} + \dfrac{x^4}{12} \right) e^x$ ……（答）

(4) 余関数は $y_c(x) = (C_1 + C_2 x) e^x$

特殊解を $Y(x) = (Ax+B) \sin x + (Cx+D) \cos x$ ㋕
とおくと

$Y' = (A - D - Cx) \sin x + (Ax + B + C) \cos x$

$Y'' = (-Ax - B - 2C) \sin x + (2A - D - Cx) \cos x$

これらを与式に代入して整理すると

$(2Cx - 2A - 2C + 2D) \sin x$
$+ (-2Ax + 2A - 2B - 2C) \cos x = x \sin x$

$\therefore \begin{cases} 2Cx - 2A - 2C + 2D = x \\ -2Ax + 2A - 2B - 2C = 0 \end{cases}$

これより，$2C = 1, -2A - 2C + 2D = 0$
$-2A = 0, \ 2A - 2B - 2C = 0$

これらを解いて，

$A = 0, \ C = \dfrac{1}{2}, \ B = -\dfrac{1}{2}, \ D = \dfrac{1}{2}$

よって，求める一般解は

$y = (C_1 + C_2 x) e^x - \dfrac{1}{2} \sin x + \left(\dfrac{1}{2} x + \dfrac{1}{2} \right) \cos x$

……（答）

㋐ 2重解 $\lambda = 1$ が，$R(x) = $（整式）$\cdot e^x$ の指数の係数1と一致したので，$(Ax^2 + Bx + C) e^x$ に x^2 を掛けた式を特殊解として考える．

㋕ $y_c(x)$ の基本解 e^x および xe^x と $R(x) = x \sin x$ は1次独立である．
特殊解としては
$Y(x) = (Ax+B) \sin x$
ではダメで，これとペアにあたる $(Cx+D) \cos x$ も考えて，これらの和を $Y(x)$ とする．

問題 84　定数係数の n 階線形微分方程式

次の微分方程式を解け．
(1) $y^{(4)}+2y''+8y'+5y=0$ 　　(2) $y'''-4y''+y'+6y=e^{2x}$
(3) $y'''+y'=\sin x$

解説　微分方程式 $y^{(n)}+P_1(x)y^{(n-1)}+\cdots+P_{n-1}(x)y'+P_n(x)y=Q(x)$ を n **階線形微分方程式**という．定数係数の n 階微分方程式

$$y^{(n)}+a_1y^{(n-1)}+a_2y^{(n-2)}+\cdots+a_{n-1}y'+a_ny=Q(x) \quad \cdots\cdots ①$$

を考えよう．対応する同次方程式の一般解（余関数）$y_C(x)$ は，その**特性方程式**

$$\lambda^n+a_1\lambda^{n-1}+a_2\lambda^{n-2}+\cdots+a_{n-1}\lambda+a_n=0$$

の解により次のようになる．

(i) 解 $\lambda_i\ (i=1,2,\cdots,n)$ がすべて単解のとき；
$$y_C(x)=C_1e^{\lambda_1 x}+C_2e^{\lambda_2 x}+\cdots+C_ne^{\lambda_n x}$$
(ii) 解 λ_i が実数の m 重解のとき；λ_i に対応する m 個の解は
$$(C_1+C_2x+\cdots+C_mx^{m-1})e^{\lambda_i x}$$
(iii) 複素数解 $p\pm qi$ が単解のとき；これらに対応する 2 個の解は
$$e^{px}(C_1\cos qx+C_2\sin qx)$$
(iv) 複素数解 $p\pm qi$ が m 重解のとき；これらに対応する $2m$ 個の解は
$$e^{px}\{(C_1+C_2x+\cdots+C_mx^{m-1})\cos qx+(C_{m+1}+C_{m+2}x+\cdots+C_{2m}x^{m-1})\sin qx\}$$

また，①が非同次の場合，特殊解 $Y(x)$ の求め方は 2 階の場合と全く同様に処理できる．これにより，①の一般解は $y=y_C(x)+Y(x)$ となる．

(例)　次の微分方程式を解いてみよう．
(1) $y'''-3y''+3y'-y=0$ 　　(2) $y'''-3y''+3y'-y=xe^x$

(解)　(1)　特性方程式は $\lambda^3-3\lambda^2+3\lambda-1=0$ 　　$(\lambda-1)^3=0$
　　　　$\lambda=1$（3 重解）　　　　よって，$y=(C_1+C_2x+C_3x^2)e^x$

(2)　余関数は $y_C(x)=(C_1+C_2x+C_3x^2)e^x$
特殊解を $Y(x)=x^3(Ax+B)e^x$ とおくと
$$Y'=\{Ax^4+(4A+B)x^3+3Bx^2\}e^x$$
$$Y''=\{Ax^4+(8A+B)x^3+(12A+6B)x^2+6Bx\}e^x$$
$$Y'''=\{Ax^4+(12A+B)x^3+(36A+9B)x^2+(24A+18B)x+6B\}e^x$$

与式に代入して整理すると，$(24Ax+6B)e^x=xe^x$ 　　∴ $A=\dfrac{1}{24},\ B=0$

よって，一般解は，$y=(C_1+C_2x+C_3x^2)e^x+\dfrac{1}{24}x^4e^x$

解答

(1) 特性方程式は $\lambda^4+2\lambda^2+8\lambda+5=0$ ㋐

$(\lambda+1)^2(\lambda^2-2\lambda+5)=0$

∴ $\lambda=-1$ (2重解), $1\pm 2i$

よって，一般解は

$y=(C_1+C_2x)e^{-x}+e^x(C_3\cos 2x+C_4\sin 2x)$

……(答)

㋐ $\lambda=-1$ は解の 1 つ．

```
-1 | 1   0   2   8   5
   |    -1   1  -3  -5
   ──────────────────────
     1  -1   3   5 | 0
        -1   2  -5
   ──────────────────────
     1  -2   5 | 0
```

(2) 対応する同次方程式の特性方程式は

$\lambda^3-4\lambda^2+\lambda+6=0$ ㋑

$(\lambda+1)(\lambda-2)(\lambda-3)=0$ ∴ $\lambda=-1,2,3$

余関数は $y_C(x)=C_1e^{-x}+C_2e^{2x}+C_3e^{3x}$

特殊解を $Y(x)=Axe^{2x}$ とおくと ㋒

$Y'=A(2x+1)e^{2x}$, $Y''=A(4x+4)e^{2x}$

$Y'''=A(8x+12)e^{2x}$

これらを与式に代入して整理して，$-3Ae^{2x}=e^{2x}$

∴ $A=-\dfrac{1}{3}$ よって，一般解は

$y=C_1e^{-x}+C_2e^{2x}+C_3e^{3x}-\dfrac{1}{3}xe^{2x}$

$=C_1e^{-x}+\left(C_2-\dfrac{x}{3}\right)e^{2x}+C_3e^{3x}$ ……(答)

㋑ $\lambda=-1$ は解の 1 つ．

```
-1 | 1  -4   1   6
   |    -1   5  -6
   ──────────────────
 2 | 1  -5   6 | 0
   |     2  -6
   ──────────────────
     1  -3 | 0
```

㋒ 余関数は e^{2x} を含むので特殊解としては，Ae^{2x} に x を掛ける．

(3) 対応する同次方程式の特性方程式は

$\lambda^3+\lambda=0$, $\lambda(\lambda^2+1)=0$, ∴ $\lambda=0, \pm i$

余関数は $y_C(x)=C_1+C_2\cos x+C_3\sin x$

特殊解を $Y(x)=x(A\cos x+B\sin x)$ とおくと ㋓

$Y'=A\cos x+B\sin x+x(-A\sin x+B\cos x)$

$Y''=2(-A\sin x+B\cos x)$
$\qquad +x(-A\cos x-B\sin x)$

$Y'''=3(-A\cos x-B\sin x)+x(A\sin x-B\cos x)$

これらを与式に代入して整理して

$-2A\cos x-2B\sin x=\sin x$

∴ $A=0$, $B=-\dfrac{1}{2}$ よって，一般解は

$y=C_1+C_2\cos x+\left(C_3-\dfrac{x}{2}\right)\sin x$ ……(答)

㋓ 余関数は $\cos x$ を含むので，特殊解としては，$A\cos x+B\sin x$ に x を掛ける．

問題 85　$P(D)y = e^{ax}$

次の微分方程式を解け．
(1)　$(D^3 - 7D + 6)y = e^{3x}$
(2)　$(D^3 + 2D^2)y = e^{-2x}$
(3)　$(D^5 + 6D^4 + 12D^3 + 8D^2)y = e^{-2x}$

解説

n 回微分可能な関数 $f(x)$ に対して，$\dfrac{d^n}{dx^n}f(x) = D^n f(x)$ および $D^0 f(x) = f(x)$ と定義する．D^n の表記法を**微分演算子**という．
演算子多項式 $P(D) = a_0 D^n + a_1 D^{n-1} + \cdots + a_{n-1}D + a_n D^0$ を
$$P(D)f(x) = (a_0 D^n + a_1 D^{n-1} + \cdots + a_{n-1}D + a_n D^0)f(x)$$
$$= a_0 \frac{d^n}{dx^n}f(x) + a_1 \frac{d^{n-1}}{dx^{n-1}}f(x) + \cdots + a_{n-1}\frac{d}{dx}f(x) + a_n f(x)$$
と定義する．重要公式 $P(D)e^{\lambda x} = P(\lambda)e^{\lambda x}$ （λ は定数）が成り立つ．
また，演算子多項式 $P(D)$，$Q(D)$ に対して次の法則が成り立つ．

$$\begin{cases} P(D)(cf) = cP(D)f,\ \ P(D)(f_1 + f_2) = P(D)f_1 + P(D)f_2 \\ \{P(D) \pm Q(D)\}f = P(D)f \pm Q(D)f,\ \ P(D)\{Q(D)f\} = \{P(D)Q(D)\}f \\ P(D) + Q(D) = Q(D) + P(D),\ \ P(D)Q(D) = Q(D)P(D) \end{cases}$$

さらに，$(D-\lambda)^n f = e^{\lambda x} D^n (e^{-\lambda x} f)$ が成り立つ．

さて，$P(D)y = f(x)$ の特殊解 $y = y_0(x)$ は
$$y_0(x) = P(D)^{-1} f(x) = \frac{1}{P(D)} f(x)$$
で表す．とくに，
$$Dy = f(x) \implies y_0(x) = D^{-1} f(x) = \int f(x)\,dx$$
$$(D - \lambda)y = f(x) \implies y_0(x) = \frac{1}{D - \lambda} f(x) = e^{\lambda x} \int e^{-\lambda x} f(x)\,dx$$
$P(D)y = e^{ax}$ については
$$P(a) \neq 0 \implies y_0(x) = \frac{1}{P(D)} e^{ax} = \frac{e^{ax}}{P(a)}$$
$$P(\lambda) = (\lambda - a)^m P_1(\lambda),\ \ P_1(a) \neq 0 \quad (a\ \text{が}\ P(\lambda) = 0\ \text{の}\ m\ \text{重解})$$
$$\implies y_0(x) = \frac{1}{(D-a)^m P_1(D)} e^{ax} = \frac{x^m}{m!} \frac{e^{ax}}{P_1(a)}$$

などは確実に覚えておかなければいけない．

$P(D)y = f(x)$ の一般解は，$P(D)y = 0$ の解（余関数）を $y_C(x)$ とするとき $y = y_C(x) + y_0(x)$ となる．

解答

余関数を $y_C(x)$,特殊解を $y_0(x)$ とおく.

(1) 特性方程式は $P(\lambda) = \lambda^3 - 7\lambda + 6 = 0$ ㋐
$(\lambda-1)(\lambda+3)(\lambda-2) = 0$ $\lambda = -3, 1, 2$
∴ $y_C(x) = C_1 e^{-3x} + C_2 e^x + C_3 e^{2x}$

与方程式は $P(D)y = e^{3x}$
$P(3) = 3^3 - 7 \cdot 3 + 6 = 12 \neq 0$ だから

$$y_0(x) = \frac{e^{3x}}{P(3)} = \frac{e^{3x}}{12}$$ ㋑

よって,$y = C_1 e^{-3x} + C_2 e^x + C_3 e^{2x} + \dfrac{e^{3x}}{12}$ ……(答)

(2) 特性方程式は $P(\lambda) = \lambda^3 + 2\lambda^2 = 0$
$\lambda^2(\lambda+2) = 0$ $\lambda = 0$(2重解),-2
∴ $y_C(x) = C_1 + C_2 x + C_3 e^{-2x}$

与方程式は $P(D)y = e^{-2x}$
$P(-2) = 0$ だから $D^2((D+2)y) = e^{-2x}$ ㋒

$(D+2)y = \dfrac{1}{D^2} e^{-2x} = \dfrac{e^{-2x}}{(-2)^2} = \dfrac{e^{-2x}}{4}$

∴ $y_0(x) = \dfrac{x}{1!} \dfrac{e^{-2x}}{4} = \dfrac{x}{4} e^{-2x}$ ㋓

よって,$y = C_1 + C_2 x + \left(C_3 + \dfrac{x}{4}\right) e^{-2x}$ ……(答)

(3) 特性方程式は $P(\lambda) = \lambda^5 + 6\lambda^4 + 12\lambda^3 + 8\lambda^2 = 0$
$\lambda^2(\lambda+2)^3 = 0$ $\lambda = 0$(2重解),-2(3重解)
∴ $y_C(x) = C_1 + C_2 x + (C_3 + C_4 x + C_5 x^2) e^{-2x}$

与方程式は $P(D)y = e^{-2x}$
$P(-2) = 0$ だから $D^2((D+2)^3 y) = e^{-2x}$

$(D+2)^3 y = \dfrac{1}{D^2} e^{-2x} = \dfrac{e^{-2x}}{(-2)^2} = \dfrac{e^{-2x}}{4}$

∴ $y_0(x) = \dfrac{x^3}{3!} \dfrac{e^{-2x}}{4} = \dfrac{x^3}{24} e^{-2x}$ ㋔

よって,
$y = C_1 + C_2 x + \left(C_3 + C_4 x + C_5 x^2 + \dfrac{x^3}{24}\right) e^{-2x}$ ……(答)

㋐ $\lambda = 1$ は1つの解.

```
1 | 1  0  -7   6
  |    1   1  -6
  ----------------
    1  1  -6 | 0
```

㋑ $P(a) \neq 0$ のとき,$P(D)y = e^{ax}$ の特殊解は
$y_0(x) = \dfrac{e^{ax}}{P(a)}$

㋒ $P(a) = 0$ で a が単解のとき $P(\lambda) = (\lambda - a) P_1(\lambda)$ として,$P(D)y = e^{ax}$ は
$P_1(D)((D-a)y) = e^{ax}$
となるので
$(D-a)y = \dfrac{e^{ax}}{P_1(a)}$

㋓ $\lambda = -2$ は単解だから
$y_0(x) = \dfrac{x}{1!} \dfrac{e^{ax}}{P_1(a)}$

㋔ $\lambda = -2$ は3重解だから
$y_0(x) = \dfrac{x^3}{3!} \dfrac{e^{ax}}{P_1(a)}$

問題 86 $P(D)y = Q_k(x)$ （$Q_k(x)$ は k 次の多項式）

次の微分方程式を解け．
(1) $(D^3 + 2D^2 - D - 2)y = x^2 + x + 1$
(2) $(D^4 - 4D^3 + 4D^2)y = x^3$

解説 $P(D)y = Q_k(x)$ （$Q_k(x)$ は k 次の多項式）の特殊解は，特性方程式 $P(\lambda) = 0$ が $\lambda = 0$ を解にもたないかもつかで解法が変わる．

(1) $P(\lambda) = 0$ が $\lambda = 0$ を解にもたないとき；

1 を $P(\lambda)$ で昇べきの順に割り算をして

$$\frac{1}{P(\lambda)} = b_0 + b_1\lambda + b_2\lambda^2 + \cdots + b_k\lambda^k + \frac{\lambda \text{の } k+1 \text{ 次以上の整式}}{P(\lambda)} \text{ より}$$

$$y_0(x) = \frac{1}{P(D)} Q_k(x) = (b_0 + b_1 D + b_2 D^2 + \cdots + b_k D^k) Q_k(x)$$

となり，特殊解は k 次の多項式である．

(2) $P(\lambda) = 0$ が $\lambda = 0$ を m 重解（$m \geq 1$）にもつとき；

$P(\lambda) = \lambda^m P_1(\lambda)$, $P_1(0) \neq 0$ より，$P(D)y = Q_k(x)$ は
$P(D)y = D^m P_1(D)y = P_1(D)(D^m y) = Q_k(x)$ となるので，(1) の解法にしたがって，

$$D^m y = \frac{1}{P_1(D)} Q_k(x) = (c_0 + c_1 D + c_2 D^2 + \cdots + c_k D^k) Q_k(x)$$
$$= q_0 + q_1 x + q_2 x^2 + \cdots + q_k x^k$$

よって，$y_0(x) = \dfrac{1}{D^m}(q_0 + q_1 x + q_2 x^2 + \cdots + q_k x^k)$

となり，積分を m 回くり返すことになる．

(例) 微分方程式 $(D^3 - 4D^2 + D)y = x^2$ の特殊解 $y_0(x)$ を求めてみよう．

(解) $P(\lambda) = \lambda^3 - 4\lambda^2 + \lambda = \lambda(\lambda^2 - 4\lambda + 1)$ より，微分方程式は

$$Dy = \frac{1}{1 - 4D + D^2} x^2$$
$$= (1 + 4D + 15D^2) x^2$$
$$= x^2 + 4 \cdot 2x + 15 \cdot 2$$
$$= x^2 + 8x + 30$$

よって，$y_0(x) = \dfrac{1}{D}(x^2 + 8x + 30)$
$\qquad\qquad = \displaystyle\int (x^2 + 8x + 30)\, dx = \dfrac{1}{3} x^3 + 4x^2 + 30x$

$$\begin{array}{r}
1 + 4\lambda + 15\lambda^2 \\
1 - 4\lambda + \lambda^2 \overline{\smash{\big)}\, 1 } \\
\underline{1 - 4\lambda + \lambda^2 } \\
4\lambda - \lambda^2 \\
\underline{4\lambda - 16\lambda^2 + 4\lambda^3 } \\
15\lambda^2 - 4\lambda^3 \\
\underline{15\lambda^2 - 60\lambda^3 + 15\lambda^4} \\
56\lambda^3 - 15\lambda^4
\end{array}$$

問題 86　$P(D)y = Q_k(x)$　（$Q_k(x)$ は k 次の多項式）　205

解　答

(1)　特性方程式は　$P(\lambda) = \lambda^3 + 2\lambda^2 - \lambda - 2 = 0$　　㋐
$(\lambda + 1)(\lambda - 1)(\lambda + 2) = 0$　　$\lambda = -2, -1, 1$
∴　$y_C(x) = C_1 e^{-2x} + C_2 e^{-x} + C_3 e^x$

$\underline{\dfrac{1}{P(\lambda)}} = \dfrac{1}{-2 - \lambda + 2\lambda^2 + \lambda^3}$　　㋑

$= -\dfrac{1}{2} + \dfrac{1}{4}\lambda - \dfrac{5}{8}\lambda^2 + \underline{\dfrac{\lambda^3 R(\lambda)}{-2 - \lambda + 2\lambda^2 + \lambda^3}}$　㋒

$P(D)y = x^2 + x + 1$ だから
$y_0(x) = P(D)^{-1}(x^2 + x + 1)$

$= \underline{\left(-\dfrac{1}{2} + \dfrac{1}{4}D - \dfrac{5}{8}D^2\right)}(x^2 + x + 1)$　　㋓

$= -\dfrac{1}{2}x^2 - \dfrac{3}{2}$

よって，$y = C_1 e^{-2x} + C_2 e^{-x} + C_3 e^x - \dfrac{1}{2}x^2 - \dfrac{3}{2}$
　　　　　　　　　　　　　　　　　　……（答）

(2)　特性方程式は　$P(\lambda) = \lambda^4 - 4\lambda^3 + 4\lambda^2 = 0$
$\lambda^2(\lambda - 2)^2 = 0$　　$\lambda = 0, 2$（ともに2重解）
∴　$y_C(x) = C_1 + C_2 x + (C_3 + C_4 x)e^{2x}$

与方程式は　$(4 - 4D + D^2)(D^2 y) = x^3$

$\underline{\dfrac{1}{4 - 4\lambda + \lambda^2}} = \dfrac{1}{4}\left(1 + \lambda + \dfrac{3}{4}\lambda^2 + \dfrac{1}{2}\lambda^3\right) + \dfrac{\lambda^4 R(\lambda)}{4 - 4\lambda + \lambda^2}$　㋔

$\underline{D^2 y} = (4 - 4D + D^2)^{-1} x^3$　　㋕

$= \dfrac{1}{4}\left(1 + D + \dfrac{3}{4}D^2 + \dfrac{1}{2}D^3\right) x^3$

$= \dfrac{1}{4}\left(x^3 + 3x^2 + \dfrac{9}{2}x + 3\right)$

∴　$y_0(x) = \dfrac{1}{4}\iint \left(x^3 + 3x^2 + \dfrac{9}{2}x + 3\right) dx\, dx$

$= \dfrac{1}{4}\left(\dfrac{x^5}{20} + \dfrac{x^4}{4} + \dfrac{3}{4}x^3 + \dfrac{3}{2}x^2\right)$

よって，$y = C_1 + C_2 x + \dfrac{3}{8}x^2 + \dfrac{3}{16}x^3 + \dfrac{x^4}{16} + \dfrac{x^5}{80}$
　　　　　　$+ (C_3 + C_4 x)e^{2x}$　　……（答）

㋐　$\lambda^2(\lambda + 2) - (\lambda + 2) = 0$

㋑　$P(\lambda) = 0$ は 0 を解にもたないので，1 を $P(\lambda)$ で割る．$Q_2(x) = x^2 + x + 1$ は x の2次式だから，商も λ の2次式まで計算する．

㋒　$R(\lambda)$ は λ の多項式．

㋓　$-\dfrac{1}{2}(x^2 + x + 1)$
　　$+ \dfrac{1}{4}(2x + 1) - \dfrac{5}{8}\cdot 2$

㋔　$P(\lambda) = \lambda^2(\lambda^2 - 4\lambda + 4) = 0$ は 0 を2重解にもつので，1 を $4 - 4\lambda + \lambda^2$ で割る．$Q_3(x) = x^3$ は x の3次式だから，商も λ の3次式まで計算する．

㋕　$D^2 y = g(x)$ のとき，特殊解 $y_0(x)$ は
$y_0(x) = \dfrac{1}{D^2} g(x)$
　　　$= \iint g(x) dx\, dx$

問題 87 $P(D)y = e^{\alpha x}Q_k(x)$ ($Q_k(x)$ は k 次の多項式)

次の微分方程式を解け．
(1) $(D^2+6D+9)y = e^{-3x}(x^2+6x+2)$
(2) $(D^3-4D^2+5D-2)y = e^{2x}x^2$

解説

$(D-\lambda)^n f = e^{\lambda x}D^n(e^{-\lambda x}f)$ は演算子多項式
$P(D) = a_0 D^n + a_1 D^{n-1} + \cdots + a_{n-1}D + a_n D^0$ に対しても成り立ち，

$$P(D-\lambda)f = e^{\lambda x}P(D)(e^{-\lambda x}f)$$

が成り立つ．この式で D の代わりに $D+\lambda$ とおき換え，さらに $f=y$, $\lambda = \alpha$ とすると　$P(D)y = e^{\alpha x}P(D+\alpha)(e^{-\alpha x}y)$

したがって，$P(D)y = e^{\alpha x}Q_k(x)$　（$Q_k(x)$ は k 次の多項式）のときは，

$$e^{\alpha x}P(D+\alpha)(e^{-\alpha x}y) = e^{\alpha x}Q_k(x)$$

すなわち，$P(D+\alpha)(e^{-\alpha x}y) = Q_k(x)$ となり，特殊解 $y_0(x)$ は

$$y_0(x) = e^{\alpha x}\frac{1}{P(D+\alpha)}Q_k(x)$$

で与えられる．

(例) $(D^2-2D+2)y = e^x x^4$ の特殊解 $y_0(x)$ を求めてみよう．

(解) $P(D) = D^2-2D+2$, $\lambda = 1$ より
$P(D+1) = (D+1)^2 - 2(D+1) + 2 = D^2+1$
よって，$y_0(x) = e^x \dfrac{1}{P(D+1)}x^4 = e^x \dfrac{1}{1+D^2}x^4 = e^x(1-D^2+D^4)x^4$
$= e^x(x^4-12x^2+24)$

(例) $(D^2-2D-3)y = e^{-x}x^2$ の特殊解 $y_0(x)$ を求めてみよう．

(解) $P(D) = D^2-2D-3 = (D+1)(D-3)$, $\lambda = -1$ より
$P(D-1) = D(D-4) = (D-4)D$　　　$(D-4)D(e^x y) = x^2$
$D(e^x y) = \dfrac{1}{D-4}x^2 = -\dfrac{1}{4}\dfrac{1}{1-\dfrac{D}{4}}x^2$

$= -\dfrac{1}{4}\left(1+\dfrac{D}{4}+\dfrac{D^2}{16}\right)x^2 = -\dfrac{1}{4}\left(x^2+\dfrac{1}{2}x+\dfrac{1}{8}\right)$

よって，$y_0(x) = e^{-x}\displaystyle\int -\dfrac{1}{4}\left(x^2+\dfrac{1}{2}x+\dfrac{1}{8}\right)dx = -\dfrac{1}{4}e^{-x}\left(\dfrac{1}{3}x^3+\dfrac{1}{4}x^2+\dfrac{1}{8}x\right)$

解 答

(1) 特性方程式は $P(\lambda) = \lambda^2 + 6\lambda + 9 = 0$
$(\lambda+3)^2 = 0 \quad \lambda = -3$ (2重解)
$\therefore \quad y_C(x) = (C_1 + C_2 x) e^{-3x}$

与方程式は,$\underbrace{(D+3)^2 y = e^{-3x}(x^2+6x+2)}_{\text{⑦}}$ より
$(D-3+3)^2 (e^{3x} y) = x^2 + 6x + 2$
$D^2 (e^{3x} y) = x^2 + 6x + 2$
$e^{3x} y = \iint (x^2 + 6x + 2)\, dx\, dx$
$\qquad = \dfrac{x^4}{12} + x^3 + x^2$

$\therefore \quad y_0(x) = \left(x^2 + x^3 + \dfrac{x^4}{12}\right) e^{-3x}$

よって,$y = \left(C_1 + C_2 x + x^2 + x^3 + \dfrac{x^4}{12}\right) e^{-3x}$ ……(答)

(2) 特性方程式は $P(\lambda) = \underbrace{\lambda^3 - 4\lambda^2 + 5\lambda - 2}_{\text{④}} = 0$
$(\lambda-1)^2 (\lambda-2) = 0$
$\lambda = 1$ (2重解), 2
$\therefore \quad y_C(x) = (C_1 + C_2 x) e^x + C_3 e^{2x}$

与方程式は,$(D-1)^2 (D-2) y = e^{2x} x^2$ より
$(D+2-1)^2 (D+2-2)(e^{-2x} y) = x^2$
$(D+1)^2 D (e^{-2x} y) = x^2$
$D(e^{-2x} y) = \underbrace{\dfrac{1}{(1+D)^2}}_{\text{⑦}} x^2$
$\qquad = (1 - 2D + 3D^2) x^2$
$\qquad = x^2 - 2 \cdot 2x + 3 \cdot 2 = x^2 - 4x + 6$
$e^{-2x} y = \int (x^2 - 4x + 6)\, dx$
$\qquad = \dfrac{x^3}{3} - 2x^2 + 6x$

$\therefore \quad y_0(x) = \left(6x - 2x^2 + \dfrac{x^3}{3}\right) e^{2x}$

よって,$y = (C_1 + C_2 x) e^x + \left(C_3 + 6x - 2x^2 - \dfrac{x^3}{3}\right) e^{2x}$
……(答)

---

⑦ $P(D) y = e^{ax} Q_k(x)$
($Q_k(x)$ は多項式)
のとき,
$P(D+a)(e^{-ax} y) = Q_k(x)$
が成り立つ.

④ $\lambda = 1$ は1つの解.

$\begin{array}{r|rrrr} 1 & 1 & -4 & 5 & -2 \\ & & 1 & -3 & 2 \\ \hline & 1 & -3 & 2 & \boxed{0} \\ & & 1 & -2 & \\ \hline & 1 & -2 & \boxed{0} & \end{array}$

⑦ $\dfrac{1}{(1+D)^2}$
$= \left(\dfrac{1}{1+D}\right)^2$
$= (1 - D + D^2 - \cdots)^2$
$= 1 - 2D + 3D^2 + \cdots$

問題 88 部分分数分解による解法

部分分数分解によって，次の微分方程式の特殊解 $y_0(x)$ を求めよ．
(1) $(D^3+D^2+D+1)y=e^{-x}$
(2) $(D^3+4D^2+D-6)y=e^{-2x}x$

解説 微分方程式 $P(D)y=f(x)$ において，多項式 $P(\lambda)$ が λ の異なる1次式の積として因数分解されるとき，部分分数分解の考え方を利用して特殊解 $y_0(x)$ を求めることができる．

$$y_0(x)=\frac{1}{P(D)}f(x)=\frac{1}{(D-\lambda_1)(D-\lambda_2)\cdots(D-\lambda_n)}f(x)$$
$$=\left(\frac{a_1}{D-\lambda_1}+\frac{a_2}{D-\lambda_2}+\cdots+\frac{a_n}{D-\lambda_n}\right)f(x)$$
$$=a_1(D-\lambda_1)^{-1}f(x)+a_2(D-\lambda_2)^{-1}f(x)+\cdots+a_n(D-\lambda_n)^{-1}f(x)$$

として求めることになる．

(例) 微分方程式 $(D^3-D^2-2D)y=e^{3x}$ の特殊解 $y_0(x)$ を求めてみよう．

(解) $\dfrac{1}{P(\lambda)}=\dfrac{1}{\lambda^3-\lambda^2-2\lambda}=\dfrac{1}{\lambda(\lambda+1)(\lambda-2)}=\dfrac{A}{\lambda}+\dfrac{B}{\lambda+1}+\dfrac{C}{\lambda-2}$

とおいて，分母を払って $1=A(\lambda+1)(\lambda-2)+B\lambda(\lambda-2)+C\lambda(\lambda+1)$

$\lambda=0,-1,2$ を代入して $A=-\dfrac{1}{2},\ B=\dfrac{1}{3},\ C=\dfrac{1}{6}$

よって，$y_0(x)=\dfrac{1}{D^3-D^2-2D}e^{3x}=\left(-\dfrac{1}{2}\dfrac{1}{D}+\dfrac{1}{3}\dfrac{1}{D+1}+\dfrac{1}{6}\dfrac{1}{D-2}\right)e^{3x}$

$=-\dfrac{1}{2}\dfrac{1}{D}e^{3x}+\dfrac{1}{3}\dfrac{1}{D+1}e^{3x}+\dfrac{1}{6}$

$=-\dfrac{1}{2}\cdot\dfrac{1}{3}e^{3x}+\dfrac{1}{3}\cdot\dfrac{1}{4}e^{3x}+\dfrac{1}{6}\cdot e^{3x}=\dfrac{1}{12}e^{3x}$

(例) 微分方程式 $(D^2-D-2)y=x$ の特殊解 $y_0(x)$ を求めてみよう．

(解) $y_0(x)=\dfrac{1}{D^2-D-2}x=\dfrac{1}{(D-2)(D+1)}x$

$=\dfrac{1}{3}\left(\dfrac{1}{D-2}-\dfrac{1}{D+1}\right)x=\dfrac{1}{3}(D-2)^{-1}x-\dfrac{1}{3}(D+1)^{-1}x$

ここで，$(D-2)^{-1}x=e^{2x}\displaystyle\int e^{-2x}x\,dx=e^{2x}\left(-\dfrac{e^{-2x}}{2}x-\dfrac{e^{-2x}}{4}\right)=-\dfrac{x}{2}-\dfrac{1}{4}$

$(D+1)^{-1}x=e^{-x}\displaystyle\int e^x x\,dx=e^{-x}(x-1)e^x=x-1$

よって，$y_0(x)=\dfrac{1}{3}\left(-\dfrac{x}{2}-\dfrac{1}{4}\right)-\dfrac{1}{3}(x-1)=-\dfrac{1}{2}x+\dfrac{1}{4}$

問題88 部分分数分解による解法

解 答

(1) $P(\lambda) = \lambda^3 + \lambda^2 + \lambda + 1 = (\lambda+1)(\lambda^2+1)$

㋐ $\dfrac{1}{P(\lambda)} = \dfrac{1}{2}\left(\dfrac{1}{\lambda+1} - \dfrac{\lambda-1}{\lambda^2+1}\right)$

∴ $y_0(x) = P(D)^{-1} e^{-x}$

$\quad = \dfrac{1}{2}(D+1)^{-1} e^{-x} - \dfrac{1}{2}(D-1)(D^2+1)^{-1} e^{-x}$

ここで ㋑ $(D+1)^{-1} e^{-x} = xe^{-x}$

㋒ $(D-1)(D^2+1)^{-1} e^{-x} = (D-1)\dfrac{e^{-x}}{2} = -e^{-x}$

よって, $y_0(x) = \dfrac{1}{2}xe^{-x} + \dfrac{1}{2}e^{-x} = \dfrac{1}{2}(x+1)e^{-x}$

……(答)

(2) $(D-1)(D+2)(D+3)y = e^{-2x} x$

㋓ 変形して $(D-3)D(D+1)(e^{2x}y) = x$

$P(\lambda) = (\lambda-3)\lambda(\lambda+1)$ とおくと

㋔ $\dfrac{1}{P(\lambda)} = \dfrac{1}{4(\lambda+1)} - \dfrac{1}{3\lambda} + \dfrac{1}{12(\lambda-3)}$

∴ $e^{2x}y = P(0)^{-1} x$

$\quad = \dfrac{1}{4}(D+1)^{-1} x - \dfrac{1}{3}D^{-1}x + \dfrac{1}{12}(D-3)^{-1}x$

ここで $(D+1)^{-1}x = e^{-x}\displaystyle\int e^x x\, dx = x-1$

$D^{-1}x = \displaystyle\int x\, dx = \dfrac{x^2}{2}$ ㋕

$(D-3)^{-1}x = e^{3x}\displaystyle\int e^{-3x} x\, dx$ ㋖

$\quad = e^{3x}\left(-\dfrac{e^{-3x}}{3}x - \dfrac{e^{-3x}}{9}\right) = -\dfrac{x}{3} - \dfrac{1}{9}$

したがって,

$e^{2x}y_0(x) = \dfrac{1}{4}(x-1) - \dfrac{1}{3}\dfrac{x^2}{2} + \dfrac{1}{12}\left(-\dfrac{x}{3} - \dfrac{1}{9}\right)$

$\quad = -\dfrac{x^2}{6} + \dfrac{2}{9}x - \dfrac{7}{27}$

よって, $y_0(x) = \left(-\dfrac{x^2}{6} + \dfrac{2}{9}x - \dfrac{7}{27}\right)e^{-2x}$ ……(答)

㋐ $\dfrac{1}{P(\lambda)} = \dfrac{A}{\lambda+1} + \dfrac{B\lambda+C}{\lambda^2+1}$
とおいて, A, B, C を決定する.

㋑ $(D-a)^{-1} e^{ax} = xe^{ax}$

㋒ $(D-1)(D^2+1)^{-1}$ は順序を交換して, $(D^2+1)^{-1}(D-1)$ としてもよい.

㋓ $P(D)y = e^{ax} Q_k(x)$ のとき, $P(D+a)(e^{-ax}y) = Q_k(x)$ を用いる.

㋔ $\dfrac{1}{P(\lambda)} = \dfrac{A}{\lambda+1} + \dfrac{B}{\lambda}$
$\quad + \dfrac{C}{\lambda-3}$
とおいて, A, B, C を決定する.

㋕ $(D-\lambda)^{-1} f(x)$
$\quad = e^{\lambda x}\displaystyle\int e^{-\lambda x} f(x)\, dx$

㋖ $\displaystyle\int e^{-3x} x\, dx$
$\quad = \displaystyle\int \left(-\dfrac{e^{-3x}}{3}\right)' x\, dx$
として部分積分法を用いる.

Tea Time ……………………………… 微分方程式と線形代数

3階微分方程式 $y'''-5y''+2y'+8y=0$ を行列を用いて解け．
ただし，y は x の関数である．

● ── n 階同次線形微分方程式
$$y^{(n)}+p_1(x)y^{(n-1)}+p_2(x)y^{(n-2)}+\cdots+p_{n-1}(x)y'+p_n(x)y=0$$
は，実ベクトル空間をなす．したがって，ベクトル空間における**基底**という概念を用いて，一般解を求めることができる．本問は**3階同次線形微分方程式**だから，ベクトル空間としては3次元で，3個の1次独立な解を用いて一般解を求めることができる．

[解答] $y_1=y$, $y_2=y'$, $y_3=y''$ とおくと，与えられた微分方程式は
$$y_1'=y'=y_2, \quad y_2'=y''=y_3,$$
$$y_3'=y'''=-8y-2y'+5y''=-8y_1-2y_2+5y_3$$

これより，$\boldsymbol{y}=\begin{bmatrix} y_1 \\ y_2 \\ y_3 \end{bmatrix}$, $\boldsymbol{y}'=\begin{bmatrix} y_1' \\ y_2' \\ y_3' \end{bmatrix}$ とおくと，$\boldsymbol{y}'=\begin{bmatrix} 0 & 1 & 0 \\ 0 & 0 & 1 \\ -8 & -2 & 5 \end{bmatrix}\boldsymbol{y}$

$A=\begin{bmatrix} 0 & 1 & 0 \\ 0 & 0 & 1 \\ -8 & -2 & 5 \end{bmatrix}$ とおくと，$|A-\lambda E|=\begin{vmatrix} -\lambda & 1 & 0 \\ 0 & -\lambda & 1 \\ -8 & -2 & 5-\lambda \end{vmatrix}=0$

$-\lambda\cdot(-\lambda)\cdot(5-\lambda)-8-(-\lambda)\cdot 1\cdot(-2)=0 \qquad \lambda^3-5\lambda^2+2\lambda+8=0$
$(\lambda+1)(\lambda-2)(\lambda-4)=0 \qquad \therefore \quad \lambda=-1, 2, 4$

固有値 $-1, 2, 4$ に属する固有ベクトルを $\boldsymbol{z}_1, \boldsymbol{z}_2, \boldsymbol{z}_3$ とすると，これらは異なる固有値に属するから1次独立である．

したがって，$\{\boldsymbol{z}_1, \boldsymbol{z}_2, \boldsymbol{z}_3\}$ はベクトル空間における基底である．

$\boldsymbol{z}_1'=A\boldsymbol{z}_1=-\boldsymbol{z}_1$ から，$\boldsymbol{z}_1'=-\boldsymbol{z}_1$

これを解くと $\boldsymbol{z}_1=Ce^{-x}$

C は任意の定数だから，基底としては $C=1$ としてよく，$\boldsymbol{z}_1=e^{-x}$

$\boldsymbol{z}_2'=2\boldsymbol{z}_2$, $\boldsymbol{z}_3'=4\boldsymbol{z}_3$ から，同様にして，
$$\boldsymbol{z}_2=e^{2x}, \quad \boldsymbol{z}_3=e^{4x}$$

与えられた微分方程式の一般解は，これらの1次結合として表されるから，
$$y=c_1e^{-x}+c_2e^{2x}+c_3e^{4x} \quad (c_1, c_2, c_3 は任意)$$

TEST shuffle 22

ここでは，本文の重要例題88題を4題ずつランダムに配置したテスト形式のシートを22回分用意した．p.234に，該当する本文の問題番号（ページ）との対応表を載せてあるので，答え合わせのときなどはそちらを参照してほしい．
4題の問題の下に，問題を解く順序と問題を解くに要する時間の予想と実際とを書き込む欄を作っておいた．

(1)　80～90分なりトータル時間を決めて，実際のテストのつもりでやってみよう．下の欄の「解く順序（問題の選択）」「予想時間」を書き込んでおいてから，問題の解答にとりくむ．そして解答を書き込むものはノートなら1問に1頁を使うくらいのスペースをとる．解答をどれだけ見やすく書けるかも，自分の理解を確認するだいじな要素だ．本文の解答はスペースの許す限り，計算過程を省略しないていねいな記述で，素直でオーソドックスな解法を紹介している．問題を解き終わったあとで，4題それぞれの配点をそうした部分点も含めて自分で作成して点数をつけてみると，採点者がどういう考えで答案をみるかを実感できることにもなる．
(2)　また，時間を短く設定して，試験の残り30分でなるべく得点を稼げるようにするにはどの問題を選ぶか，と考えてやってみる，というトレーニングも，ときにはよいだろう．
(3)　さらに，まだ問題に不慣れな場合や，十分な時間のとれないときは，まず，それぞれの問題を解く方針だけを考えてみて，そのあと該当ページの解答や解説をじっくり読んでみる，というのでもよい．なにより，「限られた時間の中で解ける問題を解いていく」ことをゲーム感覚でいろいろ工夫して続けていこう．

TEST 01　　　　　　　　　　　年　月　日

1　同じ大きさ，同じ手触りの赤球と白球があり，袋 A に赤球 3 個と白球 7 個，袋 B に赤球 6 個と白球 4 個がはいっている．正しく作られたサイコロを振って，1, 2 のいずれかが出れば袋 A から，3, 4, 5, 6 のいずれかが出れば袋 B から，1 個の球を無作為にとり出す．とり出した球はもとに戻さない．このとき，次の問いに答えよ．

(1)　1 回目の試行で赤球の出る確率を求めよ．

(2)　1 回目に白球が出たという条件のもとで，2 回目に赤球が出る確率を求めよ．

2　次の関数の与えられた点における微分係数を定義により求めよ．

(1)　$f(x) = x^n \quad (x = a)$　　　(2)　$f(x) = \dfrac{1}{x} \quad (x = a \neq 0)$

(3)　$f(x) = \sqrt[3]{x} \quad (x = a)$　　(4)　$f(x) = \begin{cases} x \sin \dfrac{1}{x} & (x \neq 0) \\ 0 & (x = 0) \end{cases} \quad (x = 0)$

3　次の 2 重積分の値を求めよ．

(1)　$\displaystyle \int_0^{\frac{\pi}{2}} \int_0^1 e^y \sin 2x \, dy \, dx$　　(2)　$\displaystyle \int_0^1 dx \int_0^1 x^2 e^{x-y} dy$

(3)　$\displaystyle \int_1^3 \int_1^x (x-3)^2 (y-1) \, dy \, dx$　　(4)　$\displaystyle \int_0^1 dy \int_0^y (1-x-y)^2 \, dx$

4　次の対称行列 A を直交行列 P により対角化せよ．

$$A = \begin{bmatrix} 4 & 2 & -1 \\ 2 & 1 & 2 \\ -1 & 2 & 4 \end{bmatrix}$$

解く順序（問題の選択）　　□ ⇒ □ ⇒ □ ⇒ □

予想時間　　　　　　　　（　　分）（　　分）（　　分）（　　分）

実際の時間　　　　　　　（　　分）（　　分）（　　分）（　　分）

TEST 02

年　月　日

1

(1) x, y の連立方程式
$$\begin{cases} 13\cos x + \sqrt{3}\sin x = y\cos x \\ \sqrt{3}\cos x + 11\sin x = y\sin x \end{cases}$$
の2組の解を (x_1, y_1), (x_2, y_2) (ただし, $0 \leq x_1 \leq x_2 < \pi$) とするとき, x_1, y_1, x_2, y_2 の値を求めよ.

(2) 変数 x, y が $x^2 + y^2 = 1$ を満たすものとする. このとき, 平面上の点 $(x^2 - y^2 + 2x, 2y - 2xy)$ と原点との距離の最大値はいくらか. また, そのときの (x, y) をすべて求めよ.

2

次の関数の第 n 次導関数 $\dfrac{d^n y}{dx^n}$ を求めよ.

(1) $y = \dfrac{1}{x^2 - 2x - 3}$　　　(2) $y = x^3 \log x$　$(n \geq 4)$

3

次のベクトルによって生成されるベクトル空間の正規直交基底 $\langle e_1, e_2 \rangle$, $\langle e_1, e_2, e_3 \rangle$ をそれぞれ求めよ.

(1) $\boldsymbol{a}_1 = \begin{bmatrix} 2 \\ 1 \\ -2 \end{bmatrix}$, $\boldsymbol{a}_2 = \begin{bmatrix} 1 \\ 2 \\ -1 \end{bmatrix}$　　(2) $\boldsymbol{a}_1 = \begin{bmatrix} 1 \\ 2 \\ 1 \end{bmatrix}$, $\boldsymbol{a}_2 = \begin{bmatrix} 2 \\ 1 \\ 2 \end{bmatrix}$, $\boldsymbol{a}_3 = \begin{bmatrix} 3 \\ 1 \\ 1 \end{bmatrix}$

4

次の微分方程式を解け.
(1) $y^{(4)} + 2y'' + 8y' + 5y = 0$
(2) $y''' - 4y'' + y' + 6y = e^{2x}$
(3) $y''' + y' = \sin x$

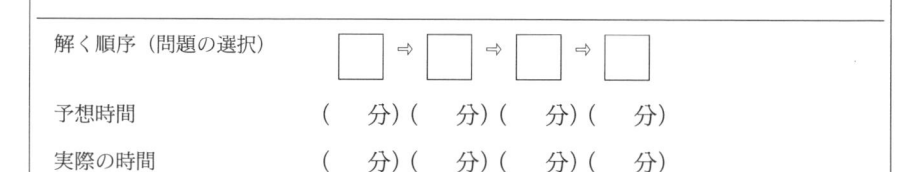

解く順序（問題の選択）　□ ⇒ □ ⇒ □ ⇒ □

予想時間　　（　　分）（　　分）（　　分）（　　分）
実際の時間　（　　分）（　　分）（　　分）（　　分）

TEST 03　　　　　　　　　　年　月　日

1　次の高次方程式を解け．
(1) $2x^3 - x^2 - 13x - 6 = 0$　　(2) $3x^3 - 4x^2 + 2x + 4 = 0$
(3) $6x^3 - 11x^2 + 7x - 6 = 0$　　(4) $x^4 - 4x + 3 = 0$

2　次の定積分の値を求めよ．
(1) $\displaystyle\int_2^4 \frac{dx}{x(x-1)^2}$　　(2) $\displaystyle\int_0^{\frac{\pi}{4}} \tan^2 x \, dx$
(3) $\displaystyle\int_0^1 \frac{x+3}{x^2-2x+2} \, dx$

3
(1) ベクトル $\boldsymbol{a} = \begin{bmatrix} a \\ b \\ c \end{bmatrix}$, $\boldsymbol{b} = \begin{bmatrix} c \\ a \\ b \end{bmatrix}$, $\boldsymbol{c} = \begin{bmatrix} b \\ c \\ a \end{bmatrix}$ が1次従属であるための必要十分条件を求めよ．ただし，a, b, c は実数である．

(2) $\boldsymbol{c} = \begin{bmatrix} a \\ b \\ c \\ d \end{bmatrix}$ が $\boldsymbol{a} = \begin{bmatrix} 1 \\ 2 \\ -1 \\ 1 \end{bmatrix}$, $\boldsymbol{b} = \begin{bmatrix} 2 \\ 6 \\ -1 \\ 4 \end{bmatrix}$ の張る空間 U に属するための必要十分条件を求めよ．

4
(1) $z = \tan^{-1} \dfrac{y}{x}$, $x = t + \sin t$, $y = 1 - \cos t$ のとき，$\dfrac{dx}{dt}$ を求めよ．
(2) $z = f(x, y)$, $x = \cos t$, $y = \sin t$ のとき
$\dfrac{d^2 z}{dt^2}$ を $\dfrac{\partial z}{\partial x}$, $\dfrac{\partial z}{\partial y}$ および $\dfrac{\partial^2 z}{\partial x^2}$, $\dfrac{\partial^2 z}{\partial x \partial y}$, $\dfrac{\partial^2 z}{\partial y^2}$ で表せ．

解く順序（問題の選択）　□ ⇒ □ ⇒ □ ⇒ □

予想時間　　（　分）（　分）（　分）（　分）
実際の時間　（　分）（　分）（　分）（　分）

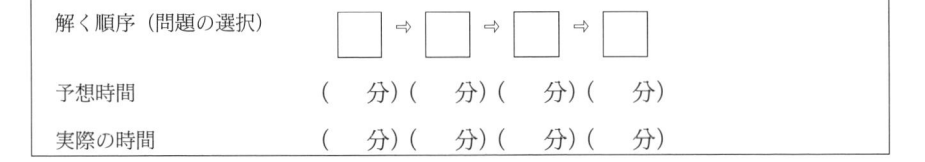

TEST 04

1

(1) $A = \begin{bmatrix} 2 & 6 \\ 0 & -1 \end{bmatrix}$ のとき，A^n（n は自然数）を推定し，それが正しいことを数学的帰納法で示せ．

(2) $A = \begin{bmatrix} 2 & 1 \\ -1 & 4 \end{bmatrix}$ のとき，A^n（n は自然数）を求めよ．

2 次の極限値を求めよ．

(1) $\displaystyle \lim_{n \to \infty} \sum_{k=1}^{n} \frac{1}{\sqrt{n^2 + k^2}}$

(2) $\displaystyle \lim_{n \to \infty} \frac{1}{n} \{(n+1)(n+2) \cdots (2n)\}^{\frac{1}{n}}$

3 2つの直線 $l_1 : x = y = z$，$l_2 : \dfrac{x-1}{2} = \dfrac{y-2}{-2} = z - 3$ がある．

(1) 直線 l_1 を含み，直線 l_2 に平行な平面 π_1 の方程式を求めよ．

(2) 直線 l_2 を含み，平面 π_1 に垂直な平面 π_2 の方程式を求めよ．

(3) 平面 π_2 と直線 l_1 の交点 P の座標を求めよ．

(4) 点 P と直線 l_2 の距離を求めよ．

4 次の微分方程式を解け．

(1) $\dfrac{dy}{dx} - 3y = x^2 e^{2x}$

(2) $(x^2 + a^2) \dfrac{dy}{dx} + xy = 1 \quad (a > 0)$

(3) $\dfrac{dy}{dx} + 2y \tan x = \sin x$

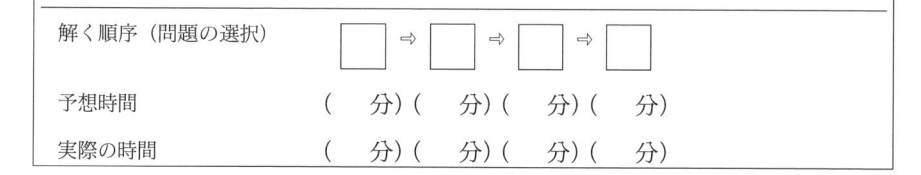

TEST 05

1 $3x^2+4xy+5y^2=1$ のとき,$f(x,y)=x^2+y^2$ の最大値,最小値を求めよ.

2 次の曲線の長さを求めよ.ただし,$a>0$ とする.
(1) $y=\dfrac{a}{2}\left(e^{\frac{x}{a}}+e^{-\frac{x}{a}}\right)$ $(0\leqq x\leqq 2a)$
(2) $\sqrt{x}+\sqrt{y}=\sqrt{a}$

3 次の極限を求めよ.
(1) $\displaystyle\lim_{x\to 0}\dfrac{\log_2(a+3x)-\log_2 a}{x}$ $(a>0)$
(2) $\displaystyle\lim_{x\to 0}\dfrac{e^{\sin 3x}-e^{-2x}}{x}$
(3) $\displaystyle\lim_{x\to\infty}\dfrac{x}{3^x}$

4
(1) $\boldsymbol{a}_1=\begin{bmatrix}1\\1\\-1\end{bmatrix}$, $\boldsymbol{a}_2=\begin{bmatrix}1\\2\\1\end{bmatrix}$, $\boldsymbol{a}_3=\begin{bmatrix}3\\1\\-2\end{bmatrix}$, $\boldsymbol{a}_4=\begin{bmatrix}4\\0\\-7\end{bmatrix}$ を考える.

$\boldsymbol{a}_1$, $\boldsymbol{a}_2$, $\boldsymbol{a}_3$ は $\boldsymbol{R}^3$ の基底であることを示し,$\boldsymbol{a}_4$ を $\boldsymbol{a}_1$, $\boldsymbol{a}_2$, $\boldsymbol{a}_3$ の1次結合として表せ.

(2) $\boldsymbol{a}_1=\begin{bmatrix}1\\1\\4\\2\end{bmatrix}$, $\boldsymbol{a}_2=\begin{bmatrix}2\\3\\10\\3\end{bmatrix}$, $\boldsymbol{a}_3=\begin{bmatrix}6\\7\\26\\6\end{bmatrix}$, $\boldsymbol{a}_4=\begin{bmatrix}2\\0\\4\\1\end{bmatrix}$ によって生成される部分空間を W とする.このとき W の次元とその1組の基底を求めよ.

解く順序(問題の選択) □ ⇒ □ ⇒ □ ⇒ □

予想時間 (分)(分)(分)(分)
実際の時間 (分)(分)(分)(分)

TEST 06

① 次の関数を微分せよ．ただし，a, b は定数とする．
(1) $y = a^{\frac{1}{x}}$ （$a > 0, a \neq 1$）　(2) $y = e^{x^2} \sin(ax + b)$
(3) $y = \log \dfrac{x+a}{x+b}$　(4) $y = x\sqrt{x^2 + a} + a\log(x + \sqrt{x^2 + a})$

② (1) 次の行列式の値を求めよ．

① $\begin{vmatrix} 3 & 0 & -5 \\ 2 & 1 & -1 \\ 6 & -4 & 0 \end{vmatrix}$　② $\begin{vmatrix} a-b & b-c & c-a \\ b-c & c-a & a-b \\ c-a & a-b & b-c \end{vmatrix}$

③ $\begin{vmatrix} 2a+5b & b & a \\ 2b+5c & c & b \\ 2c+5a & a & c \end{vmatrix}$　④ $\begin{vmatrix} a^2 & b^2 & c^2 \\ bc & ca & ab \\ b^2+c^2 & c^2+a^2 & a^2+b^2 \end{vmatrix}$

(2) 方程式 $\begin{vmatrix} 19-3x & 11 & 10 \\ 7-2x & 17 & 16 \\ 7-x & 14 & 13 \end{vmatrix} = 0$ を解け．

③
(1) a, b を整数，n を自然数として $(a + \sqrt{2}b)^n = p_n + \sqrt{2}q_n$
とおく．ただし，p_n, q_n は整数とする．
このとき，$(a - \sqrt{2}b)^n = p_n - \sqrt{2}q_n$ であることを示せ．
(2) $x + y = a + b$，$x^2 + y^2 = a^2 + b^2$ のとき，任意の自然数 n について
$x^n + y^n = a^n + b^n$ が成り立つことを，数学的帰納法によって示せ．

④ 部分分数分解によって，次の微分方程式の特殊解 $y_0(x)$ を求めよ．
(1) $(D^3 + D^2 + D + 1)y = e^{-x}$
(2) $(D^3 + 4D^2 + D - 6)y = e^{-2x}x$

解く順序（問題の選択）	□ ⇒ □ ⇒ □ ⇒ □
予想時間	（　分）（　分）（　分）（　分）
実際の時間	（　分）（　分）（　分）（　分）

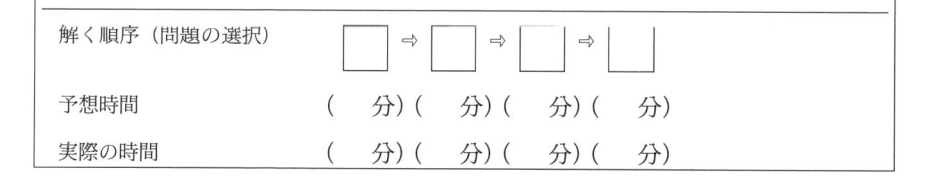

① 次の行列 A を対角化せよ．

$$A = \begin{bmatrix} 1 & 2 & -3 \\ -1 & 0 & 1 \\ -1 & 2 & -1 \end{bmatrix}$$

② 0以上の整数 n に対して，$I_n = \int_0^{\frac{\pi}{2}} \sin^n x \, dx$ とおく．

(1) $I_n = \begin{cases} \dfrac{n-1}{n} \cdot \dfrac{n-3}{n-2} \cdot \cdots \cdot \dfrac{1}{2} \cdot \dfrac{\pi}{2} & (n \text{ が } 2 \text{ 以上の偶数}) \\ \dfrac{n-1}{n} \cdot \dfrac{n-3}{n-2} \cdot \cdots \cdot \dfrac{2}{3} & (n \text{ が } 3 \text{ 以上の奇数}) \end{cases}$ を示せ．

(2) $\int_0^{\frac{\pi}{2}} \sin^7 x \, dx$, $\int_0^{\frac{\pi}{2}} \sin^6 x \cos^2 x \, dx$ の値を求めよ．

(3) $J = \int_0^a x^2 \sqrt{a^2 - x^2} \, dx$ $(a > 0)$ の値を求めよ．

③ n を2以上の整数とする．1から $2n$ までの整数から無作為に異なる3つの数をとり出して，それらのうちの最大の数と最小の数の差を X とする．

(1) 確率変数 X の確率分布を求めよ．
(2) X の値が n 以下となる確率を求めよ．

④ 次の3重積分の値を求めよ．ただし，$a > 0$ とする．

(1) $\iiint_D dx \, dy \, dz$　$D: x + y + z \leq a,\ x \geq 0,\ y \geq 0,\ z \geq 0$

(2) $\iiint_D x^2 \, dx \, dy \, dz$　$D: x^2 + y^2 + z^2 \leq a^2$

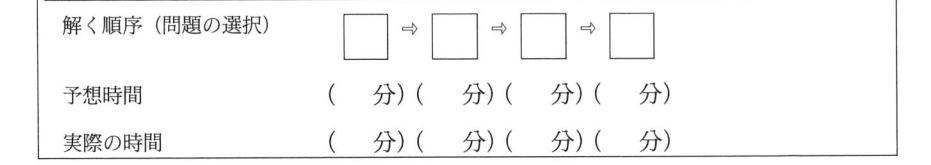

TEST 08

[1] 次の3次方程式を解け．
(1) $x^3+x^2+4=0$ (2) $6x^3-7x^2+5x-2=0$
(3) $x^3+6x+2=0$

[2] a と b を実定数とし，x_1, x_2, x_3, x_4 を未知数とする連立1次方程式
$$\begin{cases} x_1 - x_3 = 0 \\ 8x_1 + x_2 - 5x_3 - x_4 = 0 \\ x_2 + 4x_3 - ax_4 = 0 \\ x_1 - x_2 - 3x_3 + 2x_4 = b \end{cases}$$
に関して，次の問いに答えよ．
(1) $a=b=1$ のときに解は存在するか．存在すれば，その解を求めよ．
(2) 解が $x_1=x_2=x_3=x_4=0$ のみとなる a と b の条件を求めよ．
(3) 解をもたないときの a と b の条件を求めよ．
(4) 解が無限個存在するときの a と b の条件を求めよ．

[3] 次の不定積分を求めよ．
(1) $\displaystyle\int \frac{dx}{(2x+1)^3}$ (2) $\displaystyle\int \sqrt[3]{(1-5x)^2}\,dx$ (3) $\displaystyle\int \frac{dx}{7-4x}$
(4) $\displaystyle\int (\sin 3x + \cos x)^2 dx$ (5) $\displaystyle\int \frac{dx}{e^{5x-2}}$ (6) $\displaystyle\int (\sqrt{3})^{4x-6} dx$

[4] 次の関数を偏微分せよ．
(1) $f(x,y) = \dfrac{xy}{x+2y}$ (2) $f(x,y) = \log \sqrt[3]{x^2+xy+y^2}$
(3) $f(x,y) = \sin^{-1} \dfrac{y}{x}$ (4) $f(x,y,z) = e^{\frac{y}{x}} \cos xyz$

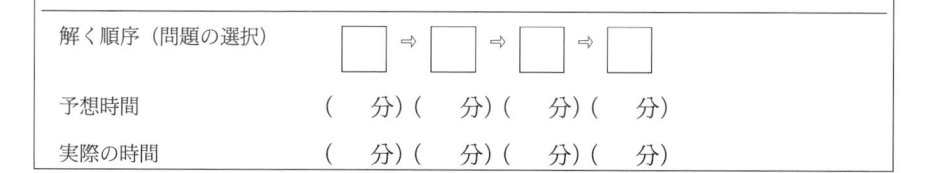

TEST 09　　　　　　　　　　年　月　日

1　次の関数を微分せよ．ただし，a, b は定数とする．

(1)　$y = x^2 \sin^{-1} 2x$

(2)　$y = \tan^{-1}\left(\sqrt{\dfrac{a-b}{a+b}} \tan \dfrac{x}{2}\right)$　$(a > b > 0)$

(3)　$y = \cos^{-1}\left(\dfrac{1 + 2\cos x}{2 + \cos x}\right)$

2　数列 $\{a_n\}$ において，次の関係があるとき，それぞれの一般項を求めよ．

(1)　$a_1 = 2,\ a_n = a_{n-1} + n(n-1)$　$(n \geq 2)$

(2)　$a_1 = 2,\ a_{n+1} = \dfrac{a_n}{a_n + 3}$　$(n \geq 1)$

(3)　$a_1 = 2,\ a_{n+1} = \dfrac{a_n + 2}{2a_n + 1}$　$(n \geq 1)$

3　次の連立1次方程式をクラメールの公式を用いて解け．

(1)　$\begin{cases} x - 2y + 2z = 1 \\ 3x + y - 2z = 2 \\ 5x + 3y - 4z = 3 \end{cases}$

(2)　$\begin{cases} x - 2y - z - w = -2 \\ 3x - y + 2z - w = 5 \\ x + 3y + z + 2w = 6 \\ 2x + y + 3z - 2w = 1 \end{cases}$

4　次の陰関数について，$\dfrac{dy}{dx}$ および $\dfrac{d^2y}{dx^2}$ を求めよ．

(1)　$x^2 - 2xy + y^2 - 4x + 2y - 6 = 0$

(2)　$x^3 - 3axy + y^3 = 0$

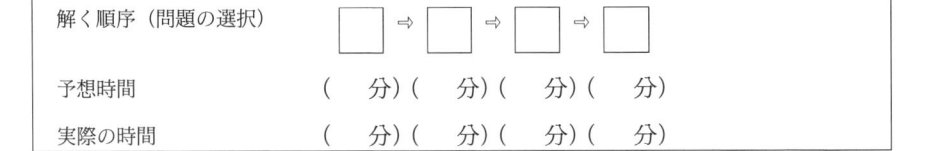

TEST 10

① 4点 $A(1,2,3)$, $B(5,3,0)$, $C(3,0,4)$, $D(3,1,5)$ で定まる四面体 ABCD の体積 V を求めよ.

② 次の関数を微分せよ. ただし, m, n は定数とする.

(1) $y = \sin^m x \cos^n x$　　(2) $y = \dfrac{\cos 2x}{1 + \sin 2x}$

(3) $y = \tan^3 x + 3 \tan x$　　(4) $y = \sqrt{\dfrac{1 - \cos x}{1 + \cos x}}$

③ 次の積分の順序を変更せよ.

(1) $\displaystyle\int_0^a dx \int_0^{x^2} f(x, y)\, dy \quad (a > 0)$　　(2) $\displaystyle\int_0^4 dy \int_{-y}^{\sqrt{y}} f(x, y)\, dx$

(3) $\displaystyle\int_0^1 dx \int_{\sqrt{1-x^2}}^{x+3} f(x, y)\, dy$

④ 次の微分方程式を解け.
(1) $(3x^2 + \cos y)\, dx + (2y - x \sin y)\, dy = 0$
(2) $(y + \log x)\, dx + x \log x\, dy = 0$

解く順序（問題の選択）　□ ⇒ □ ⇒ □ ⇒ □

予想時間　（　　分）（　　分）（　　分）（　　分）
実際の時間　（　　分）（　　分）（　　分）（　　分）

TEST 11

1
xyz 空間において，平面 $z=0$ 上の原点を中心とする半径 2 の円を底面とし，点 $(0,0,1)$ を頂点とする直円錐を A とする．また，平面 $z=0$ 上の点 $(1,0,0)$ を中心とする半径 1 の円を底面とし，平面 $z=1$ 上の点 $(1,0,1)$ を中心とする半径 1 の円を上面とする直円柱を B とする．このとき，円錐 A と直円柱 B の共通部分の体積 V を求めよ．

2
(1) 数列 $\{a_n\}$ が $a_{n+2}=4a_{n+1}-4a_n$ $(n\geq 1)$, $a_1=1$, $a_2=8$ で定義されるとき，一般項 a_n を求めよ．

(2) 2つの数列 $\{x_n\}$, $\{y_n\}$ が関係式 $x_1=11$, $y_1=1$, $x_{n+1}=6x_n+5y_n$, $y_{n+1}=x_n+2y_n$ $(n\geq 1)$ で定められるとき，一般項 x_n, y_n を求めよ．

3
(1) m, n を 0 以上の整数とするとき，$I(m,n)=\int_\alpha^\beta (x-\alpha)^m(x-\beta)^n dx$ をベータ関数 $\beta(p,q)=\int_0^1 x^{p-1}(1-x)^{q-1}dx\,(p>0,\ q>0)$ を用いて表せ．

(2) $I(m,n)=\dfrac{(-1)^n m!\,n!}{(m+n+1)!}(\beta-\alpha)^{m+n+1}$ を示せ．

4
$\mathbb{R}^4$ において，次のベクトルを考える．
$$\boldsymbol{a}_1=\begin{bmatrix}1\\-1\\2\\-3\end{bmatrix},\ \boldsymbol{a}_2=\begin{bmatrix}1\\3\\2\\0\end{bmatrix},\ \boldsymbol{a}_3=\begin{bmatrix}3\\1\\6\\-6\end{bmatrix},\ \boldsymbol{b}_1=\begin{bmatrix}0\\-4\\0\\-3\end{bmatrix},\ \boldsymbol{b}_2=\begin{bmatrix}1\\3\\1\\0\end{bmatrix}$$
$\boldsymbol{a}_1$, $\boldsymbol{a}_2$, $\boldsymbol{a}_3$ および $\boldsymbol{b}_1$, $\boldsymbol{b}_2$ の生成する $\mathbb{R}^4$ の部分空間をそれぞれ W_a, W_b とおく．このとき，次を求めよ．

(1) W_a+W_b の基底と次元　　　(2) $W_a\cap W_b$ の基底と次元

TEST 12

1 次の微分方程式を解け．
(1) $(D^3+2D^2-D-2)y=x^2+x+1$
(2) $(D^4-4D^3+4D^2)y=x^3$

2 次の関数の極値を求めよ．
(1) $z=x(1-x^2-y^2)$ (2) $z=(\sqrt{x^2+y^2}-1)^2$
(3) $z=3x^4-3x^2y+y^2$

3 次の不定積分を求めよ．
(1) $\displaystyle\int \frac{x^3+x^2+1}{x^2+x-2}dx$ (2) $\displaystyle\int \frac{x^2+4x}{x^2-4}dx$ (3) $\displaystyle\int \frac{x^3+1}{x(x-1)^3}dx$

4
(1) 等式 $(x^2-ny^2)(z^2-nt^2)=(xz+nyt)^2-n(xt+yz)^2$ を示せ．
(2) $x^2-2y^2=-1$ の自然数解 (x,y) が無限組であることを示し，$x>100$ となる解を一組求めよ．

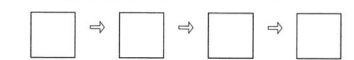

TEST 13

1 行列の基本変形により，次の行列 A, B の逆行列を求めよ．

(1) $A = \begin{bmatrix} 1 & 2 & 2 \\ 2 & 3 & 2 \\ 5 & 3 & 3 \end{bmatrix}$
(2) $B = \begin{bmatrix} 0 & 0 & 5 & 1 \\ 3 & 1 & 0 & 0 \\ 0 & 4 & 1 & 0 \\ 1 & 0 & 0 & 0 \end{bmatrix}$

2 次の関数を微分せよ．ただし，m, n は整数とする．

(1) $y = (x^3 - x^2 + 5)^4$
(2) $y = (3x^2 + 4)^3 (5x - 3)^2$
(3) $y = \dfrac{(x^2 - x + 1)^m}{(x^2 + x + 1)^n}$
(4) $y = \dfrac{x}{\sqrt{x^3 + 2}}$
(5) $y = (x + \sqrt{x^2 + 1})^n$
(6) $y = \sqrt{\dfrac{1 - \sqrt[3]{x}}{1 + \sqrt[3]{x}}}$

3

(1) 21^{21} を 400 で割ったときの余りを，2 項定理を用いて求めよ．
(2) $\dfrac{1 \cdot {}_{10}C_1 + 2 \cdot {}_{10}C_2 + 3 \cdot {}_{10}C_3 + \cdots + 10 \cdot {}_{10}C_{10}}{{}_{10}C_0 + {}_{10}C_1 + {}_{10}C_2 + \cdots + {}_{10}C_{10}}$ の値を求めよ．
(3) $\displaystyle\sum_{k=1}^{n}(x+2)^k$ を x についての多項式に整理したときの x の係数を求めよ．

4

(1) 次の関数の第 2 次偏導関数を求めよ．
① $f(x, y) = e^{x^2 + y^2}$
② $f(x, y) = \tan^{-1}(xy)$
③ $f(x, y) = \dfrac{x + y}{x - y}$

(2) $f(x, y, z) = \dfrac{1}{\sqrt{x^2 + y^2 + z^2}}$ のとき，$\dfrac{\partial^2 f}{\partial x^2} + \dfrac{\partial^2 f}{\partial y^2} + \dfrac{\partial^2 f}{\partial z^2} = 0$ を示せ．

解く順序（問題の選択） □ ⇒ □ ⇒ □ ⇒ □

予想時間　　（　　分）（　　分）（　　分）（　　分）

実際の時間　（　　分）（　　分）（　　分）（　　分）

TEST 14

1

(1) $x = \dfrac{3at}{1+t^3}$, $y = \dfrac{3at^2}{1+t^3}$ $(a \neq 0)$ のとき, $\dfrac{d^2y}{dx^2}$ を求めよ.

(2) $\log\sqrt{x^2+y^2} = \tan^{-1}\dfrac{y}{x}$ のとき, $\dfrac{d^2y}{dx^2}$ を求めよ.

2 次の微分方程式を解け.

(1) $\dfrac{dy}{dx} = \dfrac{y}{x(y+1)}$ 　　(2) $(1-x)y + (1+y)x\dfrac{dy}{dx} = 0$

(3) $\dfrac{dy}{dx} = (x+y)^2$

3 次の行列 A の余因子行列 $\widetilde{A}$ を求めよ. また, A が正則であれば, その逆行列 A^{-1} を求めよ.

$$A = \begin{bmatrix} 1 & 0 & -2 & 0 \\ 0 & 2 & 0 & 0 \\ 0 & 0 & 3 & 0 \\ 1 & -1 & 2 & 4 \end{bmatrix}$$

4 数直線上の動点 P が, 原点 O を出発して, サイコロを振るたびに以下の通り動くものとする. 偶数の目が出たとき正の向きに 2 進み, 奇数の目が出たとき正の向きに 1 進む. 動点 P が点 n に到達する確率を p_n で表す.

(1) p_1, p_2 を求めよ.

(2) p_n, p_{n-1}, p_{n-2} の間に成り立つ関係式を求めよ (ただし, $n \geq 3$).

(3) p_n を n の式で表せ (ただし, $n \geq 3$).

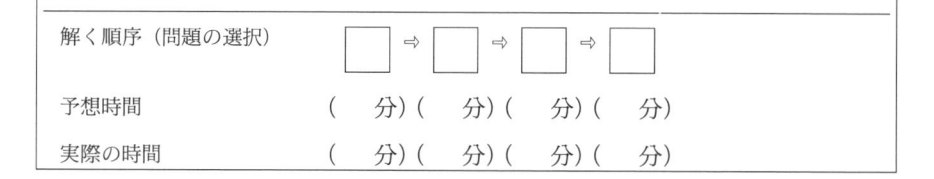

TEST 15

年　月　日

1　次の2重積分の値を求めよ．

(1)　$\iint_D \dfrac{dx\,dy}{(x^2+y^2)^\alpha}$　　$D: 1 \leq x^2+y^2 \leq 4$　（α は実数の定数）

(2)　$\iint_D y\,dx\,dy$　　$D: x^2+y^2 \leq ax$　（$a>0,\ y\geq 0$）

(3)　$\iint_D (x^2+y^2)\,dx\,dy$　　$D: 0 \leq \dfrac{1}{3}x \leq y \leq 1$

2
(1)　ユークリッドの互除法を用いて，次の2数の最大公約数を求めよ．
　① 3942, 9125　　　② 6578, 2415

(2)　x と y を互いに素である自然数とするとき，$\dfrac{7x+11y}{5x+8y}$ は約分できないことを証明せよ．

3　次の不定積分を求めよ．

(1)　$\displaystyle\int \dfrac{dx}{\sqrt{2+4x-4x^2}}$　　　(2)　$\displaystyle\int \dfrac{dx}{x^3-1}$

4　次の連立1次方程式を解け．

$$\begin{cases} x+3y+\ z-5w=-2 \\ 2x-\ y-\ z+5w=6 \\ 3x+\ y-2z+4w=1 \\ x+4y+2z+\ w=7 \end{cases}$$

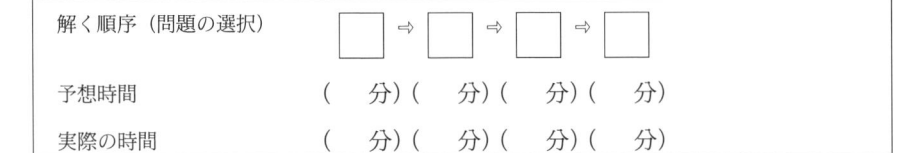

解く順序（問題の選択）　□ ⇒ □ ⇒ □ ⇒ □

予想時間　　（　　分）（　　分）（　　分）（　　分）
実際の時間　（　　分）（　　分）（　　分）（　　分）

TEST 16

年　月　日

1 次の関数を微分せよ．ただし，a, b, c, l, m, n は定数とする．

(1) $y = (1-x)^x$

(2) $y = \dfrac{(x+b)^m (x+c)^n}{(x+a)^l}$

(3) $y = (\tan x)^{\sin x}$ $\left(0 < x < \dfrac{\pi}{2}\right)$

2 次の 2 重積分の値を求めよ．

(1) $\displaystyle\iint_D xy\,dx\,dy$　　$D : x^2 + y^2 \geq 1,\ y \leq x+2,\ -1 \leq x \leq 1$

(2) $\displaystyle\iint_D e^{y^2}\,dx\,dy$　　$D : x \leq y \leq 2,\ 0 \leq x \leq 2$

(3) $\displaystyle\iint_D \sqrt{xy - y^2}\,dx\,dy$　　$D : \dfrac{x}{5} \leq y \leq x,\ 1 \leq y \leq 2$

3

(1) 2 次の正方行列 $A = \begin{bmatrix} a & b \\ c & d \end{bmatrix}$ が $A^2 - 7A + 10E = O$ を満たすとき，$a+d,\ ad-bc$ の値をすべて求めよ．

(2) 2 次の正方行列 A が $A^n = O$（n は 3 以上の自然数）を満たすとき，$A^2 = O$ であることを示せ．

4 実数 x, y, z が $x^2 + y^2 + z^2 = 1$ を満たすとき，x, y, z の関数 $f(x, y, z) = 4x^2 + 5y^2 + 3z^2 + 4xy + 4xz$ の最大値，最小値およびそのときの x, y, z の値を求めよ．

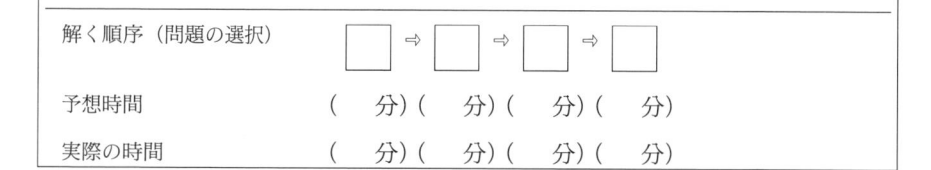

解く順序（問題の選択）　□ ⇒ □ ⇒ □ ⇒ □

予想時間　（　　分）（　　分）（　　分）（　　分）

実際の時間　（　　分）（　　分）（　　分）（　　分）

TEST 17

1
(1) $z=xy$, $x=\log\sqrt{u^2+v^2}$, $y=\tan^{-1}\dfrac{v}{u}$ のとき, $\dfrac{\partial z}{\partial u}$, $\dfrac{\partial z}{\partial v}$ を求めよ.

(2) $u=f(x,y,z)$, $x=r\sin\theta\cos\varphi$, $y=r\sin\theta\sin\varphi$, $z=r\cos\theta$ のとき, $\dfrac{u_x}{x}=\dfrac{u_y}{y}=\dfrac{u_z}{z}$ ならば, u は r だけの関数であることを示せ.

2 次の積分を求めよ.

(1) $\displaystyle\int_1^e \dfrac{(\log x)^3}{x}dx$

(2) $\displaystyle\int_0^1 \dfrac{\tan^{-1}x+1}{x^2+1}dx$

(3) $\displaystyle\int_0^1 \dfrac{dx}{\sqrt{x^2+1}}$

(4) $\displaystyle\int \dfrac{1+\sin x}{\sin x(1+\cos x)}dx$

3 次の微分方程式を解け.

(1) $(D^2+6D+9)y=e^{-3x}(x^2+6x+2)$

(2) $(D^3-4D^2+5D-2)y=e^{2x}x^2$

4
(1) 次の1次合同式を解け.
  (i) $29x\equiv 7 \pmod{39}$
  (ii) $42x\equiv 12 \pmod{66}$

(2) 連立1次合同式 $\begin{cases} 3x\equiv 7 \pmod 8 \\ 5x\equiv 9 \pmod{13} \end{cases}$ を解け.

TEST 18

1 次の行列 A の階数を求めよ．

(1) $A = \begin{bmatrix} 4 & 1 & 5 & -1 \\ 9 & 2 & 13 & -1 \\ 9 & 3 & 6 & 1 \end{bmatrix}$
(2) $A = \begin{bmatrix} 1 & 2 & -3 \\ 2 & 1 & 0 \\ -2 & -1 & 3 \\ -1 & 4 & -3 \end{bmatrix}$

(3) $A = \begin{bmatrix} 0 & 2 & 3 & 2 & 3 \\ 1 & 3 & 0 & 1 & 2 \\ 2 & 4 & -3 & 0 & 1 \\ 1 & 1 & -3 & -1 & -1 \end{bmatrix}$

2 実数 x, y が $x^2 + 4xy + 5y^2 - 3 = 0$ を満たしている．このとき，$2x^2 + xy + 3y^2$ のとりうる値の範囲を求めよ．

3 次の積分を求めよ．

(1) $\displaystyle\int_0^{\frac{\pi}{2}} x^2 \sin x \, dx$
(2) $\displaystyle\int_0^{\sqrt{3}} x^2 \tan^{-1} x \, dx$
(3) $\displaystyle\int_0^1 x^5 e^x \, dx$

4 次の微分方程式を解け．

(1) $(D^3 - 7D + 6)y = e^{3x}$
(2) $(D^3 + 2D^2)y = e^{-2x}$
(3) $(D^5 + 6D^4 + 12D^3 + 8D^2)y = e^{-2x}$

TEST 19

1 次の極限を求めよ．

(1) $\displaystyle\lim_{x\to 0}\frac{\cos 7x-\cos 3x}{x^2}$

(2) $\displaystyle\lim_{x\to 0}\frac{\tan^3 x-\sin^3 x}{x^5}$

(3) $\displaystyle\lim_{x\to\frac{\pi}{2}}\frac{1-\cos(1-\sin x)}{\cos^4 x}$

2 次の各場合に，y を x の関数とみて極値を求めよ．

(1) $x^2-2xy+y^2-4x+2y-6=0$

(2) $x^3-3xy+y^3=0$

3

(1) 行列 $A=\begin{bmatrix}1 & 2 & 2\\ 1 & 2 & -1\\ 3 & -3 & 0\end{bmatrix}$ の固有値および固有ベクトルを求めよ．

(2) 3 次の正方行列 A について，

$\begin{bmatrix}1\\0\\-1\end{bmatrix}, \begin{bmatrix}1\\-1\\0\end{bmatrix}, \begin{bmatrix}2\\0\\1\end{bmatrix}$ はそれぞれ行列 A の固有値 $1, -1, 0$ の固有ベクトルである．このとき，A を求めよ．

4 次の微分方程式を解け．

(1) $y''-3y'-10y=x^2+e^{3x}$

(2) $y''-3y'-10y=e^{-2x}$

(3) $y''-2y'+y=(x^2+x+1)e^x$

(4) $y''-2y'+y=x\sin x$

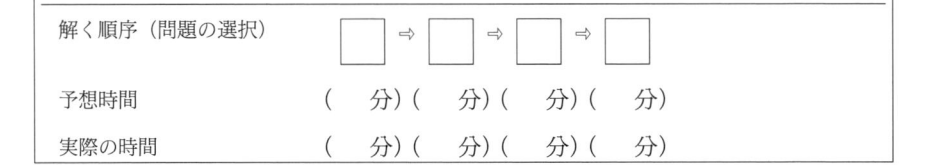

TEST 20

1 行列 $A=\begin{bmatrix} a & b \\ c & d \end{bmatrix}$ で表される平面上の1次変換を f,直線 $y=mx$ ($m \neq 0$) を l とし,f は次の2条件を満たすものとする.
　(i) f は l の各点を動かさない.
　(ii) f は点 P $(1,0)$ を,この点 P を通り l に平行な直線上に移す.
(1) $ad-bc$ の値を求めよ.
(2) f により平面上の任意の点 Q は,Q を通り l に平行な直線上に移ることを示せ.

2 次の広義積分を求めよ.
(1) $\iint_D \log(x^2+y^2)\,dx\,dy \qquad D: x^2+y^2 \leq 1$
(2) $\iint_D e^{-(x^2+2xy+4y^2)}\,dx\,dy \qquad D: xy$ 平面全体

3 次の極限を求めよ.
(1) $\displaystyle\lim_{x \to 0}\frac{e^x-e^{-x}}{\log(1+x)}$ 　　(2) $\displaystyle\lim_{x \to 0}\frac{x-\sin^{-1}x}{x^3}$
(3) $\displaystyle\lim_{x \to \infty}\left\{x-x^2\log\left(1+\frac{1}{x}\right)\right\}$ 　　(4) $\displaystyle\lim_{x \to \infty}\left(\frac{\log x}{x}\right)^{\frac{1}{x}}$

4 次の微分方程式を解け.
(1) $x\dfrac{dy}{dx}+y=y^2\log x$ 　　(2) $x^2(1+x^2)\dfrac{dy}{dx}-x^3y=y^3$

TEST 21

1 次の微分方程式を解け．

(1) $(7x+4y)\dfrac{dy}{dx}=-8x-5y$

(2) $\left(y\sin\dfrac{y}{x}-x\cos\dfrac{y}{x}\right)x\dfrac{dy}{dx}=\left(x\cos\dfrac{y}{x}+y\sin\dfrac{y}{x}\right)y$

2 次の定積分を求めよ．ただし，$a>0$ とする．

(1) $\displaystyle\int_0^{2a}\dfrac{dx}{x^2-a^2}$　　(2) $\displaystyle\int_{-2}^{3}\dfrac{dx}{\sqrt{|x^2-4|}}$

(3) $\displaystyle\int_{-1}^{\infty}\dfrac{x^2}{(1+x^2)^2}dx$

3 次の各極限を求めよ．

(1) $\displaystyle\lim_{x\to 2}\dfrac{\sqrt{x+2}-\sqrt{3x-2}}{\sqrt{4x+1}-\sqrt{5x-1}}$　　(2) $\displaystyle\lim_{x\to -\infty}\dfrac{x^4+3x-8}{2x^3-5x^2+7}$

(3) $\displaystyle\lim_{x\to\infty}(\sqrt{x^2-x+1}-\sqrt{x^2+3x-1})$　　(4) $\displaystyle\lim_{x\to\infty}(x-\sqrt{2x+1})$

4 線形写像 $f:\mathbf{R}^3\to\mathbf{R}^3$ が $f\begin{bmatrix}x\\y\\z\end{bmatrix}=A\begin{bmatrix}x\\y\\z\end{bmatrix}$, $A=\begin{bmatrix}2&3&-1\\3&2&1\\-1&1&-2\end{bmatrix}$ で与えられるとき，次の問いに答えよ．

(1) 線形写像 f の像 $\mathrm{Im}\,f$ と核 $\mathrm{Ker}\,f$ の次元および基底を求めよ．

(2) $\mathbf{R}^3$ の部分空間 W を，$W=\left\{\mathbf{x}=\begin{bmatrix}x\\y\\z\end{bmatrix}\in\mathbf{R}^3\,\middle|\,3x+5y-2z=0\right\}$ で定義するとき，W の線形写像 f による像 $f(W)$ の次元と基底を求めよ．

TEST 22

1

(1) 曲線 $\sqrt{\dfrac{x}{a}}+\sqrt{\dfrac{y}{b}}=1$ と x 軸, y 軸で囲まれる部分を x 軸のまわりに回転してできる立体の体積を求めよ。ただし, a, b は正の定数とする。

(2) 極座標 $r=a(1+\cos\theta)$ $(a>0)$ で表される曲線が囲む図形を始線のまわりに1回転してできる立体の体積を求めよ。

2

行列 $A=\dfrac{1}{4}\begin{bmatrix} -1 & 0 & 2 \\ 0 & -1 & 1 \\ 2 & 1 & 3 \end{bmatrix}$ について, 次の問いに答えよ。

(1) A の固有値と固有ベクトルを求めよ。

(2) $\lim\limits_{n\to\infty} A^n$ を求めよ。

3

次の微分方程式を与えられた初期条件のもとで解け。

(1) $y''-2y'-15y=0$ $(x=0$ のとき $y=7,\ y'=3)$

(2) $y''-6y'+9y=0$ $(x=0$ のとき $y=3,\ y'=14)$

(3) $y''+2y'+5y=0$ $(x=0$ のとき $y=2,\ y'=1)$

4

次の2元1次不定方程式の整数解を求めよ。

(1) $7x+4y=1$ (2) $83x+29y=4$

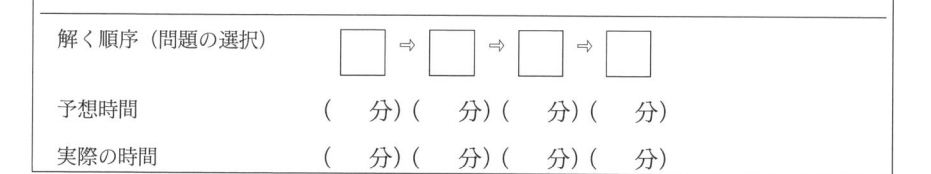

TEST shuffle 22 と本文の問題との対応表

	1	2	3	4
TEST*01*	問題 12（p. 28）	問題 22（p. 52）	問題 51（p. 120）	問題 75（p. 178）
TEST*02*	問題 07（p. 16）	問題 29（p. 68）	問題 71（p. 170）	問題 84（p. 200）
TEST*03*	問題 01（p. 2）	問題 34（p. 78）	問題 60（p. 144）	問題 45（p. 106）
TEST*04*	問題 58（p. 140）	問題 40（p. 94）	問題 16（p. 36）	問題 79（p. 188）
TEST*05*	問題 50（p. 118）	問題 42（p. 98）	問題 21（p. 50）	問題 68（p. 164）
TEST*06*	問題 25（p. 60）	問題 64（p. 154）	問題 09（p. 22）	問題 88（p. 208）
TEST*07*	問題 73（p. 174）	問題 37（p. 86）	問題 14（p. 32）	問題 55（p. 132）
TEST*08*	問題 02（p. 4）	問題 62（p. 148）	問題 31（p. 72）	問題 43（p. 102）
TEST*09*	問題 27（p. 64）	問題 10（p. 24）	問題 66（p. 160）	問題 48（p. 114）
TEST*10*	問題 17（p. 40）	問題 24（p. 58）	問題 53（p. 126）	問題 81（p. 192）
TEST*11*	問題 56（p. 134）	問題 11（p. 26）	問題 38（p. 88）	問題 69（p. 166）
TEST*12*	問題 86（p. 204）	問題 47（p. 110）	問題 32（p. 74）	問題 05（p. 12）
TEST*13*	問題 63（p. 152）	問題 23（p. 54）	問題 15（p. 34）	問題 44（p. 104）
TEST*14*	問題 28（p. 66）	問題 77（p. 184）	問題 65（p. 158）	問題 13（p. 30）
TEST*15*	問題 54（p. 128）	問題 03（p. 8）	問題 33（p. 76）	問題 61（p. 146）
TEST*16*	問題 26（p. 62）	問題 52（p. 124）	問題 18（p. 42）	問題 76（p. 180）
TEST*17*	問題 46（p. 108）	問題 35（p. 80）	問題 87（p. 206）	問題 06（p. 14）
TEST*18*	問題 59（p. 142）	問題 08（p. 20）	問題 36（p. 84）	問題 85（p. 202）
TEST*19*	問題 20（p. 48）	問題 49（p. 116）	問題 72（p. 172）	問題 83（p. 196）
TEST*20*	問題 67（p. 162）	問題 57（p. 136）	問題 30（p. 70）	問題 80（p. 190）
TEST*21*	問題 78（p. 186）	問題 39（p. 90）	問題 19（p. 46）	問題 70（p. 168）
TEST*22*	問題 41（p. 96）	問題 74（p. 176）	問題 82（p. 194）	問題 04（p. 10）

索 引

◆アルファベット・記号◆

- $B(p, q)$ ……………………………… 88
- $\det A$ ………………………………… 42
- determinannt ……………………… 42
- $\dim W$ ……………………………… 164
- $\operatorname{Im} f$ ………………………………… 168
- Image ………………………………… 168
- Jacobian ……………………………… 128
- $\operatorname{Ker} f$ ………………………………… 168
- Kernel ………………………………… 168
- mod …………………………………… 14
- n 階線形微分方程式 ……………… 200
- n 次の合同式 ……………………… 14
- Pell（ペル）方程式 ……………… 12
- rank …………………………………… 142
- $\operatorname{sgn}(\sigma)$ ………………………………… 154
- $\operatorname{tr} A$ ……………………………………… 42
- Wallis の積分公式 ………………… 86
- ω ……………………………………… 5

◆ア行◆

- 異常積分 ……………………………… 90
- 一意 …………………………………… 149
- 1 次合同式 …………………………… 14
- 1 次式型の不定積分 ………………… 72
- 1 次従属 ……………………………… 144
- 1 次独立 ……………………… 144, 164
- 1 次変換 ……………………………… 162
- 1 次変換 f の行列 …………………… 162
- 1 階線形微分方程式 ………………… 188
- 一般解 ………………………………… 184
- 一般項 ………………………………… 34
- 陰関数 ………………………………… 66
- 陰関数における第 2 次導関数 …… 114
- 陰関数の極値 ……………………… 116
- 因数定理 ……………………………… 2
- 上に有界 ……………………………… 100
- ウォリスの積分公式 ………………… 86
- 右方微分係数 ………………………… 52
- 演算子多項式 ……………………… 202
- オイラーの定数 …………………… 100

◆カ行◆

- 階数 ……………………………… 142, 180
- 外積 …………………………………… 36
- 外積を利用する解法 ………………… 40
- 階段行列 ……………………………… 142
- 回転体の体積 ………………………… 96
- 解の自由度 ………………………… 149
- ガウスの消去法 …………………… 147
- 核 ……………………………………… 168
- 拡大係数行列 ……………………… 146
- 確率分布 ……………………………… 32
- 確率分布表 …………………………… 32
- 確率変数 ……………………………… 32
- 下端（積分区間の） ………………… 78
- 加法定理 ……………………………… 16
- 完全微分方程式 …………………… 192
- 基 ……………………………………… 164
- 奇置換 ………………………………… 154
- 基底 ……………………………… 164, 210
- 帰納的定義（数列の） ……………… 24
- 基本解 ……………………………… 150

基本変形	142
逆関数の微分公式	55
逆行列	152
逆三角関数	64
逆三角関数になる積分	76
逆三角関数の微分法	64
級数の和の極限値	94
球面座標	132
行基本変形	147
行による展開	158
行列式	42, 154
極限	46
極座標	108
極座標への変数変換	128, 129
極座標変換（3重積分）	133
極小	110
曲線の長さ	98
極大	110
曲面の面積	138
空間極座標	132
偶置換	154
区分求積法	94
組立除法	2
クラメールの公式	160
係数行列	180
ケーリー＝ハミルトンの定理	42, 140
原像	162
広義積分	90
広義積分（2重積分）	136
交空間	166
高次導関数	68
高次偏導関数	104
高次方程式	2
合成関数の微分公式	54, 55
合成関数の偏導関数	106, 108
合成公式（三角関数）	20
交代性	155
合同式	14
合同式の解	14
合同である	14
互除法の原理	8
固有空間	174
固有値	172
固有ベクトル	172

◆サ行◆

最大公約数	8
左方微分係数	52
サラスの方法	155
3階同次線形微分方程式	210
三角化	153
三角関数	16
三角関数による置換（積分）	82
三角関数の微分法	58
三角行列式	156
3項間の漸化式	26
3次方程式の解法	4
3重積分	132
3倍角の公式	17
次元	164
次元定理	168
指数関数の微分法	60
自然対数の底	50
下に有界	100
実対称行列	178
実ベクトル空間	144
自明でない解	172
自明な解	149
四面体の体積	40
写像	154
自由度	148
重複度	174
主値	64

シュミットの直交化法	170
準三角行列式	156
小行列式	158
条件つき確率	28
条件つき極値	118
条件つき極値問題	118
上端（積分区間の）	78
商の微分公式	54
数学的帰納法	22, 68, 140
整関数	54
正規直交基底	170
正規直交系	178
正射影ベクトル	171
整数解	10
生成系	164
正則	152
正則行列による対角化	174
積分因数	192
積分区間	78
積分順序の変更	126
積分定数	72
積分領域	124
積を和・差に直す公式（三角関数）	18
漸化式	24, 30
線形従属	144
線形独立	144
線形変換	162
像	162, 168
双曲線	117

◆タ行◆

第2次偏導関数	104
第n次導関数	68
対角化可能	174
対角化による行列のn乗	176
対角行列	174
対角和	42
対数関数の微分法	60
対数微分法	62
楕円	117
互いに素	4
多重線形性	156
単位型行列	43
単積分	128
置換	154
置換積分法	80
直線の方程式	37
直交行列	178
直交行列による対角化	178
直交座標を極座標に変換	108
定積分	78
停留点	110
デカルトの正葉形	117
転位	154
ド・モアブルの定理	6
等差数列	24
同次形	186, 188
同次方程式	186
等比数列	24
特異点	90
特殊解	184
特性方程式	26, 194, 200
トレース	42

◆ナ行◆

内積	36
内積を利用する解法	40
2階同次線形微分方程式	194
2階非同次線形微分方程式	196
2元1次不定方程式	10
2元1次不定方程式の整数解	10
2項間の漸化式	24

2 項定理 ……………………………34	ブラーマグプダの恒等式 ……………13
2 次曲線 …………………………117	フロベニウスの定理 ………………182
2 次形式 …………………………180	分解方程式 ……………………………5
2 次形式の最大・最小 ……………180	分数関数の積分 ………………………74
2 次の正方行列の n 乗 …………140	分布に従う ……………………………32
2 重積分 …………………121, 124, 128	平面の方程式 …………………………38
2 倍角の公式 …………………………16	ベータ関数 ……………………………88
2 変数関数の極値 …………………110	ヘッセの公式 …………………………38
	ベルヌーイの微分方程式 …………190
◆ハ行◆	変数分離形 …………………………184
媒介変数 …………………………37, 66	偏導関数 ……………………………102
掃き出し法 …………………147, 152	偏微分 ………………………………102
掃き出し法による逆行列の計算 …152	方向ベクトル …………………………37
はさみうちの原理 ……………………48	法線ベクトル …………………………38
鳩の巣定理 ……………………………44	放物線 ………………………………117
張る空間に属する …………………144	
半角の公式 ……………………………17	◆マ行◆
引き出し論法 …………………………44	右微分可能 ……………………………52
微係数 …………………………………52	未定係数法 …………………………196
被積分関数 ……………………………72	無理関数 ………………………………55
左微分可能 ……………………………52	無理関数の微分法 ……………………55
非同次形 ……………………………188	
非同次線形微分方程式 ……………196	◆ヤ行◆
微分演算子 …………………………202	ヤコビアン …………………128, 132
微分可能 ………………………………52	ユークリッドの互除法 ………………8
微分係数 ………………………………52	有理関数 ………………………………54
微分方程式 …………………………184	有理関数の微分法 ……………………54
標準基底 ……………………………168	余因子 ………………………………158
符号 …………………………………154	余因子行列 …………………………158
不定 …………………………148, 149	余因子展開 …………………………158
不定形 …………………………………46	余因子による逆行列 ………………158
不定積分 ………………………………72	余関数 ………………………………196
不能 …………………………148, 149	
部分空間 ……………………………164	
部分積分法 ……………………………84	
部分分数分解 …………………74, 208	

◆ラ行◆

ライプニッツの公式 …………………68
ラグランジュの乗数 …………………118
ラグランジュの未定係数法 ……………118
列による展開 …………………………158
連続 ……………………………………52
連続関数 ………………………………52
連立1次同次方程式 …………………149

連立1次方程式 ………………146, 148
連立漸化式 ……………………………26
ロピタルの定理 ………………………70

◆ワ行◆

和・差を積に直す公式（三角関数）………18
ワイエルシュトラスの定理 …………100, 118
和空間 …………………………………166

●著者紹介

江川 博康(えがわ ひろやす)
横浜市立大学文理学部数学科卒業.
1976年より予備校教師となる.
両国予備校を経て，現在は，中央ゼミナール，一橋学院で教えている．
ミスのない，確実な計算力をもとにした模範解答作りには定評がある．
数学全般に精通している実力派人気講師．
著書に『大学1・2年生のためのすぐわかる数学』『弱点克服 大学生の微積分』『弱点克服 大学生の線形代数』『弱点克服 大学生の複素関数／微分方程式』（東京図書）他がある．

弱点克服 大学数学の計算問題(じゃくてんこくふく だいがくすうがく けいさんもんだい)

2012年11月25日 第1刷発行　　　Printed in Japan
　　　　　　　　　　　　　　　　©Hiroyasu Egawa 2012

著者 江川 博康
発行所 東京図書株式会社

〒102-0072 東京都千代田区飯田橋3-11-19
振替 00140-4-13803　電話 03(3288)9461
http://www.tokyo-tosho.co.jp

ISBN 978-4-489-02142-8